单片机C语言编译器及其应用

——基于PIC18F系列

刘和平
郑群英　江　渝　邓　力　刘　钊　编著

北京航空航天大学出版社

内容简介

在单片机的开发应用中采用C语言编程是一个趋势，它可以保证项目开发的继承性并提供便于项目组多成员开发的环境。虽然各种单片机都有自己的C语言环境，但其大同小异。本书介绍PIC18F系列单片机的C语言及其编译器的使用方法，以及在使用C语言时可能遇到的某些特殊问题，并给出了相应的应用程序。使用PIC18F系列单片机的C语言初级和中高级用户可以在本书中了解到C语言编译器的特性和细节；在应用中遇到的一些问题，也可以从书中找到解决的办法。

本书是单片机C语言开发者的一本很好的参考书，也可作为大学本科生单片机原理及应用课程的参考书。

图书在版编目(CIP)数据

单片机C语言编译器及其应用：基于PIC18F系列/刘和平等编著. —北京：北京航空航天大学出版社，2007.1

ISBN 978-7-81077-886-2

Ⅰ.单… Ⅱ.刘… Ⅲ.单片微型计算机—C语言—程序设计—高等学校—教材 Ⅳ.①TP368.1②TP312

中国版本图书馆CIP数据核字(2006)第132881号

单片机C语言编译器及其应用——基于PIC18F系列

刘和平
郑群英 江 渝 邓 力 刘 钊 编著
责任编辑 王超等

*

北京航空航天大学出版社出版发行
北京市海淀区学院路37号(100083) 发行部电话：010-82317024 传真：010-82328026
http://www.buaapress.com.cn E-mail:bhpress@263.net
涿州市新华印刷有限公司印装 各地书店经销

*

开本：787 mm×960 mm 1/16 印张：22.25 字数：498千字
2007年1月第1版 2007年1月第1次印刷 印数：5 000册
ISBN 978-7-81077-886-2 定价：32.00元

前　言

在单片机的开发应用中采用C语言编程是一个趋势，在一些程序较大或多个开发者合作开发的项目中，以及在一个公司的产品开发周期较长的情况下，采用C语言开发是一个明智的选择。在C语言的开发过程中，了解C语言的编译器、链接器、汇编器等的使用方法和相关资料是很有必要的，是保证项目开发的继承性和便于项目组多成员开发的基本条件。

市面上单片机的种类很多，然而，各种单片机都有自己的C语言环境，都有自己的编译器和链接器。它们在原理方面相同，但针对特定的单片机，生成特定的汇编程序和特定的存储器分配及特定的优化方法，所以不能互换使用。当然无法将所有的C语言开发环境归结为一种C语言环境，但同一系列的单片机就有其相同的C语言环境。目前市面上还鲜有介绍PIC18F系列单片机C语言环境的书。为满足读者的需求，特编著了本书，以馈读者。

本书以HI-TECH公司的C编译器为主要参考资料，为了更好地理解和使用C编译器，应与PIC芯片数据手册里的相关部分一起阅读，这样可以使用户对C编译器有一个全面的了解。C编译器具有C语言的标准特性，同时还有许多扩展功能。这些功能都是为了适应PIC18F系列单片机的开发而设计的，其与汇编器集成在一起，共享链接器和链接库。

编译器支持一系列C语言的特性及扩展功能，如果需要生成基于ROM的应用程序，那么这些特性和功能将起到重要的作用，会使程序的生成过程更加简单。

汇编器将微芯公司的PIC18系列微处理器的汇编语言源程序文件汇编成目标代码。本书将介绍宏汇编器的用法及汇编器可以接受的伪指令等。汇编器包括链接器、库管理器、交叉参考文件生成器和目标代码转换器各1个。

C语言软件包中含有链接器和汇编器，而汇编器具有重新分配地址的功能，这样编译器就可以对C语言源程序文件单独编译。也就是说，一个程序可能由多个源程序文件组成，而每个源程序文件都能单独编译，最后将所有经编译后的目标文件链接在一起，构成一个可执行程序。由于编译器具有上述功能，这样就可以控制每个源程序文件的大小，使源程序文件的存储和编译更加方便。

本书可作为大学本科学生单片机原理及应用课程的教学参考书；对单片机开发者来说，也是一本很好的软件开发参考书。

在本书的编写过程中，得到了重庆大学电气工程学院电力电子与电力传动系李远树、郑连清、巫宣文等老师的大力支持和帮助，他们编写了部分章节并完成了校对、录入以及实验板制作工作，在此表示感谢。还得到了重庆大学电气工程学院电力电子与电力传动系高春艳、邱文彬、周有为、李茂华、徐育军、刘子亚、常猛、彭岩等研究生的大力协助，他们完成了文稿资料整理工作，在此表示衷心的感谢。

限于编者的水平，书中难免存在错误和不当之处，恳请读者批评指正。

作　者

2006 年 5 月于重庆大学

目 录

第6章　链接器及其应用

第 1 章

C 语言概述

C 语言是一种通用性很强的结构化程序设计语言，具有全面丰富的运算符、简洁明了的表达式，并且数据结构和控制结构先进，语言表述能力强，灵活方便；可以生成有效、紧凑和兼容性很好的可移植的代码，在许多方面得到了广泛应用。

1.1 注　释

在“/ * ”和“ * /”之间的部分或符号“//”(此时必须在同一行内，不能换行)以后的部分为注释。在编译时，注释行视为空白字符而忽略，它不产生代码行。任何允许插入空白的地方都可以插入注释，注释行可以是多行，但不能嵌套。

合法注释的实例如下：

```
/ * Comment can separate and document Lines of a program * /
/ *****************************************
Comments can occupy several ones
*********************************/
//Comments can occupy several ones
```

非法注释的实例如下：

```
/ * You cannot
                    / * nest * /
      Comments * /
```

1.2 标志符和关键字

标志符：是程序中的变量名、常量名、函数名、数据类型名等。它们可以是一个字符，也可以为字符串。标志符的命名规则为：

① 标志符的有效长度为 1～32 个字符，每个标志符为字母、数字或下划线“_”，但其中第一个字符必须是字母或下划线。

② 标志符不能为C语言保留的关键字，关键字如表1.1所列，也不能为已定义的函数名或C语言库的函数名。

表1.1　C语言的关键字

关键字	功　能	关键字	功　能
auto	自动变量说明	int	整数类型说明
break	跳出循环	long	长整数类型说明
case	条件判别的常量表达式定义	register	寄存器变量说明
char	字符类型变量说明	return	函数的返回
const	不可修改类型说明	short	短整数类型说明
continue	使包含它的循环开始下一个重复	signed	带符号整型说明
default	默认处理	sizeof	长度计算(byte)
do	执行循环	static	静态变量说明
double	双精度浮点小数类型说明	struct	结构说明
else	if～else～	switch	条件分支
enum	枚举类型说明	typedef	附加类型定义
extern	外部变量说明	union	联合说明
float	单精度浮点小数类型说明	unsigned	无符号整型说明
for	循环	void	无类型说明
goto	无条件转移	volatile	可修改类型说明
if	条件设定	while	循环

下面为几个正确和错误标志符的实例。

正确的标志符：	错误的标志符：	
a	5c	不是以英文字母开头
bl	int	与系统保留字同名
file_name	up.to	标志符中出现了非法字符“.”
_buf	file na me	标志符中间出现了非法字符空格

关键字(又称保留字)：是一类特殊的标志符，在C语言中具有确切的含义，任何情况下设计者都不能将它们定义为自己的标志符。按照ANSI标准确定的32个关键字如表1.1所列。

C语言程序中的扩展关键字：

```
asm         _cs      _ds       _es
_ss         cdecl    far       huge
interrupt   near     pascal
```

有些标志符不属于系统保留字，但C语言常把它们用于特定的地方。建议用户不要在程序中随意使用它们，以免造成混淆。下面列举的这些标志符就属于这一类，它们的作用为预处理的关键字。

```
define    undef     include    ifdef
ifndef    endif     line       error
elif      pragma
```

与一般的程序语言不同，C语言程序区分字母大小写，因此，在C语言程序中count，Count和COUNT是3个不同的标志符。

1.3 变量和常量

变量：是数据的载体，其值在程序执行中会发生改变。对变量的说明可以出现在函数前面，也可以放在函数的参数说明部分或复合语句的说明部分。程序中的每一个变量都应有确定的数据类型。在一个程序中，一个变量只能是一种类型，不能先后定义为两种或多种不同类型。

常量：在程序运行过程中，不能改变其值的量。C语言的常量有3类：数字、单个字符和字符串。所有的字符串常量都应放在一对双引号之间，例如“this is a test”；单个字符应放在一对单引号之间，例如‘a’。它们不能混淆使用。

1.4 基本数据类型

数据是程序的必要组成部分，C语言提供的数据类型除整型、浮点型、字符型等基本类型外，还有数组、指针、结构、联合、枚举等数据类型。

这些数据类型不但可以单独用于变量的说明和定义，还可以按照一定的规则组合成各种更为复杂的数据类型。

基本数据类型(或称为标准数据类型)包括：整型、浮点型、字符型。基本数据类型及其取值范围如表1.2所列。

表1.2 基本数据类型的存储及取值范围

类　型	符　号	占内存/字节	类型说明	缩　写	取值范围
字　符	带	1	signed char	char	−128～127
	不　带	1	unsigned char	—	0～255

续表 1.2

类 型	符 号	占内存/字节	类型说明	缩 写	取值范围
整 型	带	2	signed int	int	−32,768～32,767*
		2	signed short int	short	−32,768～32,767
		4	signed long int	long	−2147483648～2147483647
	不 带	2	unsigned int	unsigned	0～65,535 ($2^{16}-1$)*
		2	unsigned short int	unsigned short	0～65,535 ($2^{16}-1$)
		4	unsigned long int	unsigned long	0～4,294,967,295
浮点型	带	4	float	—	±(10^{-38}～10^{38})*
		8	double	—	±(10^{-308}～10^{308})*

注：*表示该类型所占空间及取值范围与计算机系统有关。

1.4.1 整型数据

整型数据包括常量和变量。

(1) 整型常量

C语言中有3种形式的整型常量：十进制、八进制和十六进制。十进制，如888，−123，0等；八进制，以0开头的整数是8进制整型常量，如0666，−033等；十六进制整数，以0x开头的整数是十六进制整型常量，如0x987，0xff等。

(2) 整型变量

C语言中的关键字int定义整型变量(这种类型的变量占用2字节的存储空间)。在关键词int前面可以增加一些限定词，这些限定词为short(短整型)、long(长整型)、unsigned(无符号)、signed(有符号)。限定词和关键词一起可以表示6种数据类型，见表1.2。这些数据类型所占用的存储空间与处理器的类型和C编译器的实现方式有关，因而所表示数据所占的字节数和数据的取值范围也与处理器的类型和C编译器的实现方式有关。

定义整型变量的语句为：

int　　变量列表；

例如：

```
int a,b;                /*定义变量为整型变量*/
long int x,y;           /*定义变量为长整型变量*/
unsigned int c,d;       /*定义变量为无符号整型变量*/
```

1.4.2　浮点型数据

(1) 浮点型常量

C 语言中的浮点型常量是一个有符号的十进制实数，有两种表示形式：十进制小数形式和指数形式。

十进制小数形式：与日常数字的表示法十分接近，如 888.88，0.888，－12.34 等。

指数形式：包括整数部分、尾数部分和指数部分。小数点之前是整数部分，小数点之后是尾数部分，尾数部分可以省略。小数点在没有尾数时可省略。指数部分用 E 或 e 开头，幂指数可以为正数、负数和零。例如：12.34E0，1.234e1，1234e－3 ，－0.01234e3。其中，1.234e1 是标准形式指数（即小数点前面是一位非 0 的数）。字母 E 或 e 之前必须有数字，且 E 或 e 后面的指数必须为整数。下面这些表示形式是非法的：1e2.3，e3，e，.e3。

(2) 浮点型变量

浮点型变量分为单精度变量（float 型）、双精度变量（double 型）和长双精度变量（long double 型）。在使用浮点型变量前必须定义这个变量。定义浮点型变量的实例如下：

```
float x,y;              /*定义变量为单精度浮点型变量*/
double z;               /*定义变量为双精度浮点型变量*/
```

1.4.3　字符型数据

字符型数据通常为多个字符组成的字符串。

(1) 字符常量

字符常量为一对单引号之间的一个字符。如：'t'，'9'，'#'。

(2) 字符变量

字符变量通常用来存储和表示一个字符，占用一字节。字符变量的定义形式为：

```
char　变量列表;
```

例如：

```
char ch;  /*定义变量 ch 为字符型变量*/
```

需要特别注意的是，在 C 语言中的字符型变量和整型变量是兼容的，字符型数据可以与整型数据一起参与运算。

(3) 字符串常量

字符串常量为一串字符，放在一对双引号之间。例如："chinese"，"How do you do"，"system_100"，" A"等。

C 语言程序中使用的字符串常量存放在内存中时，在该字符串的末尾会自动添加结束标志（“\0”），即添加一个ASCII码值为0的空格字符。因此，如果程序中的字符串常量由n个字符常量组成，它将占有n+1个字节的存储空间。

在C语言中没有专门的字符串变量，如果需要将字符串常量存放在变量中，则需要使用字符数组。

1.5　构造类型

在C语言中提供了4种复杂的数据类型：数组、结构数据、联合数据和枚举数据，统称为“构造类型”。“构造类型”数据由前面所介绍的基本类型数据组合而成。

1.5.1　数　组

数组是有一定排列顺序、具有相同数据类型的变量集合。其中的每一个数据称为数组元素，数组中的每一个元素都属于同一个数据类型。C语言中用一个数组名来标志这组数，并用数组名和数组下标来确定数组中的每一个数组元素。与其他变量一样，数组在使用前必须定义，数组定义的一般形式为：

数据类型　　　　标志符[整数表达式1][整数表达式2]…；

其中，“数据类型”为数组元素的数据类型，“标志符”为数组名。在数组名后为一个（或多个）方括号“[]”，它是数组的重要标志，其中方括号的数目和括号中的数据决定了数组中的维数和元素数目，方括号中的数据又称为数组的“下标”。例如：

```
int     a[5];            /*定义了一个整数型数组，数组名为a，该数组为一维数组，由5个元素组
                           成*/
float   x[8][3];         /*说明x为有24个元素的浮点型二维数组*/
char    c[2][3][4];      /*说明c为有24个元素的字符型三维数组*/
```

在编译时，C语言编译器将为程序中数组的所有元素分配存储空间。它们所占的空间地址是连续、递增的，地址中的最小值为数组第一个元素的地址，最大值为数组的最后一个元素的地址，元素之间没有空单元。C语言中，数组元素的下标是从0开始依次递增排列的，它确定了元素在数组中的位置，因此可以通过数组的下标来访问数组中的每个元素。

数组元素是变量，可像一般变量那样进行赋值和运算；数组可以是一维的，也可以是多维的。

1. 一维数组

具有一个下标（数组名后只有一对方括号）的数组元素组成的数组称为“一维数组”（也称为线性数组）。一维数组的一般定义形式为：

存储类型　数据类型　数组名[常量表达式]；

例如：

```
int  a[3];              /*对数组的说明*/
```

一维数组可以进行初始化,例如 int a[3]={0,1,2 }；

2. 多维数组

在C语言中允许定义多维数组,数组的维数是没有限制的。

多维数组定义的一般形式：

数据类型　数组名[长度1]　[长度2]…[长度N]；

多维数组的最简单最常用的形式就是二维数组。实际上,二维数组与一维数组一样。二维数组定义的一般形式为：

数据类型　数组名[行数][列数]

例如：

```
int  a[2][3];           /*说明a为2行3列的整型数组*/
```

二维数组a中,共有2×3=6个元素。a[2][3]数组存储的顺序如下：a[0][0]、a[0][1]、a[0][2]、a[1][0]、a[1][1]、a[1][2]。

与一维数组类似,对二维和多维数组也可以进行初始化。多维数组(以二维数组为例)的初始化可以按以下两种方式进行：

(1) 分行赋值

该方式是将多维数组分解为若干个一维数组,然后依次向这些一维数组赋初值。可以使用大括号嵌套的方式来区分每个一维数组,省略部分赋予默认值0。例如：

```
int a[3][4]={ { 0,1 },{ 4,5,6,7 },{ 8 } };
```

等价于

```
int a[3][4]={ { 0,1,0,0 },{ 4,5,6,7 },{ 8,0,0,0 } };
```

(2) 按存储顺序整体赋值

该方式较为直观,使用时要注意数据的排列顺序。例如：

```
int a[3][4]={ 0,1,2,3,4,5,6,7,8,9,10,11 };
```

如果是全部元素赋值,可以不指定行数,写成如下形式：

```
int a[][4]={ 0,1,2,3,4,5,6,7,8,9,10,11 };
```

也可以对前一部分赋值,不足部分的初始值默认为0。例如：

```
int a[3][4]={ 0,1,2,3,4 };
```

只对a[0][0]～a[1][0]的5个元素赋值,其余初始值默认为0。

1.5.2 结　构

在实际生活中，许多实体都是由不同类型、不同长度的元素构成的。例如，一个人的信息包括：姓名、年龄、身份证号码、民族、文化程度、家庭住址、邮政编码等。这些数据显然属于不同的数据类型，但这些数据又相互有关联，用于描述一个人的各种属性。如果使用若干个简单变量来表示各个属性，难以反映出这些数据之间的联系。如果要对目标对象作统一描述，这就需要一种特殊的数据类型。C语言提供了这种数据类型——结构类型。

1. 结构定义

与数组一样，结构也是由元素构成的一种数据类型；与数组不同的是，结构中的元素可以为不同类型的数据，而数组中的元素则必须为相同类型的数据。对一个结构类型的描述形式为：

```
struct    结构名
{
        数据类型    结构成员 1;
        数据类型    结构成员 2;
            ⋮           ⋮
        数据类型    结构成员 n;
};
```

其中：struct是关键字；“结构成员n”(n≥1)是对结构中各分量(即结构中的元素)的说明，由“数据类型标志符”和“变量名”组成(与变量的说明形式相同)。

例：建立学生基本信息档案(学号、姓名、身份证号码、性别、年龄、家庭住址)。

```
struct student
{
    long int id;                /*学号,长整型*/
    char name[20];              /*姓名,字符串*/
    char sex;                   /*性别,字符*/
    char address[40];           /*住址,字符串*/
    int age;                    /*年龄,整型*/
    long number;                /*身份证号码,长整型*/
};
```

2. 结构类型变量的定义

结构类型变量的定义与其他类型变量的定义是一样的，有3种方法。

① 先定义类型，然后再定义变量。其形式为：

```
struct 结构名    变量列表;
```

例：

```
struct stu                          /*定义学生结构类型*/
{
    long int id;                    /*学号*/
    char name[20];                  /*姓名*/
    char sex;                       /*性别*/
    char address[40];               /*住址*/
    int age;                        /*年龄*/
};
struct stu stu_1,stu_2;             /*定义 stu_1 和 stu_2 为结构类型变量*/
```

② 定义结构类型的同时定义结构变量。其形式为：

```
struct 结构名
{
    结构成员列表;
}结构变量列表;
```

例：

```
struct stu
    {
    ……/*同上*/
    } stu_1,stu_2;          /*定义 stu_1 和 stu_2 是结构类型变量*/
```

也可以再定义更多的 struct stu 类型结构变量。例如：

```
struct stu stu_3;           /*stu_3 是结构变量*/
```

③ 直接定义结构变量。其一般形式为：

```
struct
{
    结构成员列表;
}结构变量列表;
```

例：

```
struct
    {
    ⋮
    } stu_1,stu_2;          /*定义 stu_1 和 stu_2 是结构类型变量*/
```

采用这种方式定义的结构可以不定义结构的名称。如果定义的结构没有定义结构名，在其他地方不能定义这种结构类型的结构变量。

在定义结构变量时，可以根据需要选用这三种方式的任意一种。如果采用定义方式①和②，由于在定义结构变量时定义了结构的名称，因此它可以在程序的其他地方定义具有相同结构的其他变量；如果采用方式③，由于在定义结构变量时没有定义结构的名字，因此不便在程序的其他地方定义具有这种结构的其他变量。

3. 结构类型变量的初始化

与其他类型的变量一样，结构变量也可以进行初始化。结构变量的初始化与一维数组的初始化相似，不同的是一维数组中元素的数据类型相同，而结构变量中的元素可能为不同类型的数据。初始化结构变量的一般形式为：

struct 结构名　　变量名＝　{结构变量成员值列表}；

例：

```
struct tong_xue - lu
{
     char  name[10];
     char  tel[10];
     char  address[10];
   }  a = { "LI ","123 - 1111 ","beijing "},
      b = { "WANG ","124 - 2222 ","shanghai "},      /* 用逗号作为分隔符 */
      c = { "GAO ","125 - 3333 ","nanjing "};        /* 用分号作为结束符 */
```

在结构 tong_xue_lu 中有 3 个字符型数组成员，而 a、b、c 为具有该结构的 3 个结构变量，在定义这 3 个变量时就对它们进行了初始化。这些变量中的每个成员的值分别是相应字符串(初始值)的首地址(值)。

4. 结构类型变量的引用

由于结构变量是一个含有若干成员的整体，对结构变量一般不能进行整体操作。对它的操作与操作数组类似，其中的每一个结构元素的操作要使用点“.”运算符，其一般形式为：

结构变量名.成员名

在上例中，变更 a 的电话的语句可以表达为：a.tel＝“123－4578”；

5. 结构数组的定义和使用

如果数组中的每一个元素都是同一结构的变量，则称该数组为“结构数组”。结构数组特别适用于处理具有若干相同关系的数据组成的集合体。结构数组定义的一般形式为：

struct 结构名　　数组名[常量表达式]；

例：

```
struct  tag
{
        char *a;
        int  b;
}    buf[2];
```

或

```
struct  tag
{
        char *a;
        int b;
}
struct  tag  buf[2];
```

这2种形式都定义了buf是一个tag型的结构数组。该数组中有2个元素，每个元素都是一个tag类型的结构变量。

引用某一元素的方法与前面介绍的引用结构变量的方法相同，其一般形式为：

结构数组名[下标].结构成员名

例：

```
buf[1].a               /*表示buf中第1个元素中的成员a*/
buf[0].b=125           /*给buf中第0个元素中的成员b赋值*/
```

不能将结构数组元素作为一个整体直接进行输入/输出，但可以将一个结构数组元素作为一个整体赋给同一结构数组的另外一个元素，或赋给一个同类型的结构变量。

1.5.3 联　合

1. 联合的定义

在程序设计时，为了增加数据处理的灵活性，C语言可以将不同数据项组织成一个整体，这个整体在内存中占用共同的存储区域。这种数据类型构造称为联合。定义的一般形式为：

```
union 联合名
{
    数据类型    成员项1;
    数据类型    成员项2;
       ⋮          ⋮
    数据类型    成员项n;
};
```

联合类型确定了联合的组成形式和联合成员的数据类型，其定义与结构的定义相似，但定义联合时并不为其分配具体的存储空间，而只是说明该类型联合变量将要使用的存储模式。联合与结构最大的区别在于，结构类型要求使用的存储空间为所有成员要求之和，而联合类型要求使用的存储空间为所有成员中要求空间最大的一个成员的空间。

定义联合变量的方式与定义结构变量相似，也有3种方法：

① 先定义联合类型，然后定义联合变量：

```
union    联合名
{    成员列表;}
union 联合名  变量列表;
```

② 定义联合类型的同时定义联合类型变量：

```
union    联合名
{    成员列表;}变量列表;
```

③ 不定义联合名直接定义联合变量：

```
union
{成员列表;}变量列表;
```

例：

```
union test
{
    int a;
    long b;
} key;
```

定义了一个联合 union test 和一个联合变量 key，该类型所占的存储单元长度为4字节。

例：比较联合与结构所占空间的区别。

```
union data
{
    int x;
    float y;
    char z;
} a;
struct message
{
    int x;
    float y;
```

```
char z;
}
```

这里，联合的空间是占用字节数最多的 float 类型的空间，而结构类型的空间是 int 类型、float 类型和 chat 类型空间之和。

2. 联合变量的引用

联合变量不能作为一个整体来操作，只能操作它的元素。联合变量元素的引用方式与结构变量元素的引用方式相似，一般形式为：

联合类型变量名.成员名；

值得特别注意的是：一个联合变量不能存放多个元素的值(这是因为其所有元素共用一个地址单元)，只能存放一个元素的值，即联合变量最后赋予的值。

例：

```
union test key;
key .a = 100;
key .b = 40000;
```

联合变量 key 中只有一个值，即 key. b 的值。

1.5.4 枚 举

在程序设计中会使用到这样一些变量，其值为离散的有限个数值。例如，表示人的性别只有 male 和 female 这两种值，表示星期只取星期一到星期日等。这样的变量可以定义为枚举型变量。

枚举是一个已命名的整数常量集，可以用枚举型变量表示常数。枚举型变量通过列举这种变量所有可能的取值来建立变量与取值之间的联系。变量的取值只限于列举出来的值的范围。

1. 枚举的定义

枚举的定义与结构的定义方式十分相似，用关键字 enum 来表示一个枚举。其一般形式为：

```
enum 枚举名
  {
    枚举符1[=整型常数],          /*初值*/
    枚举符2[=整型常数],          /*用逗号分隔枚举成员*/
       ⋮
    枚举符n[=整型常数]           /*最后一个成员之后无任何结束符号*/
  }[枚举变量名[,枚举变量名]…];
```

可以看出，其形式与结构的形式差不多，但对其赋值及引用方法则完全不同。enum 型中的枚举元素（枚举符 1～n）之间用逗号分隔，最后一个枚举元素后没有任何结束符号。枚举元素后可以为一个赋值表达式。集合中每个元素的标志符都是用户自己定义的（习惯采用大写字母），它表示一个整型常量。枚举类型变量将存放该枚举定义的元素值（整型数）。

2. 枚举元素的值

每个枚举元素表示一个整数值，可以在整型表达式中引用这个值。

① 如果枚举表中没有为任何枚举元素赋值，则在程序编译过程中当对其初始化时，C 语言编译器会从 0 开始，以递增方式（增量为 1）依次给枚举表中的每个元素赋值。例如：

```
enum direction {
    UP ,                    /*初值为 0*/
    DONW,                   /*初值为 1*/
    LEFT,                   /*初值为 2*/
    RIGHT                   /*初值为 3*/
};
```

② 如果需要增加或减少一个枚举元素，只需在枚举表中的相应位置插入或删除枚举元素后重新编译即可。例如：

```
enum direction {
    UP ,                    /*初值为 0*/
    RIGHT_UP                /*初值为 1(新插入的)*/
    DONW,                   /*初值为 2*/
    LEFT,                   /*初值为 3*/
    RIGHT                   /*初值为 4*/
};
```

枚举元素的标志符为一个整数的名字，它不是变量，也不是字符串，因此不能对枚举元素作赋值操作。其值为定义这个枚举元素时的初值；如果没有定义其初值，则枚举元素的值为初始化时确定的值。

3. 枚举变量赋值和运算

① 枚举变量赋值：只能给枚举变量赋枚举元素的值，而不能直接赋整数值。例如：

```
enum weekday { sun,mon,wed,thu,fri,sat } week1,week2;
week1 = thu;                /*只可以将枚举元素值赋给枚举变量 week1*/
```

这时，week1 的实际值为 3。

如果要把一个整数值或整数表达式的值赋给枚举变量，则必须进行类型转换。例如：

```
week1 = (enum weekday) 2;
```

这里将2强制转换成weekday枚举类型后再赋值，相当于week1赋值wed。

② 枚举变量运算：枚举变量不能用输入语句对其赋值，但可以对其进行其他整型变量的任何运算，如加运算、减运算、比较运算、作为一个表达式自变量以及作为整型变量的输出等。例如：

```
if (week1 > mon)
        week1 + + ;
```

1.6 指 针

1.6.1 指针变量

指针即地址。在程序中定义的变量，系统都会根据变量的类型为其分配一定长度的内存单元，这些内存单元的位置都是确定的。一旦分配完成，内存单元的地址就和变量建立起一一对应的关系，这种关系称为"指针关系"，变量的内存地址就是该变量的"指针"。程序要访问一个变量，系统首先找到该变量对应存储单元的地址，通过这个地址来访问这个变量。在C语言中，不但提供了通过变量名访问变量的方式(直接访问)，而且还提供了使用变量存储单元的首地址访问变量的功能(间接访问)。

系统采用一系列有序数来表示内存单元的地址。为了操作这些地址量，需要构造一种变量来存储它们，这种变量称为"指针变量"。当把一个变量的地址赋给一个指针变量后，称这个指针变量指向这个变量。

指针为包含某一目标对象地址的变量。通过指针可以间接地存取这个目标对象。指针变量定义的一般形式为：

存储类型　　数据类型　　*指针变量名，……；

其中，"存储类型"为指针变量本身的存储类型；"数据类型"为指针变量所指目标的数据类型，可以是基本数据类型，也可以是构造数据类型；"指针变量名"由用户命名，命名规则与普通变量相同。例如：

```
int        * ptr1;              /* 说明 ptr1 是一个整型指针 */
float      * ptr2;              /* 说明 ptr2 是一个浮点型指针 */
```

需要特别注意的是，指针变量定义中的"*"只是一个定义标志，其后的变量名才表示指针变量。

指针变量在定义时也可以为其赋初始值，其一般形式为：

存储类型　　数据类型　　*指针变量名＝初始化地址值；

例如："char ch,＊cptr＝&ch;"表示定义了一个字符型变量ch和一个指向字符型变量的指针变量cptr,并将ch的地址作为其初始值。指针变量可以与普通变量一起混合定义。例如：float x,y,＊ptr1,＊ptr2。

1.6.2 指针运算符

C语言提供了与指针有关的2个运算符,即取内容运算符"＊"和取地址运算符"&"。

(1) 取地址运算符"&"

用运算符"&"给出运算目标对象的地址。例如：

```
ptr1 = &data1;                    /* 将变量 data1 的地址赋给指针变量 ptr1 */
ptr2 = &data2;                    /* 将变量 data2 的地址赋给指针变量 ptr2 */
```

指针ptr1指向了data1,指针ptr2指向了data2。

(2) 取内容运算符"＊"

用运算符"＊"可以间接地存取指针所指向变量的值。

例如：

```
*ptr1 = 32;                    /* 把 32 存入 ptr1 所指的地址(&data1)中 */
相当于    data1 = 32;
```

又如：

```
*ptr2 + = 0.5;                 相当于     data2 + = 0.5;
data2 = *ptr1;                 相当于   data2 = data1;
```


需要特别注意的是,在指针变量定义语句中,"＊"的含意为"指向……的指针";而在表达式语句中的"＊"表示的是"间接"存取变量的值。

1.6.3 指针运算

指针也是一种变量,因此具有变量的一些基本性质,可以对指针进行一些运算。但需要注意的是：指针变量的值不仅与某类变量的地址有关,还与系统硬件有关。

归纳起来,指针可作如下几种运算：

① 对指针的初始化,即将给定目标对象的地址赋给指针。

② 指针与一个整数的加、减运算(移动指针)。例如,设p为一浮点型指针,下面是合法的指针运算：p－3,＊(p＋3),p＋n(n为整数)。

③ 指针可以作"＋＋"或"－－"操作。例如：p＋＋,p－－,＊p＋＋,＋＋p

④ 2个指针之间可以进行减法运算,但2个指针必须指向同一数组(或字符串)中的元素。两指针相减的结果是其所指目标对象之间相差的元素个数。

1.6.4 数组的指针

如果一个数组包含若干个元素，则每个数组元素都将占用内存单元，它们都有相应的地址。如果一个指针的地址为一个数组的起始地址，则称该指针为指向该数组的指针；如果一个指针的地址为数组中一个元素的地址，则称该指针为指向该数组元素的指针。程序中可以定义指向数组和数组元素的指针变量。引用数组元素可以用下标，也可以用指针。

(1) 指向数组元素的指针

如果要定义一个指向数组元素的指针变量，其定义方法与定义变量的方法相同。例如：

```
float a[5];                    //a 为包含 5 个 float 类型数据的数组
float * pointer;               //pointer 为指向 float 类型变量的指针型变量
```

对指针元素赋值为：

```
pointer = &a[0];    或    pointer = a[0];              //C 语言规定数组名代表首地址
```

这样指针 pointer 就指向了数组 a 的首地址，即数组 a 的第 0 号元素的地址。

(2) 通过指针引用数组元素

C 语言规定，如果指针变量 pointer 已指向数组的某一个元素，pointer＋1 则指向该数组的下一个元素，而不是简单地将 pointer 的值加 1。指针的实际移动地址取决于元素的类型，例如，如果定义数组的类型为 float，那么 pointer＋1 指令就会使 pointer 指针的值增加 4 字节，这样它就可以指向数组的下一个元素。因此指针和数组之间有以下关系：

① pointer＋i 和 a＋i 就是 a[i]的地址，也就是说，它们同样指向 a 数组第 i 个元素；

② (pointer＋i)＝ *(a＋i)＝a[i]＝pointer[i]，“ * ”代表指针指向的元素，指向数组的指针变量也可以用下标表示。必须指出：运行时使用指针比使用下标更快。由于程序的运行速度是经常需要考虑的重要因素，所以在 C 语言中常常使用指针来访问数组的元素。

1.6.5 指针数组

指针既可以指向某个变量，也可以指向一维、二维数组或字符数组。它将替代程序中的这些变量和数组，因此在程序中使用指针可以增加程序的灵活性。同样，可以定义一种特殊的数组，这类数组的元素全部是指针，它们分别指向同一类目标对象的某类变量，以替代程序中的这些变量。这种由指向同一类目标对象的指针构成的数组称为“指针数组”。它定义的形式为：

类型标志 *数组名[数组长度]

例：对于长度为 3 的整型指针数组可以写成：

```
int * x[3];
```

与“*”相比，“[]”的运算级更高，所以运算时首先形成数组 x[3]，然后才与“*”结合，形成“指针数组”。这样一来指针数组包含 3 个指针 x[0]，x[1]，x[2]，它们都指向整型变量。

如果需要将一个整型变量 var 的地址传递给指针数组的第 3 个元素，则可以采用下列语句：

```
x[2] = & var;
```

为了访问 var 的值，可以采用下列语句：

```
* x[2] = var;
```

1.6.6　多级指针

指针也是一个变量，也要占用内存地址，因此可以定义另一个指针指向该指针，称其为“指针的指针”。指针型指针变量的定义方式是在变量名前加上“* *”。例如：

```
int   * * q;        //说明 q 是一个整型指针的指针变量(两级指针)
```

如果需要访问指针型指针所指向地址的变量的内容，则需要进行二次操作。下面这个实例就说明了这种工作方式。

```
# include < stdio . h >
main ()
{
        int a, * p, * * q;
        a = 32;
        p = &a;
        q = &p;
        ( * p) + + ;
        ( * * q) + + ;
}
< 执行结果>
a = 34
```

说明：

① 指针变量 q 中存放的是指针 p 的地址，p 的值又是变量 a 的地址。这样通过 q 或 p 都可以间接地操作变量 a。例如，下面运算的结果是相同的：

```
( * * q) + + ;     ⇔( * p) + + ;     ⇔a + + ;
```

② 虽然“*”与“++”的运算级相同，但由于“++”的结合规则是自右向左，所以如果把“(* * q)++”写成“* * q++”，那么其表示的运算截然不同：

```
(* *q)++;     表示取出a的值后,对a值加1;
* *q++;       表示取出a的值后,对指针q加1(使q指向下一个存储单元)。
```

1.6.7 数组与指针

C语言中的数组与指针的关系十分密切。由于数组中的元素在内存中是连续排列的,所以任何能由数组下标完成的操作都可由指针来实现。

指向数组元素的指针,称为"数组指针"。使用数组指针的主要原因是标志方便。程序效率高,产生的代码占用存储空间小,且执行速度快。下面介绍利用指针来操作数组。

1. 指针与一维数组

若定义了一个整型一维数组a：int a[3];那么它的3个元素是：a[0],a[1],a[2]。这3个元素的地址分别表示为：&a[0],&a[1],&a[2]。

数组名可以代表数组的首地址。因此,下面2种写法是等价的：

```
a⇔&a[0]
```

即,数组的首地址也就是数组中第0个元素的地址。由于内存中数组元素的地址是连续递增的,所以通过数组的首地址加上偏移量就可依次确定数组中其他元素的地址。在C语言中,无论是整型数组还是其他类型数组,不必关心其元素之间地址偏移量的值,只要把前面一个元素的地址加1,就可得到下一个元素的地址。

指向数组的指针能够指向数组中任何一个元素,所以这种指针类型应该与指向数组元素的类型相同。例如："int arr[10],* ptr;",则指针变量ptr可以指向数组arr中的任何一个元素。ptr=&arr[i]则表示指针变量ptr指向数组中的i个元素。由于数组名表示数组的起始地址,所以ptr=&arr[0]和ptr=arr的意义相同。

使用"*"运算符就可以得到指针所指向元素的值。例如：有ptr=&arr[i],则*ptr=arr[i]。同样,如果要向数组元素赋值,可以使用以下形式：

*ptr=<*表达式*>

注意：*数组名和指针变量之间有一个根本的区别,数组名是地址常量,任何改变其值的运算都是非法的,例如arr=ptr,arr++等;指针变量的值是可以改变的,例如ptr=arr、ptr++等都是有意义的操作。*

如果定义了一个指向一维数组的指针,可以有3种方式引用这个数组：

- 下标变量方式,例如arr[i]。
- 数组名方式,例如*(arr+i)。
- 指针变量方式,例如*ptr。

3者之间的关系为：arr[i]=*(arr+i)=*ptr。

了解了指针与数组的关系后，就可以利用指针来操作各种数组了。例如：

```
int *p,a[3];           /*p为整型指针,a为一维整型数组*/
p=a;                   /*把数组a的首地址(&a[0])赋给了指针p*/
p=p+1;                 /*使p指向了数组a的第1个元素a[1]*/
*p=*p+15;              /*等价于a[1]=a[1]+15*/
```

2. 指针与多维数组

下面以二维数组为例，介绍如何使用指针访问多维数组的元素。多维数组与一维数组的地址表示方法有所不同。例如：

```
int  *p,  a[3][3];          /*p为整型指针,a为二维整型数组*/
```

若使指针p指向二维数组a的首地址，可用如下方法：

```
p=a;    或    p=a[0];    或    p=&a[0][0];
```

这三种写法是等价的，但表达式p=&a[0]则是非法的(与一维数组的区别)。

若使用指针p指向二维数组a中的某个元素，可如下赋值：

```
p=a[1];    或    p=&a[1][0];
p=a[2];    或    p=&a[2][0];
```

分别表示把第1行、第2行的第0列元素的地址赋给指针p。而p=&a[0][1]，则表示把第0行中的第1列的元素地址赋给指针p。

当使用"*(a+i)"地址时，指向它的指针就是指向数组元素的指针。但是若将数组首地址赋给指针，则只能使用"a[0]"，"*(a+0)"或"&a[0][0]"的形式。而使用a+i地址时，指向它的指针应该定义为指向由若干个元素组成的一维数组的指针，此时将二维数组名作为数组首地址赋给这种指针。

1.7 运算符和表达式

1.7.1 运算符

C语言的内部运算符非常丰富，除了控制语句和输入/输出操作以外的几乎所有基本操作都作为运算符处理。C语言的运算符大致分为：算术运算符、关系运算符、逻辑运算符、赋值运算符、条件运算符、位运算符、逗号运算符、指针运算符，以及其他用于一些特殊任务的运算符。C语言运算符及有关特性如表1.3所列。

表1.3　运算符及有关特性

优先级	运算符	功　用	举　例	结合规则
15	()	整体运算、参数表	main()，(a+b)＊c	左→右
	[]	下标	a[10]	
	→ .	存取结构、联合中的成员	p－>name a . name	
14	！	逻辑非	！a	左←右
	～	取反(位操作)	～a	
	＋＋ －－	加1 减1	a ＋＋,＋＋ a a－－,－－a	
	－	取负	－a	
	&	取地址	&a (变量a的地址)	
	＊	取内容	＊ p (指针p所指的内容)	
	(类型名)	强制类型转换	b ＝ (float) a ;	
	sizeof	长度计算	sizeof (struct tg) ;	
13	＊ / %	乘 除 取余	a＊b a/b a%b	
12	＋ －	加 减	a＋b a－b	
11	≪ ≫	左移(位操作) 右移(位操作)	a≪n　a向左移n位(bit) a≫n　a向右移n位(bit)	
10	< <= > >=	小于 小于或等于 大于 大于或等于	a<b a<＝b a>b a>＝b	左→右
9	＝＝ ！＝	恒等 不等	a＝＝b a！＝b	
8	&	按位与(AND)	a&b	
7	∧	按位异或(XOR)	a∧b	
6	|	按位或(OR)	a|b	
5	&&	逻辑与(AND)	(a＝＝0)&&(b＝＝0)	
4	||	逻辑或(OR)	(a＝＝1)||(b＝＝0)	

续表 1.3

<table>
<tr><th>优先级</th><th>运算符</th><th>功　用</th><th>举　例</th><th>结合规则</th></tr>
<tr><td>3</td><td>？　：</td><td>条件表达式</td><td>(a＞b)？a：b</td><td rowspan="3">左←右</td></tr>
<tr><td rowspan="2">2</td><td>＝</td><td>赋值</td><td>a＝a＋b</td></tr>
<tr><td>＊＝
/＝
％＝
＋＝
－＝
＞＞＝
＜＜＝
＆＝
∧＝
|＝</td><td>运算且赋值</td><td>a＊＝b
a/＝b
a％＝b
a＋＝b
a－＝b
a＞＞＝b
a＜＜＝b
a＆＝b
a∧＝b
a|＝b</td></tr>
<tr><td>1</td><td>，</td><td>顺序计值运算符</td><td>i＝(j＝5，i＋6)；</td><td>左→右</td></tr>
</table>

1. 算术运算符

C语言中的基本运算符分成2类：单目运算符和双目运算符。单目运算符有正号运算符“＋”和负号运算符“－”；双目运算符共有5个：加号“＋”、减号“－”、乘号“＊”、除号“/”和取余运算符号“％”。

表1.4列出了C语言所允许的算术运算符。当用于整型或字符型变量时，总是截掉余数。例如，在整数除法中，10/3等于3。

表 1.4　算术运算符

操作符	作　用	说　明
＋	加法运算或表示正数	
－	减法运算或表示负数	
＊	乘法运算	
/	除法运算	当2个整数相除时，结果为整数，小数部分舍去
％	模运算(取余)	参加运算的均应是整数，例如，5％2结果为1
－－	减1运算	
＋＋	加1运算	

2. 关系运算符和逻辑运算符

关系运算符有6种：“＜”(小于)、“＞”(大于)、“＜＝”(小于或等于)、“＞＝”(大于或等于)、“==”(恒等于)、“!=”(不等于)。关系运算符用于对2个操作数进行比较,其结合规则都是自左向右。

逻辑运算符有3种:“&&”(逻辑与)、“||”(逻辑或)、“!”(逻辑非)。

关系运算符和逻辑运算符的关键是真(true)和假(false)。在C语言中,true是非0值,而false是0。使用关系运算符和逻辑运算符的表达式若为false,则返回0;若为true,则返回1。表1.5列出了关系运算符和逻辑运算符。

表1.5 关系和逻辑运算符

关系运算符			
操作符	作 用	设:a=4, b=5	
>	大于	a > b	返回值0
>=	大于或等于	a>=b	返回值0
<	小于	a < b	返回值1
<=	小于或等于	a<=b	返回值1
==	恒等于	a==b	返回值0
!=	不等于	a!=b	返回值1
逻辑运算符			
&&	逻辑与	a && b	返回值1
||	逻辑或	a || b	返回值1
!	逻辑非,一元运算符	!a	返回值0

在关系运算符和逻辑运算符组成的表达式中,可以用圆括号来改变运算的优先次序。例如:!(1 && 0)。

3. 位运算符

位运算符共有6种:“~”(取反)、“<<”(左移)、“>>”(右移)、“&”(按位与)、“|”(按位或)、“^”(按位异或)。

(1) 按位取反

一般形式为:

~操作数

按位取反运算符产生其操作数的位反码,也就是将所有的1都变成0,0变成1,并进行一般的算术转换;结果具有转换后的操作数类型。操作数必须具有整型值。例如:

```
    X       00101100
   ~X       11010011
```

(2) 移 位

一般形式为：　E1　<<　E2　　把 E1 向左移动 E2 位(bit)

　　　　　　　E1　>>　E2　　把 E1 向右移动 E2 位(bit)

两个操作数 E1 和 E2 都必须具有整型值；E2 的值不能为负数。可以使用左移位的方法来快速实现乘以 2 运算：k << n 相当于 $k \times 2^n$。使用右移的方法，可以实现快速的除运算：k >> n 相当于 $k/2^n$。

在右移时，要注意符号问题。当 X 为有符号数的负数时，有算术右移和逻辑右移之分。移入 0 的称为逻辑右移，移入 1 的称为算术右移。例如：

```
X        1000 1011
X>>1：   0100 0101(逻辑右移)
X>>1：   1100 0101(算术右移)
```

(3) 按位与

按位“与”运算符常用于屏蔽某些字的位。如下例，是将整数 0XC1 除低 6 位外全部置成 0。

```
   11000001
 &)00111111
 ----------
   00000001
```

(4) 按位或

按位“或”运算符常用于将某些字的位置为 1。下例中，是将整数 0x80 的低 2 位置为 1。

```
   10000000
 |)00000011
 ----------
   10000011
```

(5) 按位异或

```
    01111111
 ^) 01111000
 -----------
    00000111
```

4. 条件运算符

条件运算符(？:)能用来代替某些 if－then－else 形式的语句。

一般形式为：　EXP1　？　EXP2　:　EXP3

其中，EXP1，EXP2，EXP3 是表达式(请注意“:”的用法和位置)。由条件运算符和 3 个表达式构成的含义是，首先计算 EXP1，若其值为非 0(真)，则表达式的结果为 EXP2 的值；否则是 EXP3 的值。因此，EXP2 与 EXP3 中只有一个起作用。EXP1 的类型必须是整型、浮点型或指针类型。结果的类型依赖于 EXP2 和 EXP3 的类型。

在同一表达式中可以多次出现条件运算符,即条件表达式中还可以多层嵌套条件表达式。例如:

```
k=(c<='9')?1:(c<='z')?2:(3*2);
```

根据条件运算符的结合规则,该表达式是从右向左分组计算值的,它等价于:

```
k=(c<='9')?1:((c<='z')?2:(3*2));
```

如果 c 小于'9',那么 k 值为 1;否则,若 c 小于或等于'z',那么 k 值为 2,如果 c 也不小于或等于'z',则 k 值为 6 (3×2=6)。

5. 赋值运算符

赋值运算符是二元运算符。表 1.3 中优先级为 2 的所有运算符均属于这一类,结合规则是自右向左。赋值运算符可以在一个单独的运算中同时做类型转换和赋值。

(1) 简单赋值运算符

由等号和操作数构成的赋值表达式一般形式为:

E1=E2

操作数 E1 必须为左值表达式,E2 经过运算后所产生的值存放到 E1 所指定的存储单元中。当 E1 与 E2 的类型不相同时,则按照赋值转换的规则,先将 E2 转换成与 E1 相同的类型后再赋值。

在同一表达式中可以出现多个赋值运算符。例如:a=b=c=d=0;
根据赋值运算符自右向左的结合规则,该表达式从右向左依次赋值,先把 0 赋给 d,然后把 d 的值赋给 c……最后把 b 的值赋给 a。

(2) 复合赋值运算符

复合赋值运算符由简单赋值运算符与另一个二元运算符(算术运算符、移位运算中按位运算符)复合构成。它们是:+=、-=、*=、/=、%=、>>=、<<=、&=、^=、|=。

由复合赋值运算符和操作构成的复合赋值表达式的一般形式为:

E1 OP=E2 (OP 代表二元运算符,OP 与等号之间不能有空格)

复合赋值表达式是先对 E1 和 E2 进行指定的运算,然后按赋值转换规则把运算结果赋值。因此上述表达式可以理解为:E1=E1 OP E2。

例如:a *=b+c; 可以理解为 a=a *(b+c);(不是 a=a *b+c;)
a %=j+(k <<2); 可以理解为 a=a % (j+(k <<2));

"E1=E1 OP E2"是"E1 OP=E2"的展开形式,两种形式在 C 语言中都成立,但并不等价。C 语言中复合运算符被看成是一个运算符,E1 只计算一次;而在展开形式中,E1 计算二次,OP

运算一次;赋值一次。因此使用复合运算符来代替两个分离的运算,可以缩短代码长度,提高编程效率。

6. 增1和减1运算符

C语言中很有用的2个运算符"++"、"--"在其他计算机语言中通常是没有的。它们是增1和减1运算符,运算符"++"是给它的操作数的值加1,而"--"则是减1,结果类型与操作数类型相同,也是一种赋值运算符。增1和减1运算符的形式如下:

形式1: (前缀)++操作数 或 --操作数

形式2: (后缀)操作数++ 或 操作数--

"++"、"--"作为前缀运算时,操作数先增(减)值,然后操作数的新值再参加表达式中的其他运算;而作为后缀使用,先执行其他运算,然后操作数再增(减)值。下面以"++"为例,说明这2种形式的不同之处。

```
int  x,n=5;
     x=++n;     n先加1,再赋给x。          结果是n=6,x=6
     x=n++;     先把n值赋给x,n值再加1。      结果是n=6,x=5
```

7. 取地址运算符"&"和取内容运算符"*"

"&"运算符用于取出操作数的地址,"*"运算符是通过指针间接地访问一个值,在指针类型中应用很多。例如:

```
int *m, count;   /*定义m为指针变量,count为整型变量*/
m=&count;        /*将变量count的内存地址赋给m,即m取count的地址*/
q=*m;            /*q取地址m中的值*/
```

为更好地理解上述赋值语句,假定count的内存地址为2000,值为100,上述赋值语句执行后,则m的值为2000,q的值为100。

1.8 类型转换

当一个值赋给一个与其类型不同的变量时,将强制这个值转换为另一种类型,运算符对其操作数进行运算。当一个数作为参数传递给一个函数时,都会发生类型转换。

1.8.1 算术转换

算术转换是由运算符引起的类型转换,依赖于操作数的类型。通常,一个运算符(例如二元运算符"+"、"-"、"*"、"/"等)对不同类型的操作数进行运算,先要将"较低"类型提升为"较高"类型。其运算结果为"较高"类型,直观地讲,算术转换遵循下面原则:

"低"————————→"高"

char < int < long < float < double

如果一个表达式中同时出现若干个不同类型,那么"较低"类型按上述原则由"低"向"高"逐次转换为"较高"类型。

1.8.2 强制类型转换

在C语言语句中,可以用强制类型转换。强制类型转换是临时改变某个变量类型的一种特殊手段,其格式如下:

(类型名)操作数

这里的"类型名"是指前述数据类型中某一种特定类型。例如,整型、指针、结构等。操作数的值将转换为指定的类型。例如:

```
int a, b;              /*a,b为整型变量*/
(long)a;               /*(a被强制转换成long型)*/
(float)b;              /*(b被强制转换成float型)*/
char *p;               /*p为字符型指针*/
(int *) p;             /*(把p强制转换成整型指针)*/
(struct tag *)p;       /*(把p强制转换成tag型结构指针)*/
```

虽然强制类型转换在程序中用得不太多,但它们有时是非常有用的。

需要强调:上述类型转换以及所介绍的各种运算符(除了"++"、"--"及赋值运算符之外),并不实际改变操作目标对象的值,而是利用转换或计值后的中间结果赋值或参加运算。

1.9 表达式

1. 常量表达式

计算结果为常量的表达式称为常量表达式。常量表达式中的操作数可以是整型常量、字符常量、浮点常量、枚举常量、强制类型转换等。例如,15+20,'a'- 'A'均为常量表达式。

2. 左值、赋值、算术表达式

能表示存储单元的表达式称为"左值表达式"。例如:

```
int x, a, b, c;
x = a/b + c;
```

这是一个赋值表达式语句,其中x称为"左值表达式",指向一个可更改内容的存储单元。等号(赋值运算符)右边是一个算术表达式,其计算结果存放到x所指向的存储单元中。

3. 条件表达式

条件表达式由表1.3中优先级为3的条件运算符"? :"构成：

```
E1 ? E2 : E3
```

其中E1,E2,E3代表3个操作数。

1.10 结构化控制语句

1.10.1 语 句

程序设计语言的主要元素是语句,C语言的语句是用来向计算机系统发出操作指令的,以";"作为语句结束的标志符。语句中有一种结构化控制语句,规定了程序执行的流向。C语言语句可以分为以下几类:

1. 结构化控制语句

if…else…	条件语句	break	终止执行switch或循环语句
for ()	循环语句	switch …case	多分支选择语句
while ()	循环语句	goto	转向语句
do …while ()	循环语句	return	从函数返回语句
continue	继续下次循环		

如同其他程序设计语言,以上语句用于循环、转移控制以及选择其他语句的执行,从而控制程序的流向。

2. 空语句

空语句是只有一个分号";"的语句,可为循环语句(比如for循环语句)提供空操作。如果一个语句少了分号,编译器会提示出现语法错误;而语句多了分号,编译器认为是一个空语句,运行并不会出错,系统将继续执行后面的语句。

3. 表达式语句

在各种表达式后面如果跟以分号,就构成了C语言的表达式语句。函数调用语句是表达式语句之一。由一次函数调用加一个分号构成一个函数调用语句。一个函数如下:

```
int max (int x, int y)                /* 定义求2个整数中的较大者的函数 */
{
    int z;
    z = x > y ? x : y;
```

```
    return (z);
}
```

则“a＝max (num1, num2);”就是一个函数调用语句,同时又是一个赋值语句。

4. 复合语句

在“{”和“}”中的若干个有序语句构成一个复合语句,多用于 if、for 等语句中。它在语法上等价于一个简单语句。但复合语句的“}”后面不能跟有“;”。复合语句中的任何语句可以是表达式语句、结构化控制语句,而且还可以是复合语句。在程序中,每个单一语句可以存在的地方都可以用一个复合语句来替代。

1.10.2 结构化控制语句

计算机的程序是由若干条语句按顺序组成的,任何程序都可以通过 3 种基本程序结构的复杂组合实现。这 3 种基本结构是顺序结构、选择结构、循环结构。

1. 顺序结构

顺序结构是从前往后依次执行语句。从整体看,所有程序的基本结构是顺序结构,只不过中间某个过程是选择结构或是循环结构。执行完选择结构或循环结构后,程序又按照顺序执行。下面举一个简单的例子。

例:键盘输入一个大写字母,将它改写为小写字母后输出。

```
main ()
{
  char ch0, ch1;
  scanf (“enter a big char %c ”, &ch0);
  ch1 = ch0 + 32;
  printf (“%c\n”, ch1);
}
```

如果输入为 A,则输出为 a。这个程序是一个纯粹的顺序结构。

2. 选择结构

选择结构的基本特点是,程序的流向由多分支组成,在程序的一次执行过程中,根据不同的条件,只选中执行一条分支程序,其他分支上的语句直接跳过。分支结构可以分为单分支结构、双分支结构和多路分支结构 3 种。C 语言中为此提供了 3 种类型的条件转移语句:if 语句、if…else 语句、switch 语句。其中,if 语句适用于二选一,而 switch 适用于多选一。运算符“?”是 if 在特定情况下的变体。

(1) if 语句

① 单分支条件转移(if 语句)

形式：　　　　　　　　　　　　if(表达式)语句；

执行过程：先判断表达式的值，若表达式的值为真(表达式的值不为0)，则执行语句，然后执行if结构的后续语句；若表达式的值为假(表达式的值为0)，则跳过语句直接执行if结构后续语句。

if结构的语句部分可以是C语言的任何合法语句，如复合语句等。

② 二分支条件转移(if…else语句)

形式：

```
if(表达式)
    语句1;
else
    语句2;
```

其中，语句可以是单个语句或复合语句。子句else是任选的。

执行过程：先判断表达式的值，若表达式的值为真，则执行语句1，然后执行if结构的后续语句；否则，执行语句2，然后执行if结构后续语句。

③ 阶梯式if-else-if语句

阶梯式if-else-if结构在程序中常常用到。它的一般形式为：

```
if(表达式1)语句1
    else if(表达式2)语句2
        else if(表达式3)语句3
                ⋮
                else语句n
```

这些条件是按从上到下的次序逐个进行判断的。一旦发现条件满足，就执行与它有关的语句，并跳过其他剩余的阶梯；若没有一个条件满足，则执行最后一个语句。这个最后else语句常起到“默认条件”(default condition)的作用，当其他条件都失败时，就执行最后的语句。如果没有最后的语句，则当其他条件都失败时，什么也不执行。

④ if语句的嵌套形式

如果if结构的语句部分又是一个if结构，称为if语句的嵌套。其一般形式为：

```
if(表达式1)
  if(表达式2)
      语句1;
  else
      语句2;
```

```
else
   if(表达式 3)
         语句 3;
   else
         语句 4;
```

嵌套形式if语句的对象是if或else。嵌套语句很容易出错,C语言提供了一个很简单的规则来解决这个问题。在C语言中规定,在选择结构中,else与前面最靠近它的if语句配对。else和if的配对可以用"{ }"来改变,例如:

```
if (x)
{
    if (y) 语句 1;
}
else 语句 2;
```

这样,else就与if (x)相配,if (y)和else不在同一程序块中。

⑤ 条件运算符"?"

在if结构中,若结构中的语句部分满足2个条件:无论表示条件的表达式取何值(真或假),语句部分都是一句简单的赋值语句;两条赋值语句都是为同一个变量赋值。则C语言提供了一种条件运算符可以用以代替该种if结构。条件运算符是C语言中唯一的一个三元运算符,它要求3个操作数,其形式如下:

表达式1 ? 表达式2 :表达式3

执行过程:首先计算表达式1的值,若表达式1的值为非0(真),则计算出表达式2的值作为整个表达式的值;若表达式1的值为0(假),则计算出表达式3的值作为整个表达式的值。条件运算符的结合方向为右结合律,例如:a > b ? a : c > d ? c : d相当于a > b ? a : (c > d ? c : d)。

例1:

```
if(x < y)
    max = y;
else
    max = x;
```

则该if结构可以用条件运算符表示为:

```
max = (x < y) ? y : x
```

例2：

```
x = 10
y = x > 9 ? 100 : 200;
```

在这个例子中，y的值为100。若x小于9，则y的值为200。使用if/else语句，这个程序可写为：

```
x = 10;
if (x > 9) y = 100;
else y = 200;
```

(2) 程序的多路分支结构与switch语句

在程序设计过程中，常常会遇到多路分支选择的情况。虽然阶梯式if-else-if语句可以实现多路检验，但它还不够灵巧，且if结构的嵌套层次增多，使得程序冗长而且清晰性、可读性降低，在编程时也容易出错。由于这个原因，C语言还提供了实现多路选择的switch语句，用于直接处理多分支选择。switch结构的一般形式为：

```
switch(表达式)
{
    case    常数表达式1：  语句段1
                           break;
    case    常数表达式2：  语句段2
                           break;
                  ⋮
    case    常数表达式n：  语句段n
                           break;
    default ：             语句段n+1
}
```

执行过程：首先对作为条件的表达式求值，然后从上至下查找与之相匹配的case分支，并从这里入口去执行相应的语句段，直到遇到break语句或"}"为止。

注意： break语句用于跳出switch结构。结构中的break语句和default语句项可根据需要确定是否选用。

3. 循环结构

在实际问题中经常会遇到许多具有规律的重复计算处理。在处理此类问题时，程序就需要重复执行某些语句或语句段。一组重复执行的语句称之为循环体。每一次执行完循环体后都必须根据某种条件的判断，作出继续执行循环体还是停止的决定，决定所依据的条件称之为循环条件。循环条件和循环体构成了程序的循环结构。循环结构是构成各种复杂程序的基本单元。

在C语言中提供了3种用于实现程序循环结构的语句：for语句、while语句、do～while语句。

1. for型循环结构

for语句构成的循环是C语言程序设计中使用最灵活、适应范围最广的循环结构，不仅可以用于循环次数已确定的情况，而且也可以用于循环次数不确定但能给出循环结束条件的循环。for循环结构的一般形式为：

```
for(表达式 1;表达式 2;表达式 3)
    循环体
```

式中，括号内的3个表达式称为循环控制表达式，表达式1为循环控制变量初始化，表达式2为循环条件，表达式3为循环控制变量修改部分，三者之间用“;”分隔。

执行过程：首先计算表达式1的值，对循环控制变量进行初始化操作；然后计算表达式2的值是否为非0(真)，若表达式2的值为真，则执行循环体；执行完循环体后，计算表达式3的值以修改循环控制变量；然后再计算表达式2的值以确定是否执行循环体。反复执行上述过程，直到表达式2的值为0(假)为止。

在使用for循环结构时需要注意以下几点：

- 循环体有可能一次都不执行；
- 与许多程序设计语言不同，C语言允许在for循环体中存在能改变循环控制条件的语句，使用时需特别注意；
- 循环体可以是一条语句、一个复合语句、空语句以及任何合法的C语言语句；
- 根据使用的需要，循环控制部分的三个表达式都可以是逗号表达式；
- 根据使用的需要，循环控制部分的三个表达式可以默认一个、两个、三个，但作为分隔符使用的分号不能默认。

下面是一个包含复合语句的for循环的例子。

```
for (x = 1; x < 100; x + + )
{
      y = y + x;
      j = x * 2;
   }
```

(1) for循环的变体

前面讨论的是for循环最常用的形式。但它的若干种变体大大增强了其功能，提高了编程的灵活性和针对某些编程场合的适用性。

最常见的一种变体是使用逗号运算符使两个或两个以上的变量共同实现对循环的控制。下面的例子使用变量x和y共同控制循环，两个变量都在for语句内部初始化。

```
for (x = 0, y = 0; x + y < 10; ++x)
    y = x;
```

for 循环的另一个有趣特征是其定义部分不一定都存在。实际上,for 循环的三个部分的任何一个表达式都可以省略,是任选的。

(2) 无限循环

for 循环最有价值的一种用法是建立无限循环。由于构成 for 循环的三个表达式都可以省略,因此可以运用空的条件表达式,使循环无休止地进行下去。例如:

```
for (;;)表达式;
```

(3) 无循环体循环

for 循环体可以是空语句,用这种方式产生时间延迟。例如:

```
for (t = 0; t < 500; t++);
```

2. while 型循环结构

while 型循环结构由 while 语句构成。其基本结构是:条件满足时进入循环,否则退出循环。其一般形式为:

```
while(表达式)
    循环体
```

执行过程:首先计算作为判断条件的表达式值,若为非0(真),则执行一次循环体;执行完循环体后再计算一次条件表达式值,若仍为非0(真),再执行一次循环体。重复上述过程,直到计算出的条件表达式值为0(假)时,不再执行循环体,退出循环结构,控制流程转到该循环结构之后的语句。

在使用 while 循环结构时需要注意以下几点:

- 循环体有可能一次都不执行;
- 如果不是有意造成死循环,则循环体内必须有能改变循环控制条件的语句;
- 循环体可以是一条语句、一个复合语句、空语句以及任何合法的 C 语言语句;
- 循环体如果包含一个以上的语句,应该用"{ }"括起来,以复合语句形式出现;如果不加括号,则 while 语句的范围只到 while 后面第一个";"处。

while 循环总是在其头部检验条件。这意味着,循环可能什么也不执行,即省去了在循环前必须进行单独的条件检验的过程。下面的程序将计算 y=10+12+…+48:

```
y = 0;
i = 10;
while (i<50)
{
```

```
    y = y + i;
    i = i + 2;
}
```

较常用的是：

```
while(1)
{
    if(表达式 1)break;
    语句;
}
```

在上面的程序中，当表达式1成立时，跳出while循环，否则执行下一个语句。

3. do～while型循环控制结构

do～while型循环控制结构的一般形式为：

do 循环体语句
while(表达式)；

执行过程：首先执行一次循环体，然后计算作为判断条件的表达式的值，若为非0(真)，则返回到第一步重新执行循环体语句，再计算一次条件表达式的值，如此反复，直到其值等于0时，循环结束，控制流向转到该循环结构之后的语句。例如：

```
I = 1;
sum = 0;
do
{
    I + + ;
    sum = sum + I;
}
while (I<50);
```

注意：在do～while型循环中，无论表达式是否成立，至少要执行一次循环体。在应用程序中，如果无法确定循环体的重复执行次数且必须要执行一次循环体，则可以采用do～while语句，并通过执行循环体中的break，goto或return语句跳出do～while循环。

例如：

```
do
{
    if (表达式)    break;
}
```

```
while(1);
```

4. 循环的嵌套

一个循环结构的循环体内又包含另外一个完整的循环结构，称为循环的嵌套。循环的嵌套层数可以是多层，称为多重循环。构成循环嵌套结构时应注意以下几点：

- 三种循环结构(while 循环结构、do～while 循环结构、for 循环结构)可以相互嵌套；
- 循环嵌套时应注意内层循环结构必须完整地嵌套在外层循环结构的循环体内，不得出现交叉现象；
- 一般情况下，嵌套结构中的外层循环与内层循环控制变量不得同名。

将二维数组清零的程序如下：

```
for(I = 1;I<9;I + + )
    for(j = 1;j<5;j + + )
    a[I][j] = 0;
```

1.10.3 控制结构化

(1) break 间断语句

break 语句是一条限定转移语句，作用是在循环体中当测试到应立即结束循环的条件时，控制程序立即跳出循环结构，转而执行循环语句后的语句。其一般形式为：break；

break 语句有两种用法：第一种用法是终止 switch 语句中的一个情况(case)；第二种用法是绕过一般的循环条件检验，立即强制性地终止一个循环。

当一个循环体内的 break 语句执行时，循环立即中断，并转向循环体外的下一条语句，例如：

```
for (t = 0; t < 100; t+ + )
{
    if (t = = 10) break;
    sum = sum + t;
}
```

本程序实现 sum＝0＋1＋…＋9；当 t＝10 时跳出循环体。

(2) continue 继续语句

continue 语句是一条限定转移语句，只能用在循环结构中，作用是结束本次循环。一旦执行了 continue 语句，程序就跳过循环体中位于该语句后的所有语句，提前结束本次循环周期，并开始新一轮循环。其一般形式为：

continue；

continue语句类似于break语句。但continue语句不强制中断循环，而是跳过其后的语句强行执行下一次循环，例如：

```
for(I = 1;I<100;I + + )
{
    if((I % 3) = = 0) continue;
    sum = sum + I;
}
```

执行上面程序时，如果I能被3整除，则不执行“sum=sum+I;”，程序表达式为：sum=1+2+4+5+7+8+…+97+98。

(3) return返回语句

return语句用于终止函数的执行，将控制权返回到调用函数中的调用点。其有两种表达形式：

形式1　return;

形式2　return(表达式);

形式1：只将控制权返回到调用点，而无返回值。

形式2：当程序执行到该语句时，首先对表达式进行计算，如果值的类型与本函数所定义的返回类型相异，则按一般算术转换原则将其转换成与返回类型相同的类型，然后将控制权和值返回到调用点。在调用点将函数的返回值赋给某一变量时，该变量的数据类型应与函数返回类型一致，否则将产生赋值转换。

第2章

C编译器

本书将 HI-TECH 公司的 C 编译器简称为 C 编译器，或 C 交叉编译器，或者直接称为编译器。本章内容有助于理解和使用 C 编译器。本章应与 PIC 芯片数据手册里的相关部分一起阅读，这样可以使用户对 C 编译器有全面的了解。部分内容对其他的 C 编译器也适用，也包含一些其他编译器的使用信息。C 编译器除具有 C 语言的标准特性外，同时还有许多扩展功能，这些功能都是为了适应 PIC 系列单片机的开发而设计的，与汇编器集成在一起，共享链接器和链接库。下面对 C 编译器作全面介绍。

2.1 编译过程概述

本节将介绍 C 编译器的编译过程，即输入的 C 语言程序文件转换生成为可执行文件的全过程。本节还将介绍编译器生成的文件及其内容和功能。

2.1.1 编　译

要编译一个程序，可以采用 CLD(Command-Line Driver——命令行)或 HPD(HI-TECH Professional Development——HI-TECH 集成开发环境)方式。在任何情况下，用户都要了解各个操作中需要配置的选项，并选择一些选项来决定编译器的执行内容(在 HPD 方式下采用菜单选择选项，在 CLD 方式下采用命令行选择选项)。编译器既指在编译过程中所有应用程序和驱动程序的集成，又指从输入文件转换到输出文件的全过程，该过程由编译器完成。其中的每个步骤及作用都将在本节详细介绍。

DOS 操作系统不直接支持编译器，在使用编译器前必须安装编译器驱动程序。一旦安装了编译器驱动程序并进行初始化，就可以打开编译器，由编译器驱动程序管理编译器的许多操作细节。例如，编译器驱动程序用多种文件保存编辑过程中使用的选项和信息，其类型见表 2.1。HPD 驱动程序保存编译器选项到以“. prj”为扩展名的项目文件中。HPD 用 INI 文件保存自己的配置信息，例如：保存在 BIN 目录中的 HPD51. ini 文件，其保存诸如颜色值和鼠标配置的信息。使用 CLD 的用户通常选择 DOS 批处理文件保存操作信息。

表2.1 文件配置

扩展名	说 明	功 能
. prj	项目文件	HPD驱动程序保存的编译器选项
. ini	HPD初始化文件	HPD环境配置
. bat	批处理文件	命令行驱动程序选项保存为DOS批处理文件
. ini	芯片信息文件	与芯片系列相关的信息

有些编译器需要选择不同类型处理器芯片中存储器的信息。用适当的命令行选项可以编辑和生成新的芯片信息,可以用菜单“选择处理器…”下的适当选项实现。这些信息文件具有相同的扩展名“.ini”,且通常存放在LIB目录下。

以下将介绍编译的每个过程和有关文件,C编译器内部进程结构如图2.1所示,不同格式文件的文件名、扩展名及文件包含的信息如表2.1所列。

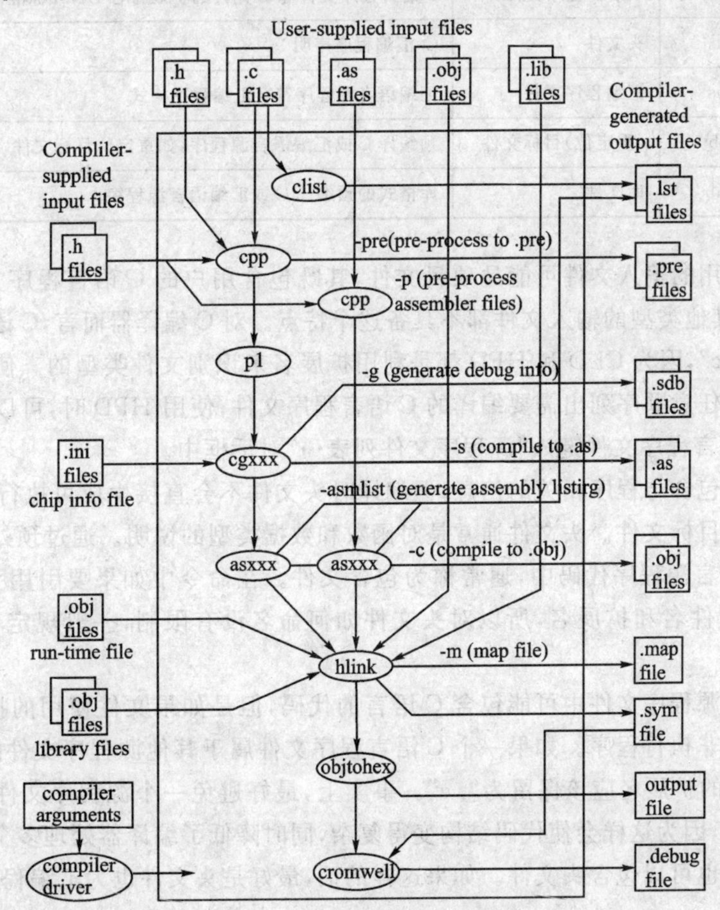

图2.1 C编译器结构框图

如图2.1所示，内部操作生成的输出文件，将被送到下一个操作中。从一个操作传到另一个操作(图中椭圆部分)是通过一个临时文件完成的，其文件名为非描述性，如$$003361.001。临时文件保存在DOS环境变量TEMP指向的目录中。这个环境变量由DOS的配置命令set建立，在编译完成后驱动程序将自动删除临时文件。

2.1.2 编译器的输入

无论使用CLD还是HPD编译程序，用户都必须提供输入文件，其类型如表2.2所列，同时还要选择编译器选项。编译器可以编译多种类型文件，下面将对此问题作详细的介绍。

表2.2 输入文件类型

扩展名	说 明	功 能
.c	C语言程序文件	C语言程序文件和C允许的扩展符合ANSI标准
.h	头文件	C/汇编程序声明
.as	汇编程序文件	汇编语言源程序符合汇编程序格式
.obj	(重定位)目标文件	预编译C或汇编语言源程序，如重定位目标文件
.lib	库文件	库格式的预编译C或汇编语言源程序

我们经常使用的输入文件可能是项目文件，其既包含用户的C语言程序文件，又包含相关的头文件，而其他类型的输入文件都不具备这个特点。对C编译器而言，C语言程序文件的扩展名必须是".c"，因为CLD和HPD都是利用扩展名来识别文件类型的。使用CLD时，可以在命令行中以任意顺序列出需要编译的C语言程序文件；使用HPD时，可以以任意顺序将需要编译的C语言程序文件键入"源程序文件列表…"对话框中。

头文件通常包含与程序相关的信息，但编译时头文件不会直接生成可执行代码文件(PIC机器码)，只生成目标文件。头文件通常是对函数和数据类型的说明。通过预处理标志符将头文件嵌入在C语言源程序代码中，通常称为包含文件。在命令中如果要引用头文件，则必须输入头文件的文件名和扩展名，所以对头文件如何命名没有限制，一般规定使用.h作为扩展名。

尽管在一个源程序文件中可能包含C语言的代码，但是如果文件使用的扩展名为".h"，则认为该文件是非执行程序。如果一个C语言程序文件属于其他源程序文件的一部分，则该C语言程序文件的扩展名应该保留为".c"。事实上，最好避免一个源程序文件包含另一个源程序文件的情况，因为这样会使代码结构变得复杂，同时降低了编译器处理多个源程序文件的效率。汇编文件也可以包含头文件。如果这样的话，最好是头文件也为汇编程序。

许多头文件都存放在各自指定的目录中，C编译器在编译时将搜寻这些头文件。一般情况下，用户写的头文件应存放在源程序代码的同一个目录中，当然也可以存放在其他目录中，这样就必须用选择-I(CPP包含目录…)选项确定编译器的搜寻路径。

汇编文件可以是C语言源程序编译后的汇编程序，也可以是用户自己编写的汇编文件。无论哪种情况，这些文件必须与HI-TECH编译器指定的文件格式一致。与处理器相关联会使汇编文件的书写变得不够简洁，若使用C语言程序文件可以完成编程任务，则应尽量避免使用汇编语言。编译器需要指定文件类型，所以汇编文件必须有扩展名“.as”。若使用CLD，则可以在命令行中以任意顺序输入汇编文件名；若使用HPD，则在“源程序文件列表…”对话框中输入C语言程序文件。

编译器可以将经过预编译后的目标文件作为编译器的输入文件，经预编译后的目标文件的扩展名为“.obj”。如果使用CLD方式，可以用命令行以任意顺序输入目标文件；如果使用HPD方式，可以以任意顺序将目标文件键入到源程序文件列表对话框中。在这里不需要键入存在于项目文件中的源程序文件和目标文件，只需输入在项目文件中仅包含有目标文件而无相应源程序文件的那些文件，如运行文件(run-time file)。例如，若项目文件中已包含init.c，就不必在目标文件列表中包含init.obj。

经常使用的程序经编译后可以放到一个库文件中，这样文件编译器可以方便、快捷地处理、访问这些程序。编译器可以像读其他源程序文件一样直接阅读库文件，其扩展名为“.lib”，且在命名这种文件时必须将扩展名定义为“.lib”。对于库文件，如果使用CLD，可以在命令行中以任意顺序指定库文件；如果使用HPD，则可以以任意顺序将库文件输入在“源程序文件列表…”对话框中。

HI-TECH库函数经过预编译，保存在分配的LIB目录中。

1. 链接前的步骤

编译器可以阅读不同类型的文件，且编译C语言程序文件的步骤最多。编译C语言程序文件的第一步是检测。

在编译C语言程序文件时，运行CLIST程序将生成一个C语言列表文件，其中列举了C语言程序文件行数。而main.c程序为测试程序，表2.3列举了main.c的C语言源程序清单。

输入的C语言源程序需要经过预处理，这个工作为后面解释C语言源程序作准备。应用程序CPP负责预处理工作，C语言源程序的预处理主要包括：删除源程序中的注释和空格，对各种预处理标志符进行处理，例如，用指令替换程序中的宏(例如，#define指令)；或有条件地包含源代码目标的某些条件语句(例如，#if，#ifdef等指令)。同时，预处理过程还要将头文件插入源程序代码中，头文件可能是用户提供的，也可能是编译器提供的。上述预处理后的输出程序见表2.4。

表 2.3 C列表文件输出

C语言源程序	C列表文件
#define VAL 2	1:#define VAL 2
int a,b=1;	2:
void	3:int a,b=1;
main(void)	4:
{	5:void
/*配置开始值*/	6:main(void)
a=b+VAL;	7:{
}	8: /*配置开始值*/
	9: a=b+2;
	10:}

表 2.4 预处理输出

C语言源程序	预处理输出
#define VAL 2	# 1 "main.c"
int a,b=1;	int a,b=1;
void	void
main(void)	main(void)
{	{
/*配置开始值*/	a=b+2;
a=b+VAL;	
}	

预处理输出为C语言源程序,它可能包含头文件的展开码,且可能省略一些不满足条件的代码。因此,预处理的输出文件与最初的源程序文件相似但不相同。预处理输出通常作为模块或翻译单元引用。此处"模块"有时用来描述建立"真"模块的实际源程序文件。

CPP输出文件生成的代码不是C语言程序文件代码,因此必须执行特殊的步骤来解决错误并确定其在C源文件中的位置。预处理输出文件中的"#1 main.c"在测试时将指定文件名和错误代码在程序中的行数。表2.4所列例子已取消程序中的注释和宏定义,空白仍然保留,因此程序中关于行数的信息是完整的。

与所有的编译器一样,预处理由编译器的驱动程序(CLD或HPD)控制。驱动程序提供给预处理的信息包括:搜索源程序文件中包含的头文件的路径;如果使用了-S,-SP选项,就可以确定基本的C目标(如int,double,char *等)大小,因此预处理可以估计包含sizeof(type)表达式的C语言程序文件的大小。如果用户没有选择-PRE选项,通常不能查看预处理输出文件;如果用户选择-PRE选项,则可以查看预处理输出文件,这时编译器输出文件可以重新作为编辑器的输入文件使用。

CPP的输出文件被送到剖析器(语法格式分析程序)。剖析器开始艰难工作的第一步,即把C语言编写的程序变成由汇编指令构成的可执行代码。剖析器将浏览整个C语言源程序,以保证其无错误,然后用改进后的表达式替代C语言书写的表达式。C语言程序经剖析器后的输出文件如表2.5所列。其中,C语言程序文件的赋值语句被加黑了,并且剖析器生成了与之对应的输出语句。需要注意的是,如果剖析器输出符号文件的名字标识了下划线,则表明该符号文件为全局文件。从现在开始,就可以引用这些符号文件了。用黑体标明的其他符号文件与常数相关。在ANSI标准中,常数"2"将解释为一个signed int(有符号整型数)。剖析器则是通过计算常数值来确定常数的类型。"—>"符号表示计算结果;"'i"表示计算结果的类型。源程序的行数、变量声明和函数的定义等可在输出文件中看到。

表2.5 剖析器输出

C语言程序文件	剖析器输出
#define VAL 2	Version 3.2 HI-TECH Softwa...
int a,b=1;	"3 main.c
void	[v _a `i 1 e]
main(void)	[v _b `i 1 e]
{	[i _b
/*配置开始值*/	-> 1 `i
a=b+VAL;	]
}	"7
	[v _main `(v 1 e)
	{
	[e :U _main]
	[f]
	"9
	[;;main.c: 9: b=a+2;
	[e=_a+_b -> 2 `i]
	"10
	[;;main.c: 10:]
	[e :UE 1]
	}

如果源代码有语法错误,则其中的大部分由剖析器负责查找。如果使用的代码不规范,剖析器将发送报警诊断信息。

程序经剖析器处理后,将进行编译的下一个过程。编译时,如果没有选择驱动程序的选项，剖析器将生成经剖析后的C语言源程序输出文件，其中包含了许多对编程无用的信息。

所有文本输出最终要输往某个设备，此设备总是需要一些控制码。在输出的文本中，如果含有控制码，则将起到相应的控制作用，而不当作输出的文本。

现在介绍编译的关键部分——代码生成。代码生成器将剖析器的输出文件转换为汇编程序。编译过程的第一步就是指定处理器。尽管所有的预处理程序和剖析器有相同的名字，实际上也有相同的功能，但代码生成器还是应该有明确的与处理器有关的名字，例如CGPIC或CG51。链接器将汇编语言编译生成的PIC目标文件与必要的库函数链接形成最后的可执行文件，其输出的程序代码属于.hex文件，也可以指定为.hex格式。

代码生成器在生成汇编输出文件时必须遵循一些规则。为了理解这些规则，分析一个加法表达式代码的生成过程，这个加法表达式就是前面介绍的C语言程序中的表达式。“如果一个操作数为寄存器数”和“一个操作数是一个整型常量”，则会执行2字节加法的代码。这里，每个字符串的引用都有一个与之相对应的规则。第一个字符串希望得到变量a的值并将其送入到寄存器中，要进行这样一个操作，就需要寻找与这个过程相对应的规则。并不是所有的规则都要生成代码，一些规则与代码生成器的搜寻有关。

若没有找到与某过程相对应的规则，则代码生成器将发出一个程序有错误的信息，“Can't generate code for this expression”，这意味着最初的C语言源程序是合法的并且代码生成器尝试为它生成汇编程序代码，但是不能找到与之对应的规则来生成这个表达式。

通常情况下，完成代码转换的全过程可能要涉及到约800条规则。例如，使用XA代码生成器生成与表2.6中的黑体语句相对应的代码，虽然涉及到的规则只有十几条，但是，在发现这十几条规则前，代码生成器可能要检查约70条可能与之对应的规则。代码的生成过程太复杂，本书将不说明这个问题，读者即使不了解这部分内容也能够高效地使用编译器。

表2.6 代码生成器输出

C语言源程序	汇编程序(XA)代码
#define VAL 2	psect text
int a,b=1;	_main:
void	;main.c: 9: a=b+2;
main(void)	global _b
{	mov r0,#_
/* set starting value */	movc.w r1,[ro+]
a=b+VAL;	adds.w r1,#02h
}	mov.w _a,r1

用户可以用-s(编译成.as)选项在代码生成后停止编译过程。在这种情况下，代码生成器会生成一个扩展名为.as的汇编程序文件。表2.6显示XA代码生成器生成的输出。只显示

出_main 和源程序中加黑行的相应汇编程序代码。其他类型的编译器或编译器选项不同，则输出是不相同的。

代码生成器同样可能以.sdb 文件的形式生成调试信息。通过使用-g(源级调试信息)选项实现这个操作，这样每个编译模块都会生成一个 ASCII 码调试文件。这些 ASCII 码文件包含了与模块符号文件相关的信息，在程序调试时也可以使用这些文件。表 2.7 显示了在编译的不同过程中由编译器生成的调试文件。除了代码和数据，几种形式的输出文件同样包含调试信息。

表 2.7 中间和支持文件

扩展名	说 明	功 能
.pre	预处理文件	预处理步骤后的 C 语言源程序或汇编程序
.lst	C 列表文件	有行数的 C 语言源程序
.lst	汇编程序列表	和汇编程序指令相关的 C 语言源程序
.map	映像文件	链接器生成的符号和程序块(psect)重定位信息
.err	错误文件	编译生成的编译器的警告和错误
.rlf	重定位列表文件	绝对地址列表文件更新必需的信息
.sdb	符号调试文件	模块的目标名字和类型
.sym	符号文件	程序符号的绝对地址

注：psect (program sections)——本书译为程序块

通过配置选项，可以使代码生成器执行另一个任务，即优化。C 编译器在编译过程中有几个不同类型的优化。如果选择了-Zg 选项，代码生成器将对程序作全局性优化，由剖析器来执行。而其他一些优化则主要是将随时可能用到的变量分配到目的寄存器，找到源代码中可能随时使用的常量，以避免不必要的重载。

在编译过程中首先处理的文件是汇编文件。代码生成器将在程序块(psect)中生成放置代码和常数的地址。

代码生成器的输出文件被送到汇编器中，汇编器将 ASCII 码表示的汇编程序(ASCII 记忆器)转换成二进制机器码。每个编译器都有自己专用的汇编器，汇编器的名称与处理器的名称有关，如 ASPIC 或 ASXA。汇编程序代码中包含了汇编地址标志符，该标志符指明了执行这个汇编程序需要的其他程序的路径，其中包括 ROM 中的常量以及一些程序块的定义和全局符号的定义。

对程序汇编以前可以对其进行优化，即窥视孔优化。有一些 HI-TECH 编译器窥视孔优化被包含在汇编器中，例如，PIC 汇编器就具有这项功能。但是程序在进入汇编器前也可以用其他优化器对其进行优化，例如，采用 OPT51 对程序进行优化。窥视孔优化将对每一个函数生成的汇编代码进行优化。

除窥视孔优化器外，汇编器在处理程序时也可能对其进行优化，它尽可能地用短跳转代替程序中的长跳转。-O选项可以实现汇编器的上述两个优化功能，汇编器在执行其他程序时也可以选择-O选项来实现汇编器的优化功能；HPD则是使用菜单来实现汇编器的两个优化功能。若汇编器中包含有窥视孔优化器，则在HPD方式下，汇编器将没有上述第二种优化功能。

汇编器的输出文件也是目标文件。目标文件是二进制文件，但它包含了许多与模块生成相关的信息，如机器代码、数据等。目标文件有两种基本类型：可重定位目标文件和不可重定位目标文件。尽管这两种格式的文件都包含二进制机器代码，但可重定位目标文件中包含的地址值不是绝对地址值。二进制机器的代码作为一个块存储在程序存储器中。这个区域的任何地址值都临时配置为00h。目标文件将包含独立的定位信息，其指定了未定位的地址值放在程序块的位置及意义。同时，目标文件中还包含有相关程序块的信息，这样链接器可以准确地寻找到它们。

汇编器生成的目标文件都采用标准格式，但它们的内容与芯片的型号有关。表2.8中列举了一个重定位目标文件的几个部分，其输出格式为标准格式，且已经转换为可以在DUMP上执行的ASCII码文件。用黑体表示的几行源程序与目标文件中用黑体表示的机器代码相对应。这个代码放在程序块中，标注符为text。目标文件中带下划线的字节为不能定位的地址值，用0表示。目标文件的text程序块后是与地址定位相关的信息，链接器在链接时需要这些信息。从表中可以看到，有2个字节在偏移量为2的单元中（偏移量为距起始单元的距离），有2个单字节分别在偏移量为9和10的单元中，其地址分别放在data和bss程序块内。

表2.8 汇编程序输出

C源	可重定位目标文件
#define VAL 2	11 TEXT 22
int a,b;	text 0 13
void	**99 08 00 00 88 10 A9 12 8E 00 00** D6 80
main(void)	12 RELOC 63
{	2 RPSECT data 2
/*配置开始…	9 COMPLEX 0
a=b+VAL;	Key: direct
}	0x7>=(high bss)
	9 COMPLEX 1
	((high bss)&0x7)+0x8
	10 COMPLEX 1
	low bss

若指定-ASMLIST(汇编列表)选项,汇编器将生成一个汇编列表文件,其中包含C语言源程序和由汇编器生成的汇编代码。由汇编器生成的汇编列表文件如表2.9所列。未定位地址用标志符“'”表示,同时其值配置为0,符号“*”表示地址值不是绝对地址值。注意,代码放在新的text程序块中,其地址值从0开始。链接器将对整个程序块重定位。

表2.9 汇编程序列表

C语言程序文件	汇编列表
#define VAL 2	10 0000' psect text
	11 0000' _main:
int a,b;	12 ;main.c: 9: a=b+2;
	13 0000' 99 08 0000' mov.w r0,#_b
void	14 0004' 88 10 movc.w r1,[r0+]
main(void)	15 0006' A9 12 adds.w r1,#2
{	16 0008' 8E 00*00* mov.w _a,r1
/*开始…	17 main.c: 10: }
a=b+VAL;	18 000B' D6 80 ret
}	

一些汇编器也可以生成可重定位列表文件(扩展名:.rlf)。其中包含了地址的相关信息,这些信息可以用来更新汇编程序列表文件的内容,链接器链接时也要用到执行信息。链接后,汇编程序列表文件将去除未定位的地址及其标号,取而代之的是绝对地址值。

每个C语言程序文件在编译过程中都要依次经历以上几个步骤,即预处理、代码的语法分析、代码转换和汇编,如果在上述过程中检查到错误代码,编译器将及时生成报告文件给予提示。若程序中包含的错误使编译器不能编译,则编译器在生成错误报告文件后将停止编译那个包含错误的模块,将编译由CLIST指定的下一个模块文件。

如果编译器的输入文件为汇编程序文件,则编译器将跳过编译过程的许多步骤,但还是必须汇编它们。如果一个文件的扩展名为.as,则编译器会直接把该文件送到汇编器中,汇编器将对其进行处理。若用户选择-P选项(预处理汇编程序文件),则汇编程序将首先被送入到C预处理程序,由预处理程序进行处理,当然这个C预处理程序要能够识别、处理汇编程序中的预处理标志符。经预处理程序处理后的文件将被送到汇编器中处理。

输入到编译器的目标文件和库文件都已经经过了编译,因此在编译的前几个步骤中编译器不对它们作任何处理,到链接时才会用到这些文件。下面解释出现上述过程的原因。

使用HPD编译方式时,如果单击“保存从属信息”按钮,则将保存源程序文件和头文件的相关信息。如果使用了该项功能,则编译器将根据输入源程序文件的修改日期来决定这个项目中的哪些文件需要重新编译。若源程序文件没有修改，就使用已经编译过的目标文件。

2. 链接步骤

因为重定位目标文件的格式与处理器的类型无关，链接器与其他应用程序都是在这种相同的方式下工作，这种与处理器类型无关的特性始终贯穿于编译器的整个工作过程中，链接器名称为 HLINK。

链接器有许多功能，其中之一是将所有的目标文件和库文件组合在一起构成一个文件。链接器完成上述操作可能包含的文件为：编译输入文件（可以为 C 语言程序文件和汇编程序文件）之后生成的所有目标文件；送入编译器的、已经经过编译的任何目标文件或库文件；编译器提供的运行文件和库文件。送入到编译器中的文件将存放在程序存储器中，如果选择的选项较为复杂，链接器还将对存放这些文件的存储器程序块进行分组，同时还将重定位这些文件。重定位可以决定目标文件是保存在 ROM 还是 RAM 中，然后定位符号文件，从而得到符号文件的绝对地址。链接器调整符号文件的参考量，这个过程称为地址修正的过程。若符号文件地址太大，没有足够空间生成代码指令，则发生修正溢出错误。例如，若一个符号"_b"的地址定在 20000h，链接器将不能把这个地址放在目标文件的 2 个字节的地址中，因为 20000h 大于 2 个字节所能表示的长度。

链接器要生成映像文件，因此必须给出程序块的位置和分配符号的地址。链接器也可以生成符号文件。这些文件有一个. sym 扩展，如果选择了-G（源级调试信息）选项，就将生成这个文件。这个符号文件以 ASCII 码为基础，包含了整个程序的信息。由于这个文件在链接后生成，所以其地址是绝对地址。

目标文件由 HLINK 生成，它包含了所有程序运行的相关信息，这个程序可以从主机移植到嵌入式系统中。目前人们已经开发了大量标准格式，很多硬件仿真器和编程器都能够辨识、处理这种格式的数据，采用这些标准格式就可以实现程序的移植。Motorola HEX（S 记录）或 Intel HEX 格式是常用的格式。文本编辑器也很容易识别这些 ASCII 码格式的文件。要确保程序文件无错误地下载，需使用 checksum 信息，而上述 ASCII 码格式的文件就包含此信息。上述 ASCII 码格式的文件还包含一些地址信息，但地址信息中不包含将从文件中删除的数据，从而使文件相当的小，例如比二进制文件还要小。

也可用 OBJTOHEX 应用程序生成输出文件，其格式由用户指定。此文件是在编译器控制下生成的输出文件，可以代替由链接器生成的、包含绝对地址值的目标文件。为满足更多开发工具的需要，OBJTOHEX 应用程序可以生成多种不同格式的输出文件。表 2.10 列举的输出格式对大多数编译器都适用。

在某些情况下，往往同时需要多种类型的输出文件。例如，常用 PIC 编译器读 HEX 和 SYM 文件，并生成一个 COD 文件。在此情况下，可以调用 CROMWELL 应用程序（重格式）生成多种格式的输出文件。

表2.10 输出格式

扩展名	说 明	功 能
.hex	Motorola hex	ASCII代码,Motorola S19记录格式
.hex	Intel hex	ASCII代码,Intel格式
.hex	Tektronix hex	ASCII代码,Tek格式
.hex	美国自动化hex	二进制代码和符号信息,美国自动化格式
.bin	二进制文件	二进制格式代码
.cod	Bytecraft COD文件	二进制Bytecraft格式的代码和符号信息
.cof	COFF文件	二进制目标文件格式的代码和符号信息
.ubr	UBROF文件	通用二进制可重定位目标格式的代码和符号信息
.omf	OMF-51文件	8051的Intel目标模块格式的代码和符号信息
omf	改进的OMF-51文件	8051的Keil目标模块格式的代码和符号信息

2.2 程序块与链接器

本节介绍编译器怎样分解C语言程序中的代码和数据,以及链接器怎样为代码程序块和数据块指定物理内存地址,即指定它们在ROM和RAM中放置的目标地址。

2.2.1 程序块

如果要编译一个C语言程序文件,则代码生成器将生成一个与之对应的汇编程序文件。汇编程序文件可能包含不同的内容,其包括:与C语言源程序对应的汇编程序指令,为RAM变量保留空间的汇编程序标志符;C语言源程序中定义的基于ROM的内容;专用数据,如放置在非易失性存储器的变量、中断向量和处理器使用的配置字等。由于编译器输入的源程序文件可以为多个文件,因此在多个汇编程序文件中包含了许多相似的部分,这些汇编程序文件在所有代码生成完成后,需要将各程序中的相似部分放在一起。

汇编程序中不同部分的分组方法不同,将所有初始化的数据值放在一个连续模块中,这样的处理方法非常有效,此技术被称为"程序块模块"技术。如果采用上述方法来分类,初始化的数据值就可以作为一个整块复制到RAM中,而不是分散在代码的各部分;可以用相同的方法对未初始化的全局对象进行分类,即针对每个对象分配的空间,在对象调入前清除其原先保存的内容;一些代码或对象必须放置在存储器的特定区域,以满足处理器的寻址要求;为了满足软件的要求,有时用户须要将程序代码及数据放在特殊的绝对地址。因此,代码生成器生成的输出文件中应包含如下内容:汇编程序中不同部分的分类处理方法;在编译过程中,链接器指定代码和数据的地址。

C编译器使用上述方法对程序的不同部分进行分组和放置，该方法其实就是将所有的汇编指令和标志符分别放置在与其对应的可重定位的部分，这些部分就是人们常说的程序块。如果在链接器中配置了相应的选项，则链接器将显示目标系统中可以使用的存储器信息，同时还将显示如何在这些存储器中放置程序的信息。

1. 程序块标志

psect为汇编程序的程序块标志符（这个标志符可以由代码生成器生成，也可以在编写汇编程序时定义），利用这个标志符可以定义一个新的程序块。定义程序块的格式如下：

```
psect    name,option,option…
```

在定义程序块时，首先是程序块标志符psect，紧随其后的是定义程序块的名称，这个名称可以是任何有效的汇编程序标志符，并且相同的名称可以是不同的程序块，也就是说，在一个文件中，可以有几个同名的程序块。下面简单地说明一个问题，即链接器通常将同名的程序块分在一组。

标志符选项的功能在汇编程序手册中作了详细介绍，本书只说明其中的一部分。本部分说明的"选项"都是链接器指令，它将使读者知道：如何将程序块中的程序进行分类，以及如何将程序块中的程序转换为具有绝对地址值的最终目标文件。

如果不同的程序块使用了相同的名字，则意味着这些程序块的内容是相似的，因此它们的分组方式和链接方式也是相同的，即使它们是在不同的文件中定义的，也可以将它们的目标文件放置在同一个存储器中。

在定义了一个程序块之后，当选用该程序块时，如果相同模块使用相同名称的程序块标志符，则可以不再配置相应的程序块选项。下面的实例说明被定义的2个程序块，并且用代码和数据填充了。

```
PSECT    text,global
begin:
    mov         R0,#10
    mov         R2,r4
    add         R2,#8
PSECT data
input:
    DS      8
PSECT text
next:
    mov      r4,r2
    rrc     r4
```

在上例中，定义的 text 程序块包含一个选项，其功能是将此程序块配置为全局程序块。程序块中放置了三个汇编指令。同时也建立了数据块。程序块为数据在 RAM 中保留 8 字节的存储空间。最后一个程序块标志将继续加到第一个程序块。在上例中，第二个程序块没有配置 global 选项。在上例中还可能包含其他汇编文件，这些文件与前面已经定义的文件有相同的名称。上例会生成两个程序块。上例中的其他汇编程序文件可能也建立了具有相同名字的程序块。链接器将根据相应的程序块标志符对程序分组。

2. 程序块类型

程序块可以有三种不同的链接方式：一种方式用于链接永久存放于 ROM 中的文件；另一种用于链接保存在 RAM 中的文件；还有一种程序，它们先驻留在 ROM 中，当程序运行时先将它们复制到 RAM 中保留的空间，对于这种程序，链接器将采用第三种链接方式。代码的编译、程序块和链接器选项都允许使用这些方式，因此存储结构具有相当大的灵活性。

包含一些不可修改的指令和常量的程序块存放在 ROM 中；另一些程序块为全局数据，当程序开始运行时，它们的值可以为任意值（例如：它们未初始化时），它们全部放在 RAM 中；还有一些程序块为保存在 ROM 中的映像，并在 RAM 中分配空间，它们作为变量可以被修改（例如：需初始化的全局数据变量），当程序开始运行时，这些变量被从 ROM 中映像出来的特定值初始化，当然，这些变量的值在程序运行中也可以修改。

初始化的对象通常为数据，因此程序块名为 data。限定为 near 类型的变量一般使用 psect rdata。PIC 数据块使用像 rdata_0 的名字，表明其是 near 类型的数据（PIC 没有 near 限定词，基本上都默认为 near 类型），后跟的数字仅仅表明为一个区号。

没有初始化的对象放在程序块名通常为 bss 的程序块中。另外，rbss 程序块表明未初始化的对象是 near 类型。PIC 编译器使用像 rbss_0 的名字，这里数字 0 也是一个区号。在早期的初级计算机中，缩写 bss 代表由符号开始的块，它在 IBM 系统中是一个汇编程序的伪操作。这个术语沿用至今，因为这里的解释相类似。

下面的 C 语言源程序定义了两个变量。变量 input 将被放在一个数据块中；22 将被放在 ROM 中，程序运行时将为变量 input 在 ROM 中分配空间以保存常数 22。变量 output 不用直接在 ROM 中生成映像文件。在 RAM 存储器中将为其保留区域，该区域中的原先值将由运行代码清除为 0。

```
int input = 22;     //初始化目标
int output;         //未初始化目标
```

下面列举的部分汇编程序列表文件显示了 XA 编译器怎样处理上述两个变量。其他编译器可能生成代码不同的指令。本部分将简单地说明程序块标志符。需要注意的是初始化变量 input，代码生成器使用 DW（define word 定义字）指令，DW 把这 2 字节的整型值（一个字）(16 和 00)输出到 ROM。用汇编程序标志符 DS 为未初始化变量保留 2 字节的存储空间，分配给

output，其值为 0。

```
1    0000              PSECT data,class = CODE,space = 0,align = 0
2                      GLOBAL _input
3                      ALIGN.W
4    0000              _input:
5    0000 16 00        DW 22
13   0000              PSECT bss,class = DATA,space = 1,align = 0
14                     GLOBAL _output
15                     ALIGN.W
16   0000              _output:
17   0000              DS 2
```

自变量和函数参数是函数的内部变量，编译器对它们的定义和处理是不同的。它们可能被分配在动态空间中（比如在堆栈中），这时，编译器不把它们保存在程序块中。编译器或存储器模块不使用硬件堆栈，而使用编译堆栈。编译堆栈就是在存储器中为每个目标文件中函数的自变量和函数参数预留的一个区域，编译器将这些变量放在一个程序块中，通常运行启动代码中的 FNCONF 标志符定义这个程序块。

有 2 个地址与程序块的位置有关，即链接地址和装载地址。当程序运行中需要访问程序块及程序块中的任何目标或标志时，需要的地址就是链接地址。装载地址是程序块放在建立的 ROM 映像输出文件中的地址，或者是程序块在 ROM 中可访问的地址。

对于存放于 ROM 中的程序块，其链接和装载地址是一样的，因此在任何情况下都不需要将程序块复制到一个新的位置。程序块在 RAM 中分配的空间只有链接地址，装载地址是不可用的。虽然在映像列表文件中可以看到在 ROM 中为程序块分配了一个装载地址，但它没有形成映像特性，装载地址没有意义，可以省略。如果要访问程序块中的对象，只能使用链接地址。存储于 ROM 中的程序块，除被复制到 RAM 中，链接和装载地址通常是不同的。如果使用符号或标志方式来引用这些程序块，使用的地址通常为链接地址。

2.3 程序块链接

输入文件经代码生成器和汇编器处理后，生成的目标文件将送至链接器，这时目标文件可以认为是许多程序块的混合体，这些程序块被分组或放在可访问的 ROM 和 RAM 内。链接器选项指定有效的存储器地址，而与程序块相关的标志则表明了怎样处理与标志符相关的程序块。

2.3.1 程序块分组

这里有两个影响程序块的分组或合并的程序块标志，它们是局部（local）和全局（globle）

标志。全局标志为默认配置。全局标志要求链接器将所有同名的程序块组合在一起形成一个单独的程序块。局部程序块不用这种方式组合,除非它们具有相同的模式。具有相同名字的两个局部程序块,具有不同的处理模式或不同的放置位置,应该作为不同的独立局部程序块来处理。

2.3.2 程序块配置

几种程序块标志将影响程序块在存储器中的放置。如果程序块的名称相同,则可能有下列2种方式放置程序块:或者后者覆盖前者,或者放置在相互分离的区域。

若使用ovlrd标志,则程序块的放置方式为覆盖方式。由于这种方式会破坏其他程序块的内容,因而不常用,但也有例外,有时人们希望采用这种方式。如果编译器使用了临时变量,就可能希望使用覆盖方式存放程序块。例如,编译器需要传送几个数据到一个程序(例如浮点程序)时,此程序就需要以临时变量的形式将数保存在RAM中。人们并不希望为这些变量专门指定一个空间,因此就定义放置这些变量的临时空间,有时可能要调用几个程序,因此就要建立好几个临时变量空间。为了解决这个问题,可以选择ovlrd选项,此时临时变量的放置方式为覆盖方式。当需要定义多组临时变量时,它们只是简单地相互覆盖而不会占用更多的空间。

使用覆盖方式放置程序块的另一种情况就是定义中断向量时。运行代码通常只定义复位向量,而其他中断向量则需要编程者对其初始化。中断向量放在一个独立的程序块(通常称为向量)。用偏移量来描述每个向量放置的地址(偏移量为距本程序块起始地址的距离),偏移量与处理器有关。在汇编程序中,通过ORG标志符来配置偏移量,它将位置计数器指向相应的位置,该位置距当前程序块起始处的距离为配置的偏移量的值。在头文件intrpt.h中包含了许多宏,编程者利用这些宏来定义其他的中断向量,同时还可以把这些中断向量放在同名的程序块中,根据不同定义,选择不同的偏移量。所有程序块将被分组并以覆盖的方式放置,这样向量在放置时都用相同的地址——中断向量的起始地址。合并的程序块由链接器放置,从向量区域的起始地址开始。

其他许多编译器不具有以覆盖方式放置程序块的功能,因此它们的每个程序块都会占一个地址空间。最典型的放置方式就是这些程序块连续地存放在存储器中,但有几种程序块标志可以修改程序块的放置方式。有关程序块标志将在后面介绍。

如果需要将程序块存放在存储器的边界,则可以选择Reloc标志。边界是一个多值的数,需要通过指定标志符来指定数的值。选择Abs标志指定的程序块地址是绝对地址,地址的起始值为0h。需要注意的是,若几个程序块都使用了这个标志,即使没有定义以覆盖方式放置程序块,分组后,也只有一个程序块可以从地址0h开始。就是说,选择abs选项意味着只有一个程序块的起始地址为0h,其余程序块的放置与其使用的程序块标志有关。

2.3.3　链接器的程序块放置选项

目标程序是由编译器生成的，而存储器配置与目标程序有关，通过选择链接器的选项可以配置存储器，使其与目标程序相对应。用户如果选择CLD编译方式，则可以选择“-A”选项来配置存储器；如果选择HPD编译方式，则可以使用ROM和RAM地址对话框来附加链接选项，以指明程序块如何定位在可用存储器中。

人们在选择链接选项时开始会有点迷惑，可以通过下面的例子了解如何使用选项，以及了解编译器所特有的选项。无论使用CLD还是HPD编译，都会使用链接器的默认选项。既可以使用ROM和RAM地址对话框来配置选项，也可以使用-A选项。大多数情况下都不用修改链接器的这些选项。

1. 在一个地址放置程序块

假设目标系统的处理器能够寻址64 KB存储器空间，ROM、RAM和外围接口采用同样的寻址方式。ROM存储器的空间为16 KB(C000h～FFFFh)，RAM的地址空间为0h～FFFh。

再假设将以下三个目标文件送到链接器：一个运行目标文件；两个C语言源程序的汇编文件。每个目标文件包含一个由编译器生成的text程序块：一个文件中的程序块长是100h字节；另一个文件程序块长是200h字节；运行目标文件的程序块长是50h字节。这些程序块都放在ROM中，并由代码生成器生成简单的定义：

```
PSECT text ,class = CODE
```


这种类型的程序块通常用class标志。默认情况下，这些程序块是全局的，链接器在浏览所有的输入目标文件后，会把所有的text程序块分为一组，这样这些text程序块在储存器中连续放置并形成一个大的text程序块。接着选择链接器的-p选项，将text程序块放置在ROM的底部：

```
-ptext = 0C000h
```

选择链接器的-p选项只能指定一个地址，因为在任何时候程序块中所包含的代码都不能从ROM复制到RAM，因此其链接地址和装载地址是相同的。

链接器也可以对分组后的text程序块重定位，使其起始地址为C000h。链接器需要定义两个全局符号，名字分别是_Ltext和_Htext，它们的值分别为C000h和C350h，C000h和C350h分别是分组后的text程序块的起始地址和结束地址。

现在假定运行目标文件和编译后的文件中包含中断向量。这些向量的放置位置与处理器有关。假定处理器期望其中断向量放在FFC0h～FFFFh之间，复位向量占用FFFEh和FFFFh两个字节，剩下的就是外围中断向量的地址。运行代码通常使用如下方式定义复位向量。

```
GLOBAL   start
PSECT    vectors,ovlrd
ORG      3Eh
DW       start
```

汇编程序代码建立一个新的程序块,称为向量。这个程序块使用覆盖标志(ovlrd),这样,如果出现了同名的程序块,链接器将会用后一个程序块覆盖前面的程序块,而不是连接在后面。由于程序块默认配置为 global,因此即使其他文件中含有向量程序块,链接器也会用覆盖方式来分类。ORG 告知汇编器放置目标文件的地址偏移量为 3Eh,而不是告知汇编器将目标文件放置到 3Eh。在编译过程中有一个重定位过程,向量的最终地址值在重定位过程中由链接器决定。汇编程序指令 DW 的作用是放置一个实际的字到这个指定的位置。字的放置地址是符号 start(全局性的)的地址。(start 或 powerup 标志通常与程序的运行启动代码有关)

在一个用户源程序文件中,宏 ROM_VECTOR()的作用是将一个外围中断向量送到向量区域中,中断向量的偏移量为 10h。宏扩展就等价于在程序块汇编程序中嵌入以下代码:

```
GLOBAL    _timer_isr
PSECT     vectors,ovlrd
ORG       10h
DW        _timer_isr
```

经过编译过程的第一个阶段后,链接器将所有目标文件中的 vectors 向量程序块组成一组,它们的起始地址都相同,全部叠放在一起。最终的 vectors 向量程序块分组会包含偏移量是 10h 的一个字,以及偏移量是 3Eh 的另一个字。链接器保留偏移量从 0h～0Fh 之间的空间,或者两个向量之间的空间不允许修改。链接器选项要求将这个程序块定位到:

```
-pvectors = 0FFC0h
```

这个选项给定的地址是向量的基地址。ORG 用来控制向量的地址,它和向量的基地址有关。

两个用户文件都包含一些常数,这些常数存放在 ROM 中。代码生成器生成如下所示的程序块标志,用来定义保存值的程序块。

```
PSECT const
```

链接器把所有常量程序块分为一组,然后就像放置 text 程序块一样放置它们,现在唯一的问题就是将它们放置在哪里。我们知道,text 程序块在 C34Fh(地址值)处结束,因此可以将常量程序块放在 text 程序块之后,即起始地址为 C350h,但若修改程序,就需要在修改程序之后重新配置链接器选项。也可以用以下方式配置链接器的选项,这样操作更加方便:

```
-ptext = 0C000h,const
```

如果我们没有为常量程序块指定地址，那么它的默认地址就是其前面一个选项指定程序块的下一个地址，也就是说，常量程序块会放在 text 程序块后的地址。另外，常量程序块只存放在 ROM 中，因此这个地址既为链接地址，也为装载地址。

现在讨论 RAM 程序块。用户的目标文件包含未初始化的数据。代码生成器生成 bss 程序块，此程序块通常保存未初始化的 C 目标的值。在执行 main()前，必须清除配置为 bss 程序块的存储器区域。

在链接过程中，所有的 bss 程序块被分组和链接。如果要将分组后的程序块放在 RAM 的起始地址处，可使用以下方式：

```
-pbss = 0h
```

地址 0h 是程序块的链接地址，装载地址没有意义。在默认配置下，装载地址就是链接地址。运行代码将清除 bss 程序块占用的存储器区域。利用符号_Lbss 和_Hbss 可以查看必须清除区域的起始地址和长度。

用户的源程序文件可能包含初始化目标对象，如下所示。

```
int init = 34;
```

在执行 main()前，必须对变量 init 赋值(赋的值为 34)。运行代码的另一个任务就是对这类变量进行初始化，因此必须把要初始化的值保存在 ROM 中，以便运行代码使用这些值。但对象 init 是一个可修改变量，因此在程序运行时它必须放在 RAM 中。在 main()运行前，运行代码必须从 ROM 中复制初始化值到 RAM 中。链接器会把所有初始化值按在 RAM 中出现的顺序放置到 ROM 中，因而运行代码可以简单地按块从 ROM 中将其移植到 RAM 中；同时链接器指定这些值放在 ROM 中的位置以便生成 ROM 映像，而且它必须同时知道复制到 RAM 中的位置，以便为它们留下足够的空间，并在这个区域中为变量符号指定运行地址。

完整的链接器选项包含配置数据程序块，示例如下：

```
-ptext = 0C000h,const
-pvectors = 0FFC0h
-pbss = 0h,data/const
```

即，数据程序块在 RAM 中应放置在 bss 程序块之后。斜线后的地址指出，这个程序块将从 ROM 中复制，而它在 ROM 中的配置会紧接着常量程序块的末尾。与其他程序块一样，链接器会为这个程序块定义符号_Ldata 和_Hdata，即分别是链接地址的开始和结束，由运行代码来复制数据程序块组。然而，与那些链接和装载地址不同的程序块一样，可用另一个符号来定义，即_Bdata。这是数据程序块在 ROM 中的装载地址。

2. 例外的情况

PIC 编译器用一种稍有不同的方式处理数据程序块。实际上它定义两种独立的程序块：一种是数据程序块的 ROM 映像；另一种是在 RAM 中的复制。这是因为 ROM 映像的长度和 RAM 中程序块的长度不同(ROM 比 RAM 宽，保存在 ROM 中的值可能被 retlw 指令编码)。若 ROM 和 RAM 位于不同的存储器空间，其他编译器可能用同样的方式操作。在这种情况下，链接器选择有独立入口的两个程序块，来代替链接地址和装载地址不同的一个程序块。PIC 编译器的 RAM 中的数据程序块的名字和 rdata_0 相似，ROM 中的和 idata_0 相似。数字与 PIC 的 RAM 的分块号相关。

包含类型位的目标程序块的链接及装载地址和普通链接及装载地址相比稍有不同。在映像文件中，链接地址的排列是以位寻址指定的程序块的链接地址，装载地址是以字节寻址指定的链接地址。位对象不能被初始化，因此不要求链接地址和装载地址分开。链接器根据位程序块标志来处理这些不同的程序块。在映像文件中，位程序块以 8 为单位，这与在地址单元中放置的对象数目有关。

3. 程序块分类

当可用的 16 KB 已用满，就需要添加更多的 ROM 到系统中。因为几种外围设备已经占据了 B000h～BFFFh 的区域，所以添加的 ROM 将放置在系统的低地址区域 7000h～AFFFh 之间。现在 ROM 中有两个分开的区域，如果为 text 程序块给出一个地址是不行的。

怎样利用这些额外的存储器？可以定义几个地址范围，使得基于 ROM 的程序块可以使用这几个范围。实现上述功能最简单的方法就是创建一个程序块类。链接程序块类的方式有几种。通常情况下，C 编译器在放置代码程序块或 text 程序块时要使用类。不同的编译器采用不同的策略，从而可以更好地适应处理器的结构。下面将讨论一些方案。若期望改变默认的链接器选项或生成自己的程序块，则应检查链接器选项和由代码生成器生成的程序块标志，这些选项和程序块标志与使用的编译器有关。

使用链接器选项可以定义类。例如，要使用添加到系统的存储器，可以通过链接器选项定义类：

```
-ACODE = 7000h-AFFFh,C000h-FFFFh
```

选项“-A”的后面是类名，其后是地址的范围列表，地址范围间用逗号隔开。记住，这是链接器的一个选项，而不是命令行驱动器(CLD)。以上例子为名为 CODE 的类定义了两个地址范围。

这里是 8051，8051XA 和 Z80 编译驱动器定义的链接器选项，这些选项与 CODE 的类处理有关。如果采用大模式编译，对 8051 而言，包含代码程序块的定义方式为：

```
PSECT text,class = CODE
```

其中,class为程序块标志,它指定程序块text是CODE类的一个成员。

若某个ROM空间,既不是通过-ROM选项指定的空间(在CLD方式下),也不是通过选择ROM和RAM地址对话框中的选项指定的空间(在HPD方式下),像前面介绍的那样,没有定义任何类,则使用-P选项链接程序块。若用在分组后,则-P选项会明确分配程序块,可以接受的方式是把程序块包含在类里,而不是放在类定义中,使用默认的存储器地址在这里肯定是不适当的。

如果要使用-ROM选项(在CLD方式下)或ROM和RAM地址对话框(在HPD方式下)在ROM中指定多个地址范围,就应该使用链接器的-A选项来定义类,而不应该使用-P选项。

如果将ROM配置为许多相对较小的页面,则PIC编译器的工作方式略有不同。PIC代码生成器将定义程序块,程序块保持代码的方式为:

```
PSECT text0,local,class = CODE,delta = 2
```

delta值与ROM的宽度相关,在此不作讨论。程序块放在CODE类中,注意,可以使用local程序块标志使程序块成为局部程序块。C函数生成的每个程序块都有唯一的名字,如果是连续的,则可以命名为text0,text1,text2等。在模块中不会对local程序块分组,也就是说,如果有两个模块,每个模块都包含一个同名的local程序块,它们会被看作独立的程序块。因为程序中可能有多个同名的local程序块,所以不能用链接器-P选项对local程序块定位。local程序块只能是一个类的成员,可以用链接器-A选项定义这个类。PIC就用这种方式将代码放置在ROM页面中。

当使用类时应遵循一些规则。例如,如果要将一个程序块放置在存储器的指定地址中,但这个地址已经被一个类占据,同时这个程序块又不是这个类的成员,在这种情况下,如果使用链接器的-P选项,就应该使用类名而不是程序块的地址值或名字。在以上讨论过的例子中,const程序块放在text程序块之后。如果希望将const程序块重定位在CODE类中,可以采用如下方式选择链接器选项:


```
-pconst = CODE
-pvectors = 0FFC0h
-pbss = 0h,data/CODE
-ACODE = 7000h-AFFFh,C000h-FFFFh
```

注意: data程序块的装载位置已经不是const的程序块尾,它已经被放到存储器的CODE类中。上例说明,可以用类名来指定装载地址。

也可以用PIC链接器的选项来定义类,它要指定三个地址,如:

```
-AENTRY = 0h-FFh-1FFh
```

第一个区域为程序块的起始地址范围。程序块传送的第二个地址与前面的最后一个地址一样长。在上面的例子中，类ENTRY中所有程序块的起始地址必须在0～FFh之间，其结束地址在1FFh之前。如果程序块的起始地址在100h～1FFh之间，则该程序块不可能存放在ENTRY类中。在这个类中如果有两个程序块，链接器可以这样分配：第一个程序块放在0h～4Fh之间；第二个程序块从50h开始，到138h结束。在这种情况下，链接器中关于代码程序块的选项非常有用，它可以通过指令改变程序计数器，且指令只能访问每个ROM页的前半部分。

4. 用户定义程序块

为了满足特殊需要，有时要将已经初始化的C目标放置在存储器的指定地址中，也就是说，不能将它放在data程序块中，也不能与它链接，而是放在一个独立的源文件中。用户放置如下代码：

```
#pragma psect data = lut
int lookuptable[] = {0,2,4,7,10,13,17,21,25};
```

这就是说，模块中的任何程序，如果要访问data程序块，必须放在一个名为lut的程序块中。由于数组已经初始化，在正常情况下它会放在数据中，这样就必须将它重新定位，放置在新程序块lut中。Psect lut会继承data程序块中的所有选项(由PSECT程序块标志定义的)。

数组在RAM中的放置地址为500h。可以用-P选项更改程序块的内容。

```
-pbss = 0h,data/const,lut = 500h/
```

(数据程序块的装载地址又回到了它之前配置的地址。)指定这个程序块的地址为500h/。地址500h为程序块的链接地址。装载地址可以是任何地址，但最好与ROM中的其他程序块相邻。若链接地址后没有装载地址，则链接地址和装载地址配置为一样，在这种情况下是500h。如果“/”后面没有任何地址值，则链接器会认为在链接器选项中前一程序块的装载地址之后的地址为当前程序块的装载地址，则data程序块的装载地址将会放在const程序块之后。因此，在ROM中程序块的放置顺序为const,data,lut。

因为已经初始化了data程序块，所以将它放置在ROM中，并且还将复制到RAM中的保留空间。尽管用链接器选项可以将链接地址和装载地址指定为不同的值，但用户必须提供有效的复制代码(从ROM复制到RAM，通常由代码生成器建立data程序块，其中的运行代码文件提供复制代码)。下面为一程序块C代码，其作用是完成复制功能。

```
extern unsigned char * _Llut, * _Hlut, * _Blut;
unsigned char * i;
void copy_my_psect(void)
{
    for(i = _Llut; i<_Hlut; i + + ,_Blut + + )
      * i = * _Blut;
}
```

注意： 如果要在C语言程序中访问符号_Llut等，就不需要下划线。这些符号保存的是程序块地址值，因此在C代码中用限定词extern将它们声明为外部的指针。记住，在调用和执行这个C函数前，不能初始化lookuptable。在初始化前读这个数组时得到的返回值为不正确的值。

若想在执行main()前就把已初始化的目标对象复制到RAM中，就必须编写汇编程序代码或者复制或修改相近的例程。可以通过预编译修改后的运行文件和使用这个目标文件来代替用户程序自动链接的标准文件，从而建立自己的运行目标文件。当存取程序块地址符号时，编译器将考虑所有带下划线的字符。

当用户定义一个自己的bss程序块时，应以同样的方式编写代码清除存储器的这个区域。当这个区域为第一次使用时，必须假定放置在此区域的程序块中定义的目标会被清除后，再使用此区域。

2.3.4 链接时的问题

如果要重定位一个目标文件或库文件中的程序块，那么链接器使用的算法比较复杂，同时链接器需要的信息也远比上面提到的信息多，只有这样才能够准确地重定位每个程序块。需要的信息为：链接器选项，每个程序块使用的程序块标志(PSECT)及程序块目录。在使用链接器时必须考虑下列问题。

1. 页存储器

假设处理器有两个ROM区域分别放置代码和常数。链接器存放一个程序块时不会将其存放在跨越存储器的边界上。只要链接器选项指定的地址为间断的，就认为存在存储器边界上了。例如，若指定类使用如下地址：


```
-ADATA = 0h-FFh,100h-1FFh
```

就认为在FFh和100h之间存在边界，即便这些地址是相邻的。这就是为什么会指定相邻的地址范围，而不是一个覆盖整个存储器空间的范围。为了更容易地指定类似的相邻地址范围，可以使用重复计数，如：

```
-ADATA = 0h-FFhx2
```

在这个例子中，指定了两个范围：0～FFh以及100h～1FFh。某些处理器有存储器页或区的格式，一个程序块不能跨越页或区的边界。

特别是程序块不能被存储器的边界分开，如果要重定位大的程序块就会出现问题。若有两个1 KB的存储器区域，而链接器必须在其间放置一个1.8 KB的程序块，在这种情况下就不能完成重定位，即使每个程序块的大小比有效的存储器总量小得多。程序块越大，链接器放置它们就越困难。若以上的程序块被分离为三个0.6 KB程序块，链接器就能够放置其中的两个程序块(每个存储器区域中放置一个)，但仍不能在其剩余空间中放下第三个程序块。当针对处理器写代码时，从每个C函数中产生的代码是分离的、局部的程序块，函数的代码都不会太长。

若链接器不能放置一个程序块，就生成“不能为 psect xxxx 找到空间”的错误信息，xxxx是程序块的名字。记住，链接器重定位程序块时，不会报告C函数或数据目标引起的存储器错误的细节。查询汇编列表文件，以确定哪个C函数与由代码生成器生成局部的程序块时产生的错误信息报告中的哪些程序块相关。

在重定位发生前，未被覆盖的全局程序块链接在一起形成单个程序块。这里有几个例子，是成组的程序块放在分离的存储器位置。当程序块类中的成员覆盖几个地址范围，而成组的程序块太大而不能放入任何一个地址范围内时，就会发生这种情况。链接器可以使用称为程序块分离器的方法将太大的程序块分成中间组，这种分离方法便于在程序块类地址范围内重定位。分离器不由编程者控制，不用完全理解其实质或使用链接器选项的原因。这足以说明全局程序块仍可以使用类程序块中的地址范围。

注意：尽管一个成组程序块可以包含几个分离器的结果，但在任何情况下模块中定义的一个独立的程序块均不分离。

2. 分离的存储器区域

链接器面对的另一个问题是：对有些处理器，配置给程序和数据的存储器区域不同，如哈佛结构芯片。例如，ROM可能超越0h～FFFFh这个范围，而RAM也可能超越0h～FFFFh这个范围。若使用链接器-P选项放置一个程序块到地址100h，链接器如何知道这个地址是在程序存储器还是在数据空间呢？链接器是利用空间程序块标志来确定的。为不同的区域分配一个不同的空间值。例如，ROM可能分配的空间标志值为0，而RAM可能分配的空间标志值为1。每个程序块的空间标志值见映像文件。

链接器也可以根据地址来区分目标的目的区域，而不使用空间标志值。有些处理器使用存储器分区，从处理器的角度来看，它们覆盖相同的地址范围，即使不是相同的存储器。在这种情况下，编译器会在分区里给目标分配唯一的地址。例如，一些PIC处理器可以访问RAM的四个区，每个区的地址范围为0～7Fh。编译器分配目标到第一个区（bank 0），地址是0～7Fh；目标到第二个区，地址是80～FFh；目标到第三个区，地址是100～17Fh等。在汇编程序指令使用前，附加的分区信息从地址中得到。所有的PIC RAM区使用同一个空间标志值1，但PIC的ROM区域是整个独立的，并使用空间标志值0。空间标志和放在两个存储器区域的程序块不相关，如从ROM复制到RAM的数据程序块。

完成重定位后，链接器把程序块分为一组，形成一个和分离器一起的程序块 segment。程序块 segment 在 HI-TECH 编译器中很少提起，因为其只在链接器操作时使用，且有点深奥。一个程序块是邻近的指向存储器一个特定区域的程序块集合。程序块的名字来源于出现在程序块中的第一个程序块的名字，并且不应和同名的程序块混淆。

3. 绝对地址目标

程序块重定位后，在数据目标地址中可以插入汇编程序指令，作为目标地址的参考。当链接器不为C目标分配和定位地址时，目标在C代码中被定义为绝对地址。下面的例子说明目标对象DDRA放在地址200h。

```
unsigned char DDRA @ 0x200;
```

当代码生成器以目标DDRA作参考时，会立即使用地址值200h，而不使用在程序块重定位后被目标地址替代的在生成汇编程序代码中使用的符号。重要的是汇编程序中访问目标的指令不会有任何需要被定位的符号，因此链接器会简单地跳过它们，就像它们已经完成了一样。若通过选项已经告知链接器，存储器在地址200h中对RAM目标有效，它会在其中放置一个程序块，则在这个程序块的目标文件中同样使用地址200h。因为这里没有符号与目标的绝对地址值相关，链接器不会访问两个目标共享同样的存储器的空间。若目标重叠，程序通常会不可预见地失败。

当配置目标到绝对地址时，确保链接器放置目标不会覆盖已经按绝对地址定义了的位置是很重要的。绝对地址是为了映像到硬件寄存器顶部的C目标，它允许寄存器从C语言源程序方便地访问。编程者必须确保，在链接器选项的存储器空间中，没有任何通用RAM被硬件占用。普通变量应放置到绝对地址，所以使用一个独立的程序块(在汇编程序代码中使用程序块标志简单定义，或在C代码中使用#pragma psect标志)和链接器选项放置目标。若必须在通用RAM中为目标选用一个绝对地址，就需要修改链接器选项，确保链接器不能在这个区域中放置其他程序块。

2.3.5 修改链接器选项

在多数应用中，不需要修改默认的链接器选项。当要修改时，必须先了解链接器选项如何工作，建议查询有关的技术帮助。

有几种方法修改链接器选项。

若只想在默认的基础上增加另一个选项，可以在CLD中使用-L选项指定该选项。为放置使用过的lut程序块，可以用下面的选项：

```
-L-plut = 500/const
```

-L选项简单地把命令后面的一切目标对象送到链接器。若想在默认的链接器选项上增加另一个选项，同时又使用HPD和一个项目，则仅需要打开“链接器选项…”对话框并在已存在的选项后面增加这个选项。因为要送到链接器，加入这个选项应正确。不需要在其前面加-L命令。

若想修改已有的链接器选项，且不是简单地用-A CLD选项修改指定的存储器地址，则不能直接用CLD，而需要分别执行编译和链接。通过修改链接器选项，可以将main.c和extra.c

程序编译为可在8051上运行的程序。首先可以使用下面的命令行编译,但不包含链接步骤。

```
c51 -O -Zg -ASMLIST -C main.c extra.c
```

-C选项的作用是在链接之前停止编译,通常情况下已经包含了其他选项。这会建立两个目标文件:main.obj和extra.obj,然后才将它们链接到一起。

在命令行中给出-V选项,再次以详细(Verbose)模式执行CLD,将输出送到指定的、刚建立的目标文件中,重定位这个输出文件。例如:

```
c51 -V -A8000,0,100,0,0 main.obj extra.obj > main.lnk
```

注意:若没给出-A CLD选项,编译器会提示要求存储器地址,重定位输出后,不会再看到这个提示。

生成的文件main.lnk包含了CLD生成的命令行,该命令行的作用是运行链接器;同时还包含了-A选项指定的存储器地址值。可以编辑这个文件和删除任何编译器输出的信息。在链接后可以删除程序中的命令行,例如OBJTOHEX和CROMWELL,应注意这些命令行的作用,因为在链接后需要手动执行这些应用。一般的链接器命令行很长,若使用DOS批处理文件执行链接步骤,其长度限制为128字符。作为一个选择,链接器的输入文件可以为只包含链接器选项的命令文件。如果使用了反斜线字符符号"\",则破坏建立的文件的链接器命令行。同样,从命令行开始处移动可执行链接器的名字和路径,则只有选项保留。以上命令行生成一个main.lnk文件,然后按上述建议得出下列命令行:

```
-z -pvectors = 08000h,text,code,data,const,strings \
-prbit = 0/20h,rbss,rdata/strings,irdata,idata/rbss \
-pbss = 0100h/idata -pnvram = bss,heap -ol.obj \
-m/tmp/06206eaa /usr/hitech/lib/rt51--ns.obj main.obj \
extra.obj /usr/hitech/lib/51--nsc.lib
```

注意:现在可按应用要求修改这个文件的链接器选项。

现在直接运行链接器来完成链接步骤,并从已经创建的命令文件重新指向需要链接的部分。

```
hlink < main.lnk
```

此时建立一个名为l.obj的输出文件。若其他应用在链接后运行,需要运行它们以生成正确的输出文件格式,例如一个HEX文件。

修改HPD的选项更简单。只需再次打开"链接器选项…"对话框,按要求更改,单击框下面的按钮可以得到编辑帮助,然后保存并重新创建项目。

映像文件包含实际上送到链接器的命令行,可通过检查来确定链接器按新的选项运行。

第3章 命令行驱动器

可以用DOS命令来启动PICC18,用PICC18来编译和/或链接C语言程序。如果用户更喜欢使用集成环境来编译,请阅读本书有关HPDPIC使用的章节。PICC18的基本命令格式如下:

picc18[options] files[libraries]

在文件名之前有选项时用前导破折号"——"来标志是一个惯例,但在使用命令时,也可以不使用这些选项。

下面将简单地说明选项options的使用。PICC18的输入文件可以是源程序文件(C语言程序文件或汇编程序文件)和目标文件。如果文件的排列顺序不影响代码或数据在存储器中出现的顺序,文件的排列顺序将不影响编译、链接的结果。在libraries中是一系列库名字的列表。PICC18编译器将根据文件的类型或扩展名来区分文件——目标文件和库文件。常见的文件类型如表3.1所列。汇编文件总是有扩展名.as(文件扩展名中不区分字母大小写)。

表3.1 PICC18文件类型

文件类型	意 义
.c	C语言源程序文件
.as	汇编语言源程序文件
.obj	目标代码文件
.lib	目标库文件

PICC18将根据输入文件的类型来确定其要进行的操作。如果输入的文件为C语言文件,则编译该文件;如果输入的文件为汇编文件,则汇编该文件。如果没有使用将要在后面讨论的禁止选项,则所有通过编译或汇编的目标文件,以及在命令行中明确列出的目标文件,都将与标准运行代码库和用户指定的库执行链接。只有在源代码中引用了库函数,才会链接库中的函数,并出现在最终的输出文件中。如果PICC18的输入文件仅为目标文件(没有源程序文件),则PICC18只执行链接。这是一种典型的用法,首先使用-C选项,告知编译器将源程序文件编译为目标文件,然后以生成的目标文件作为PICC18的输入文件来创建最终程序(要选择适当的库及选项)。

3.1 长命令行

PICC18 编译器可以编译 32 位的 Windows 应用程序，因此它可以处理超过 128 字符的长命令行。可以利用 DOS 的批处理文件来启动 PICC18 编译器，也可以通过选择命令文件的选项来启动 PICC18 编译器。如果使用批处理文件启动，则 PICC18 的输入命令只能为一行。如果用命令文件来启动 PICC18，则必须正确地使用编译器的选项，但命令文件中的命令可以为多行，一行的结尾为一个空格加反斜线"\"。例如，一个命令文件可以包含如下命令：

```
-V -O -18C452-UBROF -D32 \
file1.obj file2.obj mylib.lib
```

假设上述命令存放在文件 xyz.cmd 中，则输入 PICC18 < xyz.cmd，将启动 PICC18。

因为没有输入命令行指令，PICC18 将从文件 xyz.cmd 中得到它的命令行指令。命令文件也可以通过符号"@"读出。例如：

```
PICC18 @xyz.cmd
```

3.2 默认库

默认配置下，PICC18 总是寻找与之对应的标准 C 库。如果在程序中用户指定了库，则 PICC18 编译器将首先寻找用户指定的库，搜寻完用户指定的库后才寻找标准 C 库。特殊库与使用的处理器有关。

标准库包含了一个 printf()函数，该函数仅支持长整型数。如果要使用 printf()函数、sprintf()函数或其他相关函数去操作一个长整型数，就必须使用-L1 选项，这个选项将使编译器去寻找包含 printf()函数的库。如果使用-Lf 选项，则 PICC18 编译器将去寻找包含浮点型的 printf()函数的库。在使用中，如果使用了-Lf 选项就不能再使用-L1 选项。

3.3 标准运行时间代码

PICC18 自动链接与所选处理器对应的标准运行时间模块，用户可以使用-NORT 选项使它不使能。如果对上电初始化有特殊要求，可以使用 powerup 程序来实现，而不必替换或修改标准运行时间模块。

3.4 PICC18 编译器选项

配置编译器的主要目的是生成 ROM 代码。PICC18 编译器的选项列在表 3.2 中。这些选项中字母的大小写并不重要，但是UNIX操作系统的SHELLS程序对文件名字母的大小写敏感。这些选项配置顺序是很重要的。

表3.2 PICC18选项

选 项	意 义	选 项	意 义
-processor	定义处理器	-L-option	指定-option直接传递到链接器
-AAHEX	生成一个美国自动符号HEX文件	-Mfile	要求生成一个MAP文件
-ASMLIST	为每一次编译生成汇编程序.LST文件	-MOT	生成一个Motorola S1/S9 HEX格式输出文件
-Aaddress	指定ROM代码的偏移量	-MPLAB	在MPLAB IDE下指定编辑和调试
-A-option	指定-option直接传递至汇编器	-Nsize	指定标志符长度
-BIN	生成一个二进制输出文件	-NOERRATA	不使能输出代码的错误修改
-B1	选择大存储空间模块	-NORT	不要链接到标准运行时间模块
-BS	选择小存储空间模块	-O	使能发送-传递优先级
-C	仅编译至目标文件	-Ofile	指定输出文件名
-CKfile	用checksum文件把目标文件转化为十六进制	-P	预处理汇编程序文件
-CP16	用16指针指向程序空间	-PRE	生成预处理源程序文件
-CP24	用24指针指向程序空间	-PROTO	生成函数原型信息
-CRfile	生成交差参考列表	-PSECTMAP	链接后显示完整的存储器程序块
-D24	双精度值用24位浮点格式表示	-Q	指定退出模式
-D32	双精度值用IEEE754的32位浮点格式表示	-RESRAMranges	保留指定的RAM地址范围
-Dmacro	定义前处理机宏	-RESROMranges	保留指定的ROM地址范围
-E	定义编译器出错格式	-ROMranges	指定可用的外部ROM存储器范围
-Efile	将编译器错误信息改变方向至一个文件	-S	仅编译到汇编程序文件
-E+file	添加错误信息至文件	-SIGNED_CHAR	使缺省字符有符号
-FAKELOCAL	提供MPLAB特殊调试信息	-STRICT	使能精确的ANSI关键字一致性
-FDOUBLE	使能快速32位浮点数学程序	-TEK	生成一个Tektronix HEX格式的输出文件
-Gfile	生成增强型源级符号表	-Usymbol	取消已经定义的预处理符号
-HELP	显示选项摘要	-UBROF	生成一个UBROF格式的输出文件
-ICD	MPLAB的编译代码	-V	命令行编译过程详细显示
-Ipath	指定所包含文件的目录路径名	-Wlevel	配置编译器警告级
-INTEL	生成一个Intel HEX格式的输出文件(默认值)	-X	从符号表中消去本地符号
-Llibrary	指定一个经链接器仔细检查的库	-Zg[level]	在代码转换器中使能全部优先级

3.4.1 -processor 定义处理器类型

这一选项决定了处理器的型号。例如,要编译一段程序,该程序若在 PIC18C452 处理器上运行,则在该选项上选择命令行-18c452。用户也可以添加新的处理器型号到编译器中。

3.4.2 -Aaddress 指定 ROM 偏移量

-A 选项用来指定映像区在 ROM 中的基地址。使用该选项可以满足程序调试的要求,如引导输入等,人们希望这类程序在 ROM 中的起始地址不为 0。该选项将影响所有在 ROM 中的程序块,包括复位和中断向量,同时还会影响代码和常量的存储地址。

如果基地址指定为外部存储器,则必须使用-ROM 选项指定外部存储器的可用地址范围。

3.4.3 -A-option 指定附加汇编器选项

-A 选项后用"-"符号来引导一个附加选项,PICC18 程序将该附加选项直接送到汇编器中。如果-A 后紧随以"-"开头的任何文本,则该文本被直接送至汇编器而 PICC18 不解释。例如,如果指定了-A-H 选项,则在调用时将-H 选项传送至汇编器,其作用是在汇编器的输出中用十六进制显示常量值。

3.4.4 -AAHEX 生成美国式自动符号 Hex

-AAHEX 选项指定 PICC18 生成一个美国式自动符号格式的 HEX 文件,该文件的扩展名为.hex。如果使用输出.bin 文件选项时,该选项不会受影响。美国式自动 hex 格式是一种增强型 Motorola S-记录的格式,它包含文件的起始符号。如果要用美国式自动在线仿真器调试代码,则需要使用该选项。

3.4.5 -ASMLIST 生成.LST 汇编程序文件

-ASMLIST 选项要求 PICC18 在模块编译后生成一个汇编程序列表文件。该列表文件既包含 C 的源代码和汇编程序的源代码,也包含相应二进制代码。列表文件的文件名与源程序文件名相同,其扩展名为.lst。若链接成功,则链接器将更新列表文件,它将包含文件的绝对地址和符号值。因而可以根据汇编语言列表文件的内容来决定指令的位置以及和操作指令相对应的代码。

3.4.6 -BIN 生成二进制输出文件

-BIN 选项指示 PICC18 生成一个二进制输出文件。输出文件的文件类型为.bin。使用-Ofile选项也可以将输出文件类型指定为.bin,生成二进制输出文件。

3.4.7 -BL 选择大存储空间模块

-BL 选项指示 PICC18 用大地址存储空间来编译文件。

3.4.8 -BS 选择小存储空间模块

-BS 选项指示 PICC18 用小地址存储空间来编译文件。

3.4.9 -C 编译成目标文件

如果使用了-C 选项，编译器在生成一个目标文件后将停止运行，生成的目标文件是可重定位的。当使用 make 命令编译多个源程序文件时，常常使用该选项。如果有多个源程序文件需要编译，则编译器将单独编译每一个文件，每个文件编译后都将生成一个.obj 目标文件。目标文件将存放在 PICC18 启动时要访问的目录中，源程序文件存放在只读目录中。如果要对源程序文件 main.c，module1.c 和 asmcode.as 进行编译并生成目标文件，则可以使用如下命令：

```
PICC18-18C452-O -Zg -C main.c module1.c asmcode.as
```

编译器将生成目标文件 main.obj，module1.obj 和 asmcode.obj，可以用如下命令生成一个十六进制文件：

```
PICC18-18C452main.obj module1.obj asmcode.obj
```


在命令行中，.c，.as 及.obj 文件可以任意组合，这并不影响编译的结果，其中汇编程序文件将直接送入汇编器，而链接时才能用到目标文件。除非用-Ofile 选项来指定输出文件名和类型，否则，最终的输出文件格式为十六进制文件，输出文件名与第一源程序文件或目标文件名相同，目标文件的扩展名为.hex。上例中生成文件的文件名为 main.hex。

3.4.10 -CKfile 生成校验和

该选项的作用是校验和(Checksum)检验 file 的目标文件。

3.4.11 -CP16 使用 16 位宽程序空间指针

如果用户没有指定代码空间的大小，则编译器将其默认为 16 字节宽，并选中-CP16 选项(在默认情况下 CP16 选项为选中状态)。它让所有指针目标对象指向 16 位宽的程序或代码空间。该选项对函数指针、指向常数的指针或远程指针有影响。如果运行程序的处理器芯片的程序空间小于或等于 64 KB，要使用这个选项；或指针的指向仅为存储空间的前 64 KB 时，也要使用这个选项。

3.4.12 -CP24 使用24位宽的程序空间指针

-CP24 选项让所有指针指向24位宽的程序和数据空间。该选项对函数指针、常数指针或远程指针都有影响。当目标系统的程序空间大于64 KB时，或指针指向大于64 KB的地址时，要用到这个选项。

3.4.13 -CRfile 生成交叉参考列表

-CR 选项将生成一个交叉参考列表。如果 file 中没有选择变量，则“原始”交叉参考信息将保留在临时文件中，这时用户可以运行 CREF 单元。如果给出文件名，例如-CRtest.rcf，PICC18 将启动 CREF 单元来处理交叉参考信息，并把这些信息送入列表文件 TEST.CRF。如果交叉参考列表中包含多个源程序文件，则用同一个 PICC18 命令就可以编译和链接所有源程序文件。例如，要生成一个包含三个源程序文件(main.c，module1.c，nvram.c)的交叉参考列表，需要使用如下命令进行编译和链接：

```
PICC18-18C452-CRmain.crf main.c module1.c nvram.c
```

3.4.14 -D24 使用24位双精度值

如果在命令行中没有指定双精度数的精度，则该选项为默认值。其作用是使双精度数的精度为24位浮点数。它不会影响 Float 定义目标对象。更多关于浮点指针的类型和变量的信息参见后面相关介绍。

3.4.15 -D32 使用32位双精度值

该选项的作用是告知编译器，双精度变量要使用 IEEE754 的32位浮点格式。更多关于浮点指针的类型和变量的信息参见后面相关介绍。当使用-FDOUBLE 选项时，将自动使能-D32。

3.4.16 -Dmacro 定义宏

如果在命令行中要定义一个预处理宏，就要使用-D 选项，其作用与源代码程序中的#define 命令相似。有两种方法使用该选项，其中之一为-Dmacro。

-Dmacro　　等同于　　#define　macro　1

如果使用这种选择方式，应将其放置在每个编译模块前面。另一种方式为-Dmacro＝text。

-Dmacro＝text　　等同于　　#define　macro　text

这里的 text 为需要表述的文本内容。例如：

```
PICC18-18C252 -Ddebug -Dbuffers = 10 test.c
```

上述命令就是对 test.c 进行编译的命令，同时还有宏定义，其作用就像执行了包含如下标志的 C 语言源程序：

```
#define   debug     1
#define   buffers 10
```

3.4.17　-E　定义编译错误的格式

如果不使用-E 选项，编译器默认的操作是在错误信息处添加符号"^"，使用户知道出现错误的地方，并指出源程序文件中的错误字符，例如：

```
x.c: main()
      4: PORT_A = xFF;
                      ^ undefined identifier: xFF
```

这种标准格式可以使用户完全读懂输出的错误文件，但是如果编译器具有错误处理功能，则标准输出格式对编译器处理错误没有任何作用。下面这部分将说明如何配置选项有利于编译器处理错误功能的实现。

1. 使用-E　选项

如果使用了-E 选项，则编译器输出的错误文件格式为一些文本编辑器和开发环境中采用的数据格式。例如，上例中的源代码在编译时选用了-E 选项，输出错误信息为：


```
x.c 4 9: undefined identifier: xFF
```

上述信息表明错误发生在 x.c 文件的第 4 行，对行首字符偏移 9 字符。第 2 个数字的值为偏移量，它是距源程序命令行最左端非空格字符的字符数。如果在源程序命令行起始处插入了额外的空格字符或 tab 字符，则编译器仍然提示错误在 4 行 9 列。

2. 标准-E　格式的修改

如果使用了-E 选项，其文本的输出格式不符合要求，则可以通过配置 HTC_ERR_FORMAT 和 HTC_WARN_FORMAT 2 个环境变量来重新设定其输出格式。这些环境变量的形式是 printf-style 字符串，其用法如表 3.3 所列。

表 3.3　错误格式说明

格　式	意　义
%f	文件名
%l	行标
%c	列数
%s	错误字符串

表中的"列数"为命令行中错误位置距源程序最左端非空格字符的个数。下例为在 DOS 下配置环境变量：

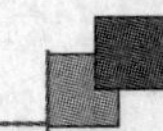

```
set HTC_WARN_FORMAT = WARNING: file %f; line %l; column %c; %s
set HTC_ERR_FORMAT = ERROR: file %f; line %l; column %c; %s
```

利用上面编译过的源代码来重新编译，如果采用上述环境变量，则编译器的输出为：

```
ERROR: file x.c; line 4; column 9; undefined identifier: xFF
```

需要注意的是，如果在批处理文件中设定环境变量，必须增加一个说明符“%”，如文件名说明符为“%%f”。

微芯公司的 MPLAB IDE 按如下方式定义了 2 个环境变量：HTC-WARN-FORMAT 和 HTC-ERR-FORMAT，这样可以在编辑器中分别显示错误信息和警告信息。

```
Warnign[] file %f   %1 :%s
Error[] file %f   %1 :%s
```

3. 重定向错误信息输出到输出文件

不管是用标准格式还是用-E 格式，错误信息输出都可以用 UNIX 或 DOS 标准输出重定向到文件。上例中的错误信息可以用以下命令存入一个文件名为 errlist 的文件：

```
PICC18-18C242-E x.c > errlist
```

编译器错误信息也可以添加到已存在的文件中。如果保存错误的文件不存在，则它将创建一个新的保存错误信息的文件。添加编译器错误至文件可以使用这样的命令：

```
PICC18-18C242-E x.c >> errlist
```

3.4.18 -Efile 重定向编译器错误信息输出至文件

当调用编译程序时，有些编辑器不允许标准命令行改变输出方向。为了与这样的编辑器共同工作，PICC18 允许把错误列表文件名作为-E 选项的一部分。使用这种选项生成的错误文件将总是符合-E 格式。例如，编译 x.c 并把所有的错误存入 x.err，使用如下命令：

```
PICC18-18C242-Ex.err x.c
```

-E 选项也可以在错误信息文件名前添加一个“＋”号来将错误信息添加到已存在的文件中，例如：

```
PICC18-18C242-E+x.err y.c
```

如果要编译几个文件并将所生成的所有错误信息汇集形成一个文件，首先使用-E 选项创建文件，然后在编译所有其他源程序文件时使用-E＋选项。例如，要编译一系列的文件并将所有错误信息都存入一个文件名为 project.err 的文件，应该使用如下的-E 选项：

```
PICC18-18C242-Eproject.err -O -Zg -C main.c
```

```
PICC18-18C242-E+project.err -O -Zg -C part1.c
PICC18-18C242-E+project.err -C asmcode.as
```

project.err 文件将依次包含所有来自 main.c,part1.c 和 asmcode.as 的错误,例如:

```
main.c 11 22:) expected
main.c 63 0:; expected
part1.c 5 0: type redeclared
part1.c 5 0: argument list conflicts with prototype
asmcode.as 14 0: Syntax error
asmcode.as 355 0: Undefined symbol _putint
```

3.4.19　-FDOUBLE　使能快速32位浮点数学程序

使用该选项将调用一个32位浮点程序,这个程序可以使浮点数的乘、除法运算速度提高许多倍,但是这种方式要占用更多的ROM和RAM空间。这个浮点程序仅对32位双精度型有效。如果使用-FDOUBLE选项,则会选择-D32选项。

3.4.20　-FAKELOCAL　提供MPLAB特殊调试信息

如果该选项与-G选项一起使用,生成的调试信息中将包含微芯公司MPLAB环境的详细信息。这样用户就可以调试使用的局部变量的作用,例如,在观察窗口中可以观察使用的局部变量的作用。源程序的单步调试信息也可以修改,这样可以更好地理解源程序和程序储存器中指令之间的关系。这个选项也改变错误信息文件的输出格式,这样MPLAB IDE更容易解释和编译。

3.4.21　-Gfile　生成源代码的符号文件

-G选项用来生成源代码的符号文件(即由编译器来决定一个文件中源代码与机器代码指令之间的关系,决定源程序中的变量的存储区域等),生成的符号文件可以在HI-TECH上调试,也可以在诸如Lucifer仿真器上使用。如果没有指定输出的符号文件名,符号文件名与第一个源程序文件或目标文件名相同,如-GTEST.SYM生成的符号文件名为TEST.SYM。使用-G选项生成的符号文件中包含有源代码信息和调试信息。

需要注意的是,如果需要作源代码调试,则在编译时都应该使用-G选项。如果单独执行链接操作,则也需要该选项。例如:

```
PICC18-18C252-G -C test.c
PICC18-18C252module1.c
PICC18-18C252-Gtest.sym test.obj module1.obj
```

在上述输出文件中，只有 test.c 文件包含源代码调试信息，因为在编译 module1.c 时没有使用-G 选项。

3.4.22　-HELP　帮助

如果命令行上没有使用其他选项，-HELP 选项的信息将在 PICC18 选项上显示。

3.4.23　-ICD MPLAB　的编译代码

如果使用该选项，则编译器的输出代码将下载到 MPLAB 的在线调试器上，此时 ICD 将要求适当地调整链接选项。该选项会定义一个名叫 MPLAB_ICD 的宏。

3.4.24　-I path　加入搜索路径

如果在文件中使用了 #include，可以使用-I 选项来指定头文件 #include 的路径。使用-I 选项也可以指定位于不同地址的多个头文件。如果用户没有使用-I 选项，则编译器将在默认地址中搜索 #include 中包含的头文件，在该默认地址中包含了系统中所有的标准头文件。如果用户指定了搜索路径，则编译器将首先搜索用户的指定地址，然后再搜索系统的默认地址。例如：

```
PICC18-18C252-C -Ic:\include -Id:\myapp\include test.c
```

编译器将首先搜索在路径 c:\include 和 d:\myapp\include 中包含的、在程序中引用的头文件，然后再搜索默认地址中包含的、程序需要的头文件，这个默认地址通常为 c:\ht-pic18\include。

3.4.25　-INTEL　生成 INTEL 十六进制文件

如果使用了-INTEL 选项，则 PICC18 将生成一个 Intel 十六进制文件，该文件的扩展名为.HEX。如果指定编译器的输出文件为二进制文件，其扩展名为.BIN，则使用该选项不起作用。

3.4.26　-L library　库浏览

如果用户需要为链接器指定一个链接库（该库不是链接器的默认库），则可以使用-L 选项。链接器将首先访问用户通过-L 选项指定的链接库，然后再访问 C 语言的标准库，C 语言的标准库的库函数可以增加。例如，如果要编译一段程序，该程序将在 PIC18C452 处理器上运行，则可以使用-LF 选项链接 pic800-f.lib 库中的浮点型函数 printf()。

-L 是一个库关键字，而实际的库名必须要加一个前缀 PIC、一个数字和一个后缀.LIB，其中数字代表处理器的工作范围，即 ROM 和 RAM 存储区的范围。例如，使用-LL 选项，则链接器将浏览库 pic800-l.lib;使用-LXX 选项,则链接器将浏览库 pic800-xx.lib。所有的库都必须放在编译器安装目录的 LIB 子目录中。如前所述,-L 并不是一个完整的文件名。

如果链接器要访问一个库文件,其文件名不满足上述命名规则,或者该库文件不在 LIB 子目录中,则在源程序文件和命令行中都要包含这个库文件的文件名。另外一种方法是,直接启动链接器,然后由用户指定链接器访问的库文件。

下面介绍添加支持长整型及浮点型的 printf()函数。

默认状态下,标准 C 语言库中的 printf()函数及相关函数仅支持整数的打印。如果需要支持长整型数及浮点数的打印,则在链接时必须使用不同的库。关于 printf()函数更为详细的信息,请参见本章后面的章节。

如果要使用支持长整型数据的 printf()函数,则在链接(或当编译和链接为一步时)时要使用-Ll 选项,这样就可以增加一个链接库。

使用支持长整型和浮点型数据的 printf()函数,则可以使用-Lf 选项。

在以上选项中,l 和 f 仅仅说明指定链接库的类型,关于库类型的详细内容参见 C 语言标准库的章节。如果使用了上述选项,程序源代码不需要作任何修改就可以打印 longs 或 floats 数据。如果没有使用上述选项,printf()不能将 longs 或 floats 作为一种数据类型表示符,而只把它们当作一个文本。

另外一种类型的 printf()函数有一个标志符,在命令中是否使用选项-Lw,可以改变这个函数的功能。

默认情况下,这种类型的 printf()函数可打印 longs 或 floats 型变量,但它比标准型 printf()要占用更大的空间。

3.4.27 -L-option 指定链接器的附加选项

可以用-L 选项来使用一个附加选项,其选择方法为“-L-”后接需要使用的附加选项。PICC18 直接将该选项送到链接器中。如果-L 后面为带“-”符号的一个文本,则 PICC18 将该文本直接送到链接器中,而不会解释。例如,如果指定的选项为-L-FOO,则在执行该命令时,-FOO选项将送入链接器。

如果链接代码包含附加的程序块(psects),则该选项特别有用;如果在 C 语言代码中使用了#pragma psect 标志符,使用该选项也特别有用;如果在汇编程序代码中包含了用户定义的程序块,也应该使用这个选项。更多的信息可以参见#pragma psect 部分。如果-L 选项不存在,就需要手动启动链接器,使用额外程序块来链接编译后的程序。

链接时一个常用的附加选项是-N,作用是根据映像文件的地址对符号文件分类,而不是根据文件名对符号文件分类。如果使用-L-N 选项,上述指令就传给了 PICC。

也可以使用-L 选项来代替链接器的默认选项。例如使用-L-ARAM=0-35Fh 选项,这样就告知链接器 psect 类目标对象在 RAM 中的存储地址是 0~35Fh。PIC18C452 处理器的默认寻址范围是0～5FFh。默认配置范围包含了用户选择的配置范围。

3.4.28 -Mfile 生成映像文件

使用-M选项可以生成映像文件。如果没有指明文件名，映像信息将显示在屏幕上；否则，在使用-M选项时就要指定输出文件名。

3.4.29 -MPLAB 用MPLAB IDE编译和调试程序

-MPLAB选项告知C编译器，程序的编译和调试都将在微芯公司的MPLAB IDE上进行。根据MPLAB IDE要求，如果使用-G选项，则将进行源级代码调试；如果使用-FAKELOCAL选项，则将进行源代码和变量的跟踪调试；使用-E选项，可以改变编译器错误信息文件的输出格式。

如果使用其他的编译工具进行编译，但在MPLAB IDE下进行调试，则-G，-E及-FAKELOCAL选项可以单独使用。

3.4.30 -MOT 生成Motorola S-Record格式的十六进制文件

-MOT选项将指示PICC生成一个Motorola S-Record格式十六进制文件，但其扩展名可以不为.HEX。如果选择输出文件的格式为二进制文件，扩展名为.bin，则该选项不起作用。

3.4.31 -Nsize 标志符长度设定

C语言中，标志符长度的默认值为31位，该选项的作用是增加标志符长度。有效的标志符长度可以达到255位。除此之外该选项没有其他作用。

3.4.32 -NODEL 不删除临时文件和中间结果文件

当这个选项使能时，将不会删除在编译过程中生成的中间文件，但在项目文件生成时会生成较大的文件。

3.4.33 -NOERRATA 勘误表修改不使能

默认时，编译器用微芯公司的勘误表文档修改输出代码。有些芯片没有勘误表，不是所有勘误表都会编译器修改。使用该选项可以使编译器不用任何勘误表。当勘误表变化时，这样做是安全的。

3.4.34 -NORT 不链接标准运行时间启动模块

使用该选项将不链接标准运行时间启动模块。用户在输入的命令文件中要指定自己的运行时间启动模块。只有定义了符号文件和程序块(psect)后，编译才能成功，所以即使启动模块中不包含任何执行代码，它也是必要的，该模块不能删除。标准运行时间启动模式的源程序在安装目录下的SOURCES子目录中，它应该作为用户自己的运行时间启动模块的基础。

3.4.35 -O 调用优化器

在生成代码之后，使用-O选项就可以启动优化器，它将对生成的汇编语言代码进行优化。

3.4.36 -Ofile 指定输出文件

如果使用该选项，则用户可以指定编译器输出文件的名称和类型。如果没有使用-O选项，则输出文件名与命令中指定的第一个源程序文件名或目标文件名相同。可以使用-O选项指定输出文件为HEX,BIN或UBR类型，它们分别为Intel或Motorola的十六进制数、二进制数和UBROF格式的数。例如，使用如下命令将生成一个二进制文件，文件名为test.bin。

```
PICC18-18C452-Otest.bin prog1.c part2.c
```

3.4.37 -O-option 对Objtohex指定一个选项

-O-option选项可以用于Objtohex增加和替换命令选项，这允许有较大的自由度修改输出文件的生成。例如，-O-16选项中16用于指定生成的hex文件包含最长为16字节的记录，或者记录的长度为16的倍数。

3.4.38 -P 汇编文件的预处理

如果使用-P选项，则在汇编前将先预处理汇编程序，因此可以在汇编程序中使用预处理标志符，如#include。在默认配置中汇编程序不需要进行预处理。

3.4.39 -PRE 生成预处理后的源代码

如果使用-PRE选项，则编译器将生成扩展名为.PRE的C语言源程序文件的预处理后的文件。这有利于观察程序中使用的宏是否实现了其预计的功能。使用该选项也可以创建不包含任何头文件的C语言源程序文件。这样，如果要将程序送到技术支持处进行分析非常方便。

3.4.40 -PROTO 生成原型

-PROTO选项可以生成一个所有函数都采用ANSI格式和K&R格式的.PRO文件。每次生成的.PRO文件名与相应的源程序文件名相同，其扩展名为.PRO。在条件编译模块中，原型文件既包含ANSI的C语言格式，也包含旧版的C语言格式。

应该在一个全局的头文件中定义.PRO文件，该头文件可以包括项目文件中的任意一种源文件。.PRO文件也可以包含源程序文件中的static函数，但是这些static函数的定义应放在源程序文件的起始部分。例如，对test.c文件的源代码为：

```
#include <stdio.h>
add(arg1, arg2)
int     *arg1;
int     *arg2;
{
    return *arg1 + *arg2;
}
void printlist(int *list, int count)
{
    while (count--)
          printf("%d ", *list++);
        putchar(.\n.);
}
```

如果用命令 PICC18 -18C252　-PROTO　test.c 进行编译，PICC18 将生成 test.pro 文件，它可能包含如下说明：

```
/*test.c 的原型*/
/*外部函数—包含在一个头文件中*/
#if     PROTOTYPES
extern int add(int*, int*);
extern void printlist(int*, int);
#else               /*原型*/
extern int add();
extern void printlist();
#endif              /*原型*/
```

3.4.41　-PSECTMAP　存储器的使用情况

选择-PSECTMAP选项，则链接器在完成链接后将显示存储器和程序块的完整信息。该信息比通常链接后输出的标准的存储器使用情况图提供的信息更详细。-PSECTMAP选项可以使编译器输出每一次编译的相关信息和用户生成的程序块列表，这些信息和列表紧跟在标准存储器使用情况图之后。例如：

使用的程序块图：

程序块	内 容	存储范围
Power up	上电复位代码	$000000～$000003
text	程序及库代码	$000008～$000017
init	初始化代码	$000018～$00003B
end_init	初始化代码	$00003C～$00003F
text	程序及库代码	$000040～$000123
text1	程序及库代码	$000124～$000137
clrtext	清除存储代码	$000138～$00014B
bss	RAM 变量	$0000F6～$0000F7
param	自动变量区	$0000F8～$0000FB
data	RAM 初始化数据	$0000FC～$0000FF
temp	临时 RAM 数据	$000000～$000001
idata	初始化数据的 ROM 映像	$000004～$000007

存储器使用图：

```
Program ROM $000000 - $000003          $000004 (   4) bytes
Program ROM $000008 - $00014B          $000144 (324) bytes
                                       $000148 (328) bytes total Program ROM
RAM data        $0000F6 - $0000FF      $00000A (  10) bytes total RAM data
Near RAM        $000000 - $000001      $000002 (   2) bytes total Near RAM
ROM data        $000004 - $000007      $000004 (   4) bytes total ROM data
Program statistics:
Total ROM used 332 bytes (1.0%)
Total RAM used 12 bytes (0.8%) Near RAM used 2 bytes (1.6%)
```


3.4.42 -q 退出模式

如果要使用,该选项必须为命令行定义的第一选项。它将使编译器退出运行,且不再显示软件的版权信息。

3.4.43 -RESRAMranges[,ranges] 保留指定的 RAM 地址范围

-RESRAM 选项用来为 RAM 空间保留一个特殊的块。地址范围必须以十六进制数指定。如果需要指定多个地址范围,则在列举地址范围时将每个地址范围用逗号分开。例如:

```
-RESRAM20-40
```

则 RAM 中的 0x20～0x40 这个区域为保留区域。链接器将不会把目标文件放置在保留存储区内，因此编程者可以任意使用。

3.4.44 -RESROMranges[,ranges] 保留指定的 ROM 地址范围

-RESROM 选项用来为程序空间保留一个特殊的块。地址范围必须以十六进制数指定。如果需要指定多个地址范围，则在列举地址范围时将每个地址范围用逗号分开。例如：

```
-RESROM1000-10FF,2000-20FF
```

这将在 ROM 中保留 2 块地址空间，其范围分别为 0x1000～0x10FF 和 0x2000～0x20FF 的空间。链接器将不会把目标文件放置在这些保留存储区中，因此编程者可以任意使用。

3.4.45 -ROMranges 指定外部存储器

一些 PIC18 处理器允许外部存储器占据芯片的程序空间。对于这样的处理器系统，可以使用-ROM 选项来表示外部程序占用的程序空间。如果需要说明占用多个程序空间，则在列举地址范围时将每个地址范围用逗号分开。例如：

```
-ROM0-2FFF,6000-7FFF
```

这个选项定义了 CODE 程序块类后送入链接器，链接器中放置了所有的代码和 ROM 数据，如定义为常量的目标。在 pic18.ini 文件里，选项指定的存储区附加到任何存储区已经为目标设备定义好的区域。

对于一个缺少 ROM 的器件，编译时没有-ROM 选项送入 PICC18 中将产生错误。在 pic18.ini 文件里，所有缺少 ROM 的器件的指定 ROM 的长度均为 0。

任何 PIC18 处理器都可以使用这个选项，即使那些不支持外部程序占据程序空间的处理器。程序员必须保证硬件配置与这个选项匹配。

3.4.46 -S 编译汇编程序代码

如果使用了-S 选项，编译器在生成一个汇编程序文件后将停止编译。输入一个命令就可以将一个 C 语言源程序文件转换生成一个汇编程序文件。这个命令为：

```
PICC18-18C252-0 -Zg -S test.c
```

执行这个命令将生成一个文件名为 test.as 的汇编程序文件，它从 test.c 文件中转换而来。在上述命令中同时使用了-O,-Zg 和-S 选项，这样才能够查看到编译器的输出文件；如果在命令中一次使用多个选项，其选项也应该能够保证可以查看到编译器的输出文件。如果要编写外部汇编语言程序来检测函数的调用规则及署名值，则这个选项非常有用。使用这个选

项后生成的文件不同于使用-ASMLIST 选项生成的文件,因为后者不会包含操作代码或地址,这个选项可以将源程序文件直接送入编译器进行汇编。

3.4.47 -SIGNED_CHAR 使符号类型有正负之分

在默认方式下,如果没有明确地说明字符为有符号字符,则编译器将认为所有的字符值和字符变量都是无符号的。如果要配置字符值和字符变量的符号,则要使用该选项,该选项将使默认字符类型为有符号型。当使用该选项时,任何无符号字符都必须明确地指明是无符号型字符。

有符号字符的范围是－128～＋127,无符号字符的范围是 0～255。

3.4.48 -STRICT 完全满足 ANSI 标准

-STRICT 选项是使所有特殊关键字完全满足 ANSI 标准。HC-TECH C 支持多种特殊关键字,例如 persistent 类型的关键字。如果使用-STRICT 选项,则这些关键字将转换为下述形式,即在关键字前带有 2 个下划线,如_ _ persistent,这种形式就能完全满足 ANSI 标准。需要注意的是,使用该选项可能使一些标准的头文件出问题,如＜intrrpt.h＞。

3.4.49 -TEK 生成 Tektronix 格式的十六进制文件

-TEK 选项告诉编译器编译后生成一个 Tektronix 格式的十六进制的输出文件,生成文件的扩展名可以不为.HEX。如果编译器选择的输出文件为一个二进制文件,其扩展名为.BIN,则该选项不起作用。

3.4.50 -Umacro 取消一个已定义的宏

-U 选项与-D 选项相反,是用来取消一个已经定义了的宏。该选项的格式为-Umacro。例如,要取消预先定义的宏 debug,用选项-Udebug。

-Udraft 选项等效于 #undef draft

如果使用了这个选项,则其应该放在需要的模块的前面。

3.4.51 -UBROF 生成 UBROF 格式的输出文件

-UBROF 选项告诉编译器生成一个 UBROF 格式的输出文件,生成文件的扩展名为.UBR。这种文件特别适合在线仿真器的使用。也可使用-O 选项指定输出文件类型为.UBR。如果编译器选择的输出文件为一个二进制文件,其扩展名为.BIN,则该选项不起作用。

3.4.52 -V 详细的编译信息

如果使用了-V 选项,编译器将显示所有命令。该选项有利于准确地使用链接器的选项。

如果想直接调用 HLINK 命令,就需要使用链接器选项。

3.4.53　-Wlevel　配置警告级

-W 是用来配置编译器警告级的,警告级的范围是－9～9。警告级决定编译器对类型转化及构建质疑的苛刻程度。默认警告级为-W0,它允许所有正常的警告信息。警告级-W1 将限制信息函数 Func()指出的整数。警告级-W3 推荐用来编译与其他要求没有这么严格的编译器共同编写的源代码。警告级-W9 将禁止所有的警告信息。警告级-W-1,-W-2 和-W-3 使能特殊警告信息,它包括 printf()函数的编译时间检测与数据串指定格式不相符等信息。

小心使用此选项,因为有些标志代码的警告信息可能使执行失败。

3.4.54　-X　消去局部符号

-X 选项可以从所有编译、汇编或链接文件中消去局部符号。仅剩全局符号保留在所有生成的目标文件或符号文件中。

3.4.55　-Zg[level]　全局优先级

使用-Zg 选项在代码生成路径调用全局优先级。这对于代码长度的缩减及内部 RAM 的使用有重要意义。该优先级没有传递优先级苛刻,但对代码长度的减小很有意义。

全局优化是优化每个函数对寄存器的占用。它也利用代码中常量的传递来避免不必要的存储器访问。该选项默认的级为 1(最低优先级)。优先级可以配置为 1～9 的任意一级(9 为最高优先级)。数字表明优先级试图缩减代码的程度。对于 PICC18,高于 3 的优先级通常没有什么用处。

第4章

PICC18 C 语言的特性及运行环境

编译器支持一系列C语言的特性及扩展功能，如果需要生成基于ROM的应用程序，这些特性和功能将起到重要的作用，会使程序的生成过程更加简单。本章将介绍编译器选项以及Microchip PIC18系列处理器的特点。

4.1 ANSI 标准

4.1.1 与 ANSI C 标准的不同点

PICC18在函数递归调用上与ANSI C标准不同。由于PIC18受硬件限制，没有易于使用的堆栈，同时存储器数量有限，使得PICC不支持函数递归调用功能。

4.1.2 执行行为的定义

ANSI标准中有几个部分定义的是程序的执行行为。这意味着某些C代码会因为编译器的不同而有所不同。本章将描述PICC18编译器在这种情况下将如何工作。

4.2 有关处理器的特点

PICC18的许多特性直接和PIC18系列处理器有关，以下将详细介绍。

4.2.1 处理器支持

PICC18支持所有的Mircrochip PIC18系列处理器，但是用户可以根据自己的需要增加附加处理器。如果需要增加自己的处理器，则只需要在LIB子目录中编辑pic18.ini文件即可，用户定义的处理器应该放在文件的最后。该文件的起始部分说明了如何指定一个处理器。对于新加入的处理器，在系统重新启动以后在命令行中选择新处理器的名字，新处理器就可以使用了。

4.2.2 配置熔丝位

PIC18 处理器有几个特定的区域包含有配置位或熔丝位。这些位可以通过配置宏配置。宏配置的格式如下：

__CONFIG(n,x)；

(在字符前有 2 条下划线)n 是寄存器配置字，x 是配置字的值。由于宏在＜pic18.h＞中定义，所以每个使用宏的模块都要包含这个头文件。

配置宏分高低 2 个字节来配置寄存器，每次宏的调用都是 16 位。如果要实现处理器的一些特殊功能，则需要查找相关的帮助文件，根据帮助文件的提示，在头文件中定义相关的变量。表 4.1 所列为 18Cxx 芯片可用配置位的配置，要了解 flash 存储器芯片的配置可查看表 4.2。

表 4.1 18Cxxx 配置位配置情况

意 义	配置信息	18Cxx1	18Cxx2	18Cxx8
代码保护	1 个低字节	n/a	PROTECT，UNPROTECT	PROTECT，UNPROTECT
振荡器使能	1 个高字节	n/a	OSCSEN，OSCSDIS，RCIO，HSPLL	OSCSEN，OSCSDIS，RCIO，HSPLL
振荡类型	1 个高字节	RC，HS，EC，LP	ECIO，EC，RC，HS，XT，LP	ECIO，EC，RC，HS，XT，LP
总线宽度	2 个低字节	BW16，BW8	n/a	n/a
上电定时器使能	2 个低字节	PWRTEN，PWRTDIS	PWRTEN，PWRTDIS	PWRTEN，PWRTDIS
掉电锁定复位电压值	2 个低字节	n/a	BORV25，BORV27，BORV42，BORV45，	BORV25，BORV27，BORV42，BORV45，
掉电锁定复位使能	2 个低字节	BOREN，BORDIS	BOREN，BORDIS	BORDIS
程序监视定时器后分频器选择	2 个高字节	WDTPS1-WDTPS128	WDTPS1-WDTPS128	WDTPS1-WDTPS128
程序监视定时器使能	2 个高字节	WDTEN，WDTDIS	WDTEN，WDTDIS	WDTEN，WDTDIS
CCP2 位	3 个低字节	n/a	CCP2RC1，CCP2RB3	n/a
堆栈满/溢出重置使能	4 个低字节	STVREN，STVRDIS	STVREN，STVRDIS	STVREN，STVRDIS

表4.2 18Fxxx部分配置位配置

意　义	配置信息	18Fxx2	18Fxx8	18Fxx20
振荡器使能	1个高字节	OSCSEN,OSCSDIS RC,HS,EC,LP	OSCSEN,OSCSDIS RCRA6,HSPLL,	OSCSEN,OSCSDIS RCRA6,HSPLL,
振荡类型	1个高字节		ECIRA6,ECDB4, RC,HS,XT,LP	ECIRA6,ECDB4, RC,HS,XT,LP
上电定时器使能	2个低字节	PWRTEN,PWRTDIS	PWRTEN,PWRTDIS	PWRTEN,PWRTDIS
掉电锁定复位使能	2个低字节	PWRTEN,PWRTDIS, BORV20	PWRTEN,PWRTDIS, BORV20	PWRTEN,PWRTDIS, BORV20
掉电锁定复位使能	2个低字节	BORV27,BORV42, BORV45,	BORV27,BORV42, BORV45,	BORV27,BORV42, BORV45,
程序监视定时器后分频选择	2个高字节	WDTPS1-WDTPS128	WDTPS1-WDTPS128	WDTPS1-WDTPS128
程序监视定时器使能	2个高字节	WDTEN,WDTDIS	WDTEN,WDTDIS	WDTEN,WDTDIS
外部总线数据等待使能 * 只用于18F8x20	3个低字节	n/a	n/a	WDTEN*,WDTDIS*
微控制/微处理模式 * 只用于18F8x20	3个高字节	n/a	n/a	MCU*,MPU*
CCP2位 * 只用于18F8x20	3个高字节	CCP2RC1,CCP2RB3	n/a	MPUBB*,XMCU*, CCP2RC1,CCP2RE7, CCP2RB3*
堆栈满/溢出配置方式	4个低字节	STVREN,STVRDIS	STVREN,STVRDIS	STVREN,STVRDIS
调试方式	4个低字节	DEBUGEN, DEBUGDIS	DEBUGEN, DEBUGDIS	DEBUGEN, DEBUGDIS
低电压ICSP	4个低字节	LVPEN,LVPDIS	LVPEN,LVPDIS	LVPEN,LVPDIS
代码保护 * 只用于18Fx720 * 只用于18Fx58	5个低字节	CPA,CP3,CP2, CP1,CP0	CPA,CP3, CP2,CP1, CP0	CPA,CP7,CP6, CP5,CP4,CP3, CP2,CP1,CP0
数据保护	5个高字节	CPB	CPB	CPB
保护启动代码	5	CPALL	CPALL	CPALL
写保护/使能 * 只用于18Fx720 * 只用于18Fx58	6个低字节	WP3,Wp2, WP1,WP0	WPA,WP3**, Wp**,WP1, WP0	WPA,WP7,WP6, WP5,WP3,Wp2, WP1,WP0
写保护/使能启动块	6个高字节	WPB,WRTEN	WPB,WPU	WPB,WPU

续表 4.2

意　义	配置信息	18Fxx2	18Fxx8	18Fxx20
写保护/使能寄存器配置	6 个高字节	WPC,WRTEN	WPC,WPU	WPC,WPU
写保护/数据块方式	6 个高字节	WPD,WRTEN	WPD,WPU	WPD,WPU
写保护所有的块	6	WPALL	WPALL	WPALL
表读保护/使能 * 只用于 18Fx720 * 只用于 18Fx58	7 个低字节	TRP3,TRP2, TRP1,TRP0	TRPA,TRP3,TRP2, TRP1,TRP0	TRPA,TRP7,TRP6, TRP5,TRP4,TRP3 TRP2,TRP1,TRP0
表读时保护启动模块	7 个高字节	TRPB	TRPB	TRPB
表读时保护所有的块	7	TRPALL	TRPALL	TRPALL

例如,需要对 PIC18Cxx1 芯片作如下配置：配置芯片为 RC 类型的振荡器;8 位的总线宽度;上电定时器不使能;后分频器系数比为 1:1 的看门狗定时器使能;堆栈满和下溢出复位不使能。配置文件如下：

```
#include<pic18.h>
__CONFIG(1,RC);
__CONFIG(2,BW8 & PWRTDIS & WDTPSI & WDTEN);
__CONFIG(4,STVRDIS);
```

注意： 几个选项之间是"与"的关系。在宏定义中,任何未选的位都将保持初始状态。在编程时必须正确配置所有的位,这样编译器才会正确执行相应的操作。更多的信息请参阅 PIC 数据手册。

宏__CONFIG 并不生成可执行代码,因此应该将该宏放置在函数定义之外。

4.2.3　ID 区域

PIC18 单片机在可寻址存储器区域之外还有一些特定区域,这些区域是用来存放编程信息,如 ID 序号。利用宏__IDLOC 可以将数据放入这些特定区域。宏的使用规则大致如下：

```
#include <pic18.h>
__IDLOC(x);
```

x 是放到 ID 区域的位元组的一个列表。每个区域的高字节为 0Fh,在执行时将整个字节处理成 nop(空操作)指令。规则如下：

```
__IDLOC(15F01);
```

用十六进制值 F1H，F5H，FFH，F0H 和 F1H 装载 ID 区域的 5 个位置。ID 区域的基地址用 idloc 来指定，idloc 将自动地赋值并与选择的处理器类型的基地址有关。

4.2.4　EEPROM 数据

PIC18 单片机支持从外部对片内的 EEPROM 进行编程。对于这类 PIC18 单片机，可以利用_ _EEPROM_DATA()宏，把要放入 EEPROM 中数据的最初值装载到 HEX 文件中，为编程作准备。宏的使用格式如下：

```
#include <pic.h>
_ _EEPROM_DATA(0,1,2,3,4,5,6,7);
```

宏可以带 8 个参数，每个参数都是一个数值，数的长度为一个字节。如果有未使用的参数，则需将其值设为 0。在定义写入 EEPROM 的数据时，可能要多次调用这个宏。因此在定义宏时，通常都是在函数的定义之外，即保证可以全局调用它。

EEPROM_DATA 宏将定义一个名为 eeprom_data 的块，并将数据放在这个块中。通常情况下，链接器的选项将决定该块的定位。

在程序运行期间，EEPROM_DATA 宏不能将数据写入 EEPROM 区域。但 EEPROM_READ()，EEPROM_WRITE()宏以及其他有相同功能的宏，可以在程序执行期间读和写 EEPROM 中的数据。

4.2.5　运行时在线存取 EEPROM 和 Flash

为了使用方便，定义了 EEPROM 宏和 Flash 存储器宏，如果芯片中含有片内 EEPROM 和 Flash 存储器，就可以使用这两个宏。这两个宏的预定义方式如下。

在 EEPROM 存储器中写一个字节长度的值：

```
EEPROM_WRITE (address,value);
```

从 EEPROM 存储器地址中读一个字节的数据并且赋给变量：

```
variable=EEPROM_READ(address);
```

为了使用方便，用 EEPROM_SIZE 宏预定义片内 EEPROM 可利用空间的总数。

在 Flash 存储器中写一个字节长度的值：

```
FLASH_WRITE (address,value);
```

从 Flash 存储器地址中读一个字节的数据并将它存到一个变量中：

```
variable=FLASH_READ(address);
```

4.2.6 位指令

只要可能,PICC18将尽可能地使用PIC18的位指令。例如,在整型量范围内使用位操作或位屏蔽改变一个位时,编译器将检测屏蔽的值来决定一条位指令是否可以实现同样的功能。

```
Int   foo;
foo | = 0x40;
```

将生成指令

```
bsf _foo,6
```

要在整型量范围内配置或清除个别的位需要用到以下的宏:

```
#define bitset(var,bitno) ((var) | = 1 << (bitno))
#define bitclr(var,bitno) ((var) & = ~(1 << (bitno)))
```

要执行与上面相同的操作,位配置宏可以进行如下配置:

```
bitset(foo,6);
```

4.2.7 多字节的SFR寄存器组

PIC18中将相关联的SFR放在一起组成一个多字节组,例如:TMRxH和TMRxL寄存器一起构成16位定时器计数值。在不同的操作模式下,要正确读取寄存器的值,硬件的配置方式也不一样。例如:要正确地读取定时器的计数值(16位字),就必须在读TMRxH寄存器之前先读取TMRxL寄存器的值。

虽然可以定义非字符型(non-char)变量来映射这些寄存器,但是,如果PICC18读取的是一个多字节目标对象,则表达式中变量的内容就决定了读取字节的顺序,例如:首先读最高符号字节,而后读其次的字节。所以建议使用SFR char定义,SFR char定义放在芯片的头文件中,这样使每个SFR能够根据编程代码要求的顺序直接存取,较大地增加了编程的灵活性。

以下代码将一个2字节的寄存器值赋给一个无符号变量i。

```
i = TMR0L;
i + = TMR0H<<8;
```

4.3 文 件

4.3.1 源程序文件

源程序文件的扩展名很重要,因为编译器通过它来判断源程序文件内容。c文件的扩展名为.c,汇编程序文件的扩展名为.as,可重定位目标文件的扩展名为.obj,库文件的扩展名为.lib。编译器对输入文件的处理在2.1.2小节有相关介绍。

4.3.2　输出文件格式

编译器可以生成多种格式的输出文件,常用的PROM编程器和在线仿真器都可以使用这些文件。

在默认配置方式下,PICC18生成的输出文件的格式为Bytecraft COD和IntelHEX十六进制,如果未指定输出文件名,PICC18将生成的文件名与源程序文件中的第一个文件的文件名相同,或与目标文件名相同,但扩展名不同。PICC18生成的输出文件可以为表4.3列出的任何一种格式,其中文件类型栏列出了输出文件的扩展名。

表4.3　输出文件格式

格式名	描　述	PICC选项	文件类型
Motorola十六进制	S1/S9型十六进制文件	-MOT	.hex
Intel十六进制	Intel格式十六进制记录(默认)	-INTEL	.hex
二进制	简单二进制类型	-BIN	.bin
UBROF	通用二进制重定位格式	-UBROF	.ubr
Tektronix十六进制	Tektronix格式十六进制记录	-TEK	.hex
American Automation十六进制	用于美式自动仿真器的带符号的十六进制格式	-AAHEX	.hex
Bytecraft. COD	Bytecraft code format (默认)	n/a(默认)	.cod
Library	HI-TECH库文件	n/a	.lib

编译器除了可以生成上述格式的输出文件外,选择-O选项还可以生成二进制或UBROF格式的输出文件。如果使用了-O选项指定输出文件扩展名为.bin类型,例如-Otest.bin,则PICC18将生成一个二进制文件。同样,如果需要生成一个UBROF格式的文件,可以使用-O选项指定输出文件扩展名为.ubr类型,例如-Otest.ubr。

4.3.3　符号文件

PICC18的-G选项告知编译器生成一个符号文件,调试器和仿真器在对源级代码作调试时将会用到这个文件,在对符号文件作调试时也会用到这个文件,这个符号文件中既包含汇编程序级的相关信息,也包含C语言源程序级的相关信息。如果未指定输出符号文件的文件名,在默认情况下将生成一个文件名为file.sym的文件,其中的file就是源程序文件中第一个文件的文件名。例如,要生成一个包含C语言源程序级信息的符号文件,其文件名为test.sym,可以使用如下命令:

```
PICC18 -18C252 - Gtest.sym test.c init.c
```

如果需要对每个已编译的模块生成一个符号文件,也可以选择这个选项,与每个模块对应的符号文件为.sdb类型,它们不包含绝对地址值,文件名和已编译的模块名相同。例如,执行上述命令后将生成两个符号文件,名字分别为 test.sdb 和 init.sdb。

4.3.4 标准库

PICC18 有许多标准库,每一个库都包含了一系列库函数,这些库函数在相关章节中作详细介绍。

图 4.1 说明了标准库的命名规则,下面将解释命名规则中每一个程序块的含义:

- "处理器类型"总是设为 pic。
- 对 PIC18 系列单片机,"处理器范围"项配置为 8。
- "配置"这一项的配置为一个数字,如果位 0 的值为 1,则程序空间的宽度为 24 位,否则就将该位的值配置为 0;如果位 1 的值为 0,则表明程序中不能使用 LFSR 指令,为 1 则表示可以使用这个指令。
- "存储器类型"项可以配置为 l 或 s。如果选择 l,则表示大模式方式;如果选择 s,则表示小模式方式。
- "双精度"值项配置可以为"-"或 d。选择"-",表明双精度值为 24 位;而 d 表明双精度值为 32 位。
- "库类型"项可以配置为 c,l 和 f。如果选择 c,则表示选择的库为标准库;如果选择 l,则表示选择的库中只包含与 printf 相关的函数,这些函数支持对长整型数的处理;如果选择 f,则表示选择的库中只包含与 printf 相关的函数,这些函数支持对长整型数和浮点型数的处理。

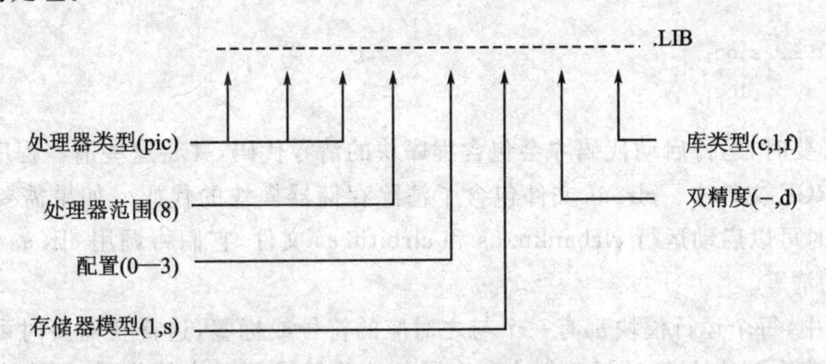

图 4.1 PICC18 标准库命名原则

printf()函数的局限性 在使用库函数的 printf()函数时有许多限制。该函数的详细信息参见相关章节。

4.3.5 外围模块库

外围模块库为标准库的附加集合，PICC18自动包含一个外围模块的附加集合，包含在附加集合中的函数与硬件和器件的特殊功能寄存器相关，例如：访问EEPROM存储器。

PICC18外围模块库命名为pic8x—p.lib，其中x是一个十六进制数，表示每个库用到的勘误表与外围模块相关的值。

4.3.6 运行启动模块

C语言程序在执行前将对一些目标文件进行初始化，并且要求处理器处于一种特定的状态，这些工作都是由运行启动代码来完成。因为在执行C语言程序之前先要执行这些代码，所以这些代码必须用汇编评议编写。处理器在复位之后会立刻执行运行启动代码，实际上，这些代码是由位于复位矢量地址的上电程序调用的（下面将说明上电程序）。对于PIC18单片机，运行启动代码的基本工作就是对未初始化的变量清零，对已初始化的变量赋值。

如果在定义变量时未对其初始化，同时它们也不是自动变量，则运行启动代码将对这些变量清零或赋0值，相当于将这些目标文件都已经放置在bss，rbss或rbit程序块中。因为这些程序块在存储器中是连续放置的，运行启动代码将在存储器中为每个程序块配置一个空间。在下面的例子中，因为loc为一个自动目标，所以除loc以外的所有变量都由启动代码清零。loc的初始值是未知的。

```
int        i;
near int   ni;
bit        b;
void main(void)
{
    static int sloc;
    int        loc;
```

只有在必要时，运行启动代码才会包含程序块的清零代码，并将这些清零程序块放在指定目录的SOURCE文件中。clr.as文件包含了清除存储器模块的代码。如果需要对程序块清零，在初始化时可以启动运行clrbankn.as和clrbitn.as文件，它们将调用clr.as文件，从而完成对程序块的清零。

在pic18中，每个运行模块都有一个与之对应的符号或标签，这样在需要时可以很方便地链接这些运行模块。如果在项目文件中包含了与这些符号相对应的代码，那么在项目文件中就可以不包括标准库中的一些程序代码（启动时清除或拷贝数据的程序）。

例如，某程序块代码的功能能对bit变量清零，并作为一个模块包含在用户的项目文件中。如果要取代这段代码，可以定义一个与该模块对应的符号标签，假设其名为clear_bit，这个符号标签应放在清零模块的入口。如果在项目文件中定义了一个与之完全相同的符号标签，那么在用户的项目文件中将没有与 bit 变量相关的清零代码。在本例中不需要编写任何与符号标签相关的代码。

如果有些变量不允许运行代码修改，可以将它们配置为 persistent，这样不需要修改任何运行代码。

运行启动代码的另一个功能就是在初始化时为那些已定义的变量赋值，这个过程相当于将存储于 ROM 中的变量初始值整体拷贝到 RAM 存储器的指定区域，这样有利于目标文件的生成。只有在需要时运行启动代码才会包含具有复制功能的代码。在下例中：

```
int i           i = 7;
near1 int       ni = 6;
bit             b;
void main(void)
{
   static int   sloc = 5;
   int          loc = 7;
...
```

运行启动代码将初始化变量 i，ni 和 sloc。但不能初始化位目标对象和那些已经初始化了的变量，这些变量由定义它们的函数指定初始值。

汇编代码定义的所有目标对象（标志符为 DS，DB 或 DW，存储在存储器的指定区域），在启动时就会清零或初始化，只需将它们放置在编译器生成的、用于保存 C 变量的模块中，如 bss，rbss，data 或 rbit 等。

运行启动代码如果引用_main 函数，则它跳转到主函数 main()。应注意，在函数名称之前有一个下划线“_”，表示执行的是程序的跳转而非一个调用，与之对应的一级堆栈其保存的也应是与程序跳转相关的信息。函数 main()是由 C 语言定义的主程序。

运行启动代码由一个经过编译的标准模块 picrt800. obj 提供，该模块位于 LIB 库目录中。

用于生成运行启动代码的模块称作 picrt18x. as，它位于指定目录的 SOURCE 文件夹中。如果在命令中选择了-NORT 选项，则文件中将不包含这个模块。用户可以定义这个模块，并用其替换系统默认的模块。

除了这个模块之外，上面提到的复制数据或存储器清除操作的模块也是必需的。这些程序不是通过程序名调用的，而是在需要时通过注释指示链接到 picrt18x. as 的一个位置。

上电程序

通常都是在初始化时对系统进行配置，初始化过程为系统复位后的前几个执行周期。通常都不会修改实时启动代码来实现系统的初始化，而是通过上电程序的复位矢量实现系统的初始化。复位矢量是用户编写的汇编模块，复位后系统将立即执行这个模块，它可以嵌入在 C

模块中。在 powerup.as 文件中包含了一个伪的上电程序，该文件可以复制、修改，并包含在项目文件中，以代替默认的上电程序。

在编写上电程序时通常都有如下假定：上电程序不占用 RAM 存储器，在完成测试和使能后，它只占系统资源。以下代码为标准库函数里的默认上电程序。

```
#include"sfr.h"
        globalpowerup,start
        psectpowerup,class = CODE,delta = 1
powerup:
        gotostart
        end powerup
```

上电程序中包含汇编程序的头文件 sfr.h，这样就可以引用与 PIC 相关的寄存器，但如果要引用寄存器的话，就需要选择命令中的-p 选项。

通常使用的上电程序相对较小，因此其链接地址值小于中断矢量的地址值。但是，如果上电程序较大的话，则中断矢量和上电程序间将可能交互干扰。为了避免与中断矢量的冲突，上电程序可以跳出这个区域，转到另外一个函数上，然后跳到 start。举例如下：

```
        lobal powerup,start,big_powerup
        psectpowerup,class = CODE,delta = 1
Powerup:
        gotobig_powerup
        PSECT big_powerup,class = CODE,delta = 1
big_powerup
        ;powerup code…
        gotostart
```

在上例中，如果用户没有选择链接器选项，则 big_powerup 程序块将放置在内存中的一个特定区域，这个区域是专门为 CODE 分配的。

4.4　支持的数据类型和变量

PICC18 支持 1,2,4 字节的基本数据类型。所有的多字节类型都要遵守最低有效位存储在前的格式。因此，单字长的值的最低有效字节放在低的地址中，高有效字节放在高地址中；双字长的最低有效字节和最低有效字放在低地址中。表 4.4 给出了数据类型、其相应长度及算术类型。

表 4.4　数据类型

类　型	长度/位	算术类型
bit	1	布尔型
char	8	有符号或无符号整型数*
unsigned char	8	无符号整型数
short	16	有符号整型数
unsigned short	16	无符号整型数
int	16	有符号整型数
unsigned int	16	无符号整型数
long	32	有符号整型数
unsigned long	32	无符号整型数
float	24	实数
double	24 或 32**	实数

*　char 类型的默认类型为无符号型，但如果 PICC18 使用-SIGNED_CHAR 选项，它就为有符号型。

**　double 类型的默认值为 24 位，但如果 PICC18 使用-D32 选项，它就为 32 位。

4.4.1　数制及常量

在定义整型常量时需要指定它们的数制。PICC18 支持 ANSI 标准数制的符号，也支持用 C 代码方式指定二进制数。用于指定数制的格式见表 4.5。用来表示二进制或十六进制数制的字母不区分大小写，表示十六进制数字的字母也不区分大小写。

表 4.5　数制格式

数　制	格　式	例　子
二进制数	0b 数字或 0B 数字	0b10011010
八进制数	0 数字	0763
十进制数	数字	129
十六进制数	0x 数字或 0X 数字	0x2F

每一个整型常量都有一个类型，这个类型就决定了与其对应的、不会溢出的范围。如果一个常量的后缀为 l 或 L，则表明该常量是一个有符号或无符号的长整型数；如果后缀为 u 或 U，则表明该常量是一个无符号整型数。如果同时使用了 l(或 L)和 u(或 U)，则表明该常量是一个无符号的长整型数。

通常情况下浮点型常量都为双精度数，但如果其后缀为 f 或 F，则为浮点型常量。如果后缀为l或L,则指定的数为长双精度数。在PICC18中,长双精度数与双精度数为同一种类型。

字符型常量要用单引号,例如'a'为字符型常量。字符型常量为char型。PICC18不支持多字节的字符常量。

字符串常量或字符串文字要用双引号,例如"hello world"。字符串常量类型为const char*,存放在ROM中。如果将字符串常量赋值给一个非常量字符指针,编译器发出一个警告。例如:

```
char * cp              = "one";    //"one"在ROM中,生成警告
const char * ccp       = "tow";    //"tow"在ROM中
char ca[]              = "tow";    //"tow"与上述不同
```

用一个字符串来初始化一个非常量数组,如上例中的最后一种情况,那么在RAM中生成一个数组,这个数组的初始值就是字符串"tow"(从ROM复制)。反之,如果在程序的其他地方用一个字符串常量来表示一个未命名的、合法的常量数组,则可以直接在ROM中访问这个字符串。

如果字符串的字符顺序完全相同,则PICC18将这些字符串放在相同的存储区域,使用相同的标志,但用来初始化RAM中数组的字符串例外,如上例中的最后一种情况。

两个相邻的字符串常量(即两个字符串之间仅由空格键分开)由编译器链接。如下:

```
const char * cp = "hello""world";
```

上述语句的结果是命令指针指向字符串"hello world"。

4.4.2 位变量和位数据类型

PICC18支持对bit位类型的数据操作(bit型数据的值只能为0或1)。使用关键字bit可以定义单个bit型的变量。如果在函数中定义一个bit目标对象,则只有在这个模块或函数中可以看到这个变量,这个变量放在rbir程序块中,此程序块是专门用于放置bit变量的。例如,下面定义了一个bit变量:

```
static bit init_flag;
```

如果在函数外定义了一个bit型变量,如下例所示,则这个变量为全局变量,但它还是位于rbir程序块中:

```
bit init_flag;
```

init_flag为全局变量,但它同样位于rbir程序块中。

bit型变量不能作为参数传送给函数。通常,在原型函数前使用关键字bit可以让函数返回一个位(bit)目标对象。

bit 型变量在很多方面与无符号字符变量一样，但其值只能是 0 或 1，这种类型的变量作为布尔型标志非常有效，它不会占用大量的内部 RAM。指针不能操作 bit 变量或静态初始化 bit 变量，对 bit 型变量的操作须使用单个的位指令，访问 bit 变量的代码非常有效。

注意：如果将一个较大的整型数分配给一个 bit 目标对象，则只有最低位有效。例如，用如下方式对 bit 型变量 bitvar 赋值：

```
int     data = 0x54;
bit     bitvar;
bitvar = data;
```

由于 data 数据的最低有效位为 0，因此 bitvar 变量的值为 0。

如果想根据整型数的值是否为 0(假/真)来决定 bit 型变量的值为 0 或 1，应使用下面的格式：

bitvar=other_var ！=0；

如果一个程序块用于存储 bit 目标对象，则使用 bit 标志来定义这个程序块。8 个位目标对象占用 1 字节的存储空间，可以配置映射文件中的 scale 值为 8 来指定空间。程序块的长度在映射文件中是以位为单位，而不是以字节为单位的。所有 bit 目标对象都以位方式寻址。

在启动时会清零，但不会初始化 bit 程序块。如果要创建一个非 0 的 bit 目标对象，则必须在起始代码中对 bit 目标对象初始化。

如果使用了 PICC18 的-STRICT 标志，则 bit 关键字无效。

位寻址寄存器的使用

位变量可以组合起来用绝对位变量访问其位置。绝对位变量从 0(最低有效位的第一字节)开始向上计数，0 是第一字节的最低有效位。因此字节数为 5 的第 3 位(计数位从 0 开始的第 4 位)，实际绝对位数量为 43(8 位/字节 * 5 字节+3 位)。

例如，要访问 RCON 寄存器中的电源下降检测标志位，RCON 定义为 C 目标对象，其绝对地址是 03h，而定义的位变量的绝对地址是 27：

```
static unsigned char RCON@ 0xFD0;
static near bit PD @ (unsigned)& RCON * 8 + 2;
```

注意：所有标准的寄存器和位都在提供的头文件中定义。需要包含 PIC 寄存器的头文件只有<pic18. h>。编译时，会自动包含与所选择芯片相关的头文件。

4.4.3 8 位整型数据类型和变量

PICC18 支持所有 8 位整型数据的有符号字符型(signed char)和无符号字符型(unsigned

char)字符。如果关键词(signed 或 unsigned)为默认值,则默认的字符型为 unsigned char,但是如果选择了 PICC18 的-SIGNED_CHAR 选项,则其字符类型为 signed char。signed char 是有符号整型字符,有符号字符型表示为2的补码的8位有符号整型数,其范围为−128～+127的整型值。unsigned char 是8位无符号整型字符,其范围为0～255。人们通常认为C语言字符的主要作用是处理 ASCII 码的字符。实际上C语言的字符并不都是 ASCII 码。而 char 字符型占据的空间与最短整型数据占据的空间相同,在其他很多方面也与整型数相同。

字符型变量命名为“char”是有历史原因的,它并不意味着“char”仅仅表示字符型。在C的表达式中,在 char 型变量前可以添加关键词 short,int 和 long。在 PIC18 中,char 类型的变量可用于多种目的:它可以作为8位整型数使用;还可以作为 ASCII 码的字符使用;还可以利用 char 型变量访问 I/O 区域。通常情况下,unsigned char 型变量是 PIC 中最有效的数据类型之一,这种类型的变量可以直接映射为8位字节,而8位字节指令是 PIC 最有效的指令。建议尽可能使用 char 类型,这样可以优化执行速度,缩短代码长度。

可以用关键字 signed char 和 unsigned char 来分别定义字符型变量。如果定义时仅仅使用关键词 char,则默认为 unsigned char;除非已经选择或配置默认值为 signed char。

4.4.4 16位整型数据类型

PICC18 支持4种16位整型数据。int 和 short 是16位补码的有符号整型数据,其范围包括−32768～+32767的整型值。Unsigned int 和 unsigned short 是16位无符号整型数据,其范围包括0～65535的整型值。所有的16位整型值都表现为“小结尾”格式,即在低地址处为最低有效字节。Int 和 short 数据的宽度为16位,这是 ANSI C 整型数据中宽度最小的数据。整型数据的宽度可以选择,以满足 ANSI 标准。如果使用数据宽度更小的数据类型,如8位,将会与C标准不兼容。而 char 类型数据就完全支持8位整型数,最好用它代替 int 类型。

可以由关键字 signed int,unsigned int,short int 和 unsigned short int 定义整型变量。如果在定义时仅使用了关键字 int,则定义的变量为 signed int 型。如果定义的变量为 short,关键字 int 可以省略。如果定义变量时仅使用关键词 short,其形式为 signed short int,如果定义变量时仅使用关键词 unsigned short,其形式为 unsigned short int。

4.4.5 32位整型数据类型和变量

PICC18 支持两种32位整型数。long 是32位补码有符号整型数据,其范围为−2147483648～+2147483647。unsigned long 是32位无符号整型数据,其范围为0～+4294967295的整型值。所有的32位整型值都表现为“小结尾”格式,即在低地址处为最低有效字和最低有效字节。ANSI 的C标准中规定的 long 和 unsigned long 变量宽度最小为32位。

可以用关键字 signed long int 和 unsigned long int 定义相应类型的变量。如果定义时仅使用关键字 long int,则定义的变量类型为 signed long,在定义这类变量时,关键字 int 可以省略。如果将一个变量定义为 long,则该变量为 signed long int;如果将一个变量定义为 unsigned long,则该变量为 unsigned long int。

4.4.6 浮点型和变量

浮点型数据采用 IEEE754 32 位标准和改进的 IEEE754(有截断)24 位标准。

所有单精度的 float 数采用 24 位格式,双精度浮点数的默认格式也是 24 位,但在启动 PICC18 时,有时要求选择-D24 选项。而 32 位格式仅适用于双精度浮点数,如果浮点数要采用 32 位格式,则在启动 PICC18 时,需要选择-D32 选项。Long double 类型的数与 double 类型的数完全相同。

表 4.6 列举了采用这两种格式的浮点数:

数的值为

$$(-1)^{sign} \times 2^{(exponent-127)} \times 1.mantissa$$

- "sign"是符号位;
- "exponent"是一个 8 位的指数,存放的是一个大于 127 的数(例如,指数为 0 时存为 127);
- "mantissa"是尾数,即小数点右边的部分。在小数点左边有一个隐藏位,它的值除了 0 总是 1,在此该隐藏位为 0。0 值表明为 0 指数。

表 4.6 浮点数格式

格 式	符 号	基本指数	尾 数
IEEE 754 32 位	x	xxxx xxxx	xxxx xxxx xxxx xxxx xxxx xxxx
改进 IEEE 754 24 位	x	xxxx xxxx	xxxx xxxx xxxx xxxx

以下是一些 IEEE 754 32 位和改进 IEEE 754 24 位格式的例子。

表 4.7 列举了 32 位的浮点数,对这个浮点数可作如下计算:

符号位为 0;基本指数是 251,所以指数是 251-127=124。拿出尾数部分小数点右边的二进制数,将其转换为十进制,用它除以 2^{23},23 是尾数部分所占的位数,得到 0.302 447 676 659。在该小数前加 1。浮点值就可以得到:

$$(-1)^0 \times 2^{(124)} \times 1.302\,447\,676\,659 = 1 \times 2.126\,764\,793\,256e+37 \times 1.302\,447\,676\,659 \approx 2.770\,00e+37$$

表 4.7　IEEE 754 32 位和 24 位例子

格　式	数	基本指数	1. 尾数	十进制数
IEEE 754 32 位	7DA6B69Bh	11111011b (251)	1.01001101011011010011011b (1.302447676659)	2.77000e+37
改进 IEEE 754 24 位	42123Ah	10000100b (132)	1.001001000111010b (1.142395019531)	36.557

注：表中尾数栏的最高有效位(小数点左边的位)为隐藏位，除非指数为 0，否则它的值总是为 1，当指数为 0 时，它的值也为 0。

使用关键字 float 和 double 可以定义浮点型变量。浮点型数都是有符号的，在定义一个浮点型变量时用关键字 unsigned 是不合法的。long double 类型的数与 double 类型数完全一样。

4.4.7　结构与联合

PICC18 支持 1 字节以上任意长度的结构和联合类型。结构和联合中的成员在存储器中偏移地址不同。结构和联合中的成员可能不是 bit 类型目标对象，但它们可以是 bit 类型的目标对象。

结构和联合可以作为函数变量和返回值指定在函数间传递的途径，也可以定义指向结构和联合的指针。

1. 结构中的 bit 域

PICC18 完全支持结构中的 bit 域。

bit 域总是存储在一个 8 位字宽的单元中，其第一位为字的最低有效位。在定义一个 bit 域时，如果当前地址中有适合的 8 位宽单元，则分配到这个单元中；否则将分配一个新的 8 位字宽的单元。bit 域决不会跨字节单元。例如，定义：

```
struct {
    unsigned    lo : 1;
    unsigned    dummy : 6;
    unsigned    hi : 1;
} foo;
```

这时将生成一个结构，这个结构将占用一个字节。如果结构 foo 链接到地址 10H，则 lo 将为 10H 的第 0 位，hi 将为 10H 的第 7 位。dummy 的最低有效位将为 10H 的第 1 位，最高有效位将为 10H 的第 6 位。

如果在定义的结构中有未命名的 bit 域，就会占据更多的控制寄存器空间，而这些空间并没有使用。例如，未用结构中的成员 dummy，则以上结构可以采用如下定义方式：

```
struct {
    unsigned    lo : 1;
    unsigned      : 6;
    unsigned    hi : 1;
} foo;
```

如果在结构中定义了一个 bit 域，并且要为这个 bit 域指定绝对地址值，则不会为这个结构分配单元。如果想更方便地访问寄存器中的任一位，则需要将结构映射到寄存器，这时就可以为结构指定绝对地址值。

对于成员变量中有 bit 域的结构，也可以对其初始化，其初始值用逗号隔开，例如：

```
struct {
        unsigned    lo : 1;
        unsigned    mid : 6;
        unsigned    hi : 1;
        } foo = {1,8,0};
```

2. 结构与联合的限定词

在使用结构时，PICC18 支持使用限定词。如果一个结构前使用了限定词，则其所有成员会受到与限定词相对应的限定。下面的结构就使用了限定词 const。

```
const struct {
       int number;
       int * ptr;
} record = {0x55,&i};
```

在这种情况下，结构存储在 ROM 中，并且其每个成员都是只读的。如果要在结构前使用限定词 const，则必须对每个成员初始化。

如果分别对结构的成员使用限定词 const，而结构本身不使用这个限定词，这个结构将被放置在 RAM 中，但只有其成员是只读的。将下面的例子与上面的比较一下：

```
struct {
       const int number;
       int * const ptr;
} record = {0x55,&i};
```

4.4.8　标准类型的限定词

如何使用一个目标对象，以及目标对象的存储类型和存储格式等相关信息，都应由类型限定词提供，PICC18 支持使用 ANSI 所有的限定词，同时 PICC18 还支持其他一些专用的限定词，这些限定词有利于嵌入式应用程序的开发，并充分发挥了 PIC18 的结构优势。

Const 和 Volatile 类型的限定词

PICC18 支持使用 ANSI 的限定词 const 和 volatile。

如果使用了限定词 const,则告知编译器目标对象的值为常量,不能修改它。如果要修改这个目标对象的值,编译器将给出警告。用户定义为常量的目标对象存放在 ROM 程序块中的一个特殊位置。显然,在定义常量目标对象时必须对其初始化,因为在程序的其他地方都不能对这个目标对象赋值。例如:

```
const int  version = 3;
```

volatile 类型限定词用来告知编译器:即使连续 2 次访问这个目标对象也不能保证得到相同的结果,即这个目标对象的值可能发生了变化。利用这个关键词能够防止优化器删除被认为是多余的对目标对象的引用(这个目标对象通常使用了关键词 volatile)。如果删除这些目标对象的引用,将可能改变程序的运行流程,因此所有的输入/输出端口和可以通过中断程序改变的变量都应该定义为 volatile 类型,例如:

```
volatile static near unsigned char PORTA @ 0xF80;
```

访问 volatile 目标对象与访问非 volatile 目标对象的方式不同。例如,要对一个非 volatile 目标对象赋 1 的话,其过程为:首先清零目标对象,然后再给目标对象增 1。但如果对 volatile 目标对象作同样的操作,其过程为:首先将 1 装载到 W 寄存器中,然后把它存储到适当的位置。

4.4.9 特殊类型的限定词

PICC18 支持特殊类型的限定词,persistent 和 near 允许用户将 static 型变量和 extern 型变量放置到指定的地址空间。如果使用 PICC 的-STRICT 选项,这些类型的限定词就变为__persistent,__near 和__far。这种类型的限定词也可用于指针。但这种类型的限定词不能用于 auto 类型的变量;如果要用于一个函数的局部变量,就必须和 static 关键字组合。例如,不能写:

```
void test(void)
{
    persistent int intvar;    /* 错误! */
    … 其他代码…
}
```

因为 intvar 属于 auto 类型。要定义 intvar 为函数 test()的一个 persistent 局部变量,应该为:

```
static persistent int intvar;
```

PICC18 也支持关键字 bank1,bank2 和 bank3,这些关键字已经包含到 PICC18 中。但它们不影响对目标对象的存取和访问方式。然而，如果使用PIC的C语言编译器，这些关键字将影响目标对象的存取方式。关于这方面的信息可查看PIC的C语言手册。

(1) persistent类型限定词

默认情况下，没有初始化的C变量在启动时都清零，这符合C语言的定义规则。但是有时也希望一些数据在复位甚至掉电后再上电的情况下也不消失。

persistent类型限定词可以用来指定在启动时不清零的变量。另外，persistent类型变量与其他类型的变量存放在存储器的不同区域。Persistent类型变量存放在非易失的程序区。如果一个persistent目标对象也同时使用了关键词near，则这个目标对象放在nvrram程序区中，而Persistent bit目标对象放在nvbit程序区中。其他的所有persistent目标对象放在nvram程序块中。

函数库中有检测和初始化persistent类型数的例程实例。

(2) Near类型限定词

near类型限定词将一个static类型的变量放置在PIC18可访问的bank存储区中。Near目标对象的地址为8位，可访问的bank总是处于可以访问状态而与当前选中的RAM存储单元无关，所以访问near类型变量要比访问其他类型的变量快，产生的代码长度也较短。下面的例子就是将一个unsigned char类型的变量放在bank中：

```
static near unsigned char fred;
```

(3) Far类型限定词

Far类型限定词将一个static类型的变量放置在有PIC18支持的外部附加存储器的外部存储空间。这些变量的寻址效率低于对内部变量的寻址效率，Far变量更大的寻址空间解决更大的程序代码的问题。

以下是一个将unsigned char变量放在器件的外部存储空间的例子：

```
far  unsigned int  farvar;
```

注意：_XDATA选项强制指定地址范围到far变量的区域，同样，考虑到如果一个外部存储空间使用的地址大于FFFFh(大多数情况是这样)，则需要命令行选项_CP24正确地寻址这些变量。

4.4.10　bdata类型限定词

在编译时使用小内存模式，bdata类型限定词才会起作用。如果采用这种模式，则所有的static和extern变量都放在bank中，且这个限定词指定了将目标对象放在数据存储区中，而不放在bank中。但是如果采用大模式编译方式，则目标对象的特性和没有使用这个限定词相同。当内存单元发生少量数据溢出时，又希望目标对象返回到存储单元，防止其转换为大内存模式，这时使用这些限定词是很有用的。

4.4.11　指　针

PICC18支持2种基本指针类型：数据指针和函数指针。数据指针指向程序读/写数据的地址值；函数指针指向由指针间接调用的执行程序的地址值。RAM数据指针仅能访问PIC18中的数据空间(RAM)，但const和far类型的指针能访问数据空间与程序空间(通常为ROM)。

1. RAM指针

在PIC18器件中除了指向near目标对象的指针外(这类指针为8位宽)，其他所有的RAM数据指针都是16位宽。例如：RAM指针char * cp;宽度为16位，能访问所有的RAM单元。而Near指针宽度为8位，只能够访问bank中的RAM区域。换句话说，作为Near限定后，任何变量的其他限定均无效。bank的区域大小会随芯片的不同而改变。由于bank的区域较小，使用near指针后的程序代码长度会变小。如果一个指针仅能存取定义为near型的变量，则这个指针应该等同于near指针。RAM指针的操作不受-CP24/-CP16选项的影响，但受存储器模式的影响。

2. 常量指针与远指针

const指针和far指针的宽度既可以是16位，也可以是24位。在命令行中选择-CP24或-CP16选项可以决定指针的宽度。在一个项目程序中，所有模块都必须使用同一种宽度的指针。

如果使用far指针，则可以进行写操作，但const指针不能完成写操作，除此之外，far指针和const指针是相同的。const类型指针不能进行写操作，就像对一个目标对象加上const限定词后，该目标对象的特性为只读特性。

16位宽的const指针和far指针能访问所有的RAM单元和大部分的程序空间。在运行中如果要释放指针，则要检查指针的内容。寻址RAM地址上界以外的程序空间使用表读和表写指令；RAM上界地址以下的空间为数据空间，使用一个const类型的指针访问RAM范围内的数据，不会因为指针不同而使RAM的位置发生改变。

如果链接器使用默认配置值，则它将const类型的数据放在数据空间的上界地址之上，这样在指针释放后能访问对应的存储空间。

如果选择的目标芯片的程序空间大于64 KB，则16位宽的指针的寻址范围为64 KB。如果所有的程序都只占据程序空间的低64 KB，则还是可以用16位的const指针和far指针。如果可能，尽量使用宽度较小的指针，因为它会占用较小的RAM空间，同时产生的代码长度也较短。

24位宽的const指针和far指针能访问所有的RAM单元和程序空间。如果在运行中释放指针，则要检查该指针的内容。如果置位地址中的第21位，则其指定地址为RAM中的地址，同时忽略地址中的第21位值。如果清零地址中的第21位，则目标对象的地址在程序空间，且只能通过表读和表写指令来访问这个目标对象，同样，const指针不能用于写操作。当释放一个24位的指针时，可能覆盖TBLPTRU寄存器中的第21位，这位作为访问PIC18配置区域的使能位。如果用汇编程序代码上载表指针，则在执行表读和表写指令前，不要配置第21位的状态。

3. 函数指针

函数指针可以间接地调用程序空间中的函数和程序。指针宽度可以为16或24位，通过选择命令行的-CP24/-CP16选项来控制指针宽度。如果选择16位宽的指针，则该指针只能间接访问低的64 KB的函数和程序；24位函数指针可以间接地调用任何程序，但它生成的代码较多，同时还将占用较大的RAM空间。-CP16选项只影响函数指针的宽度而不影响函数的代码，也就是说，如果选择了-CP16选项但采用直接方式调用(也就是通过其名字调用而不是经过指针调用)，则-CP16选项不起作用。因此即使选择了-CP16选项也可以直接调用RAM中的任何函数，但程序空间的低64 KB单元函数只能通过间接调用。不管是否选择了选项，在映射文件中所有代码标签的地址总是以完整字节的方式表示。

4. 类型限定词与指针的复合

在C语言中，任何目标对象都可以加限定词，同样任何指针也可以加限定词。但是，需要注意的是与指针相关的两个量，第一个量是指针本身，它就像C语言的其他变量一样需要在存储器中分配空间。第二个量是指针所指的目标对象。指针定义的一般形式为：

"object's type & qualifiers" * "pointer's qualifiers""pointer's name";

用下面三个例子来说明指针的定义：

```
near int * nip;
int * near inp;
near int * near ninp;
```

第一个例子定义的指针名为nip，指针的内容为一个带限定词near的int目标对象的地址。如前所示，near目标对象存放在bank中，其指针的宽度为8位，这个指针本身放在存储区的主单元中。第二个例子定义的指针名为inp，它的内容是一个整型目标对象的地址。因为这个指针指向的目标对象不是near类型的，因此需要16位宽的指针来访问其目标对象的位置。关键字near后的"*"表明这个指针是near类型的，所以这个指针(16位宽)的值放在bank中，但指针指向地址的目标对象放在存储区的主要单元中。最后一个例子定义的指针名叫ninp，是near类型，所指向的目标对象也是near类型。在这个例子中，指针和指针指向的目标对象都在bank中。指针宽度为8位。给指针加限定词的规则为：如果限定词在指针定义中"*"的左边，则它定义的是指针所指向地址的目标对象；如果限定词在"*"的右边，则它定义的是指针变量自身。

用与上面相同的方法可以为指针或指针所指目标对象加限定词 const,volatile,far 和 persistent。在 PICC18 中,定义指针时可以与关键字 bank1,bank2 和 bank3 相结合,定义方法与上述方法相同。如果采用间接访问方式,这些关键词不起作用。在 PICC 中,如果定义指针时用到这些关键字,它们将影响指针的释放过程,具体内容参见 PICC 手册。

4.5 存储器分类与目标对象的布置

目标对象存放的存储区域与目标对象的存储器类型有关。下面将说明这个问题。

4.5.1 局部变量

局部变量的有效范围为定义这个变量的区域,也就是说,这个变量仅在此区域中才能引用。C 语言支持两种局部变量:自动变量和静态变量。自动变量通常分布在函数的自动变量区;静态变量则有一个固定的存储单元且该变量值永久有效。

1. 自动变量

在默认情况下,局部变量的类型都为 auto 型(自动变量,下同)。除非明确地说明一个局部变量为静态变量 static,否则这个变量将是 auto 变量。如果需要的话,也可以使用关键字 auto。自动变量保存在自动变量区,并通过函数变量区起始地址加上偏移量来引用。变量并不是按照定义的顺序来分配存储单元。值得注意的是,由于自动变量的存储单元是不固定的,所以除 const 和 volatile 外,大多数限定词都不能用于自动变量。

由于所有的 auto 变量都存储在 RAM 的同一个存储单元中,因此所有函数的 auto 变量都将使用这个存储单元,从而使得函数的自动变量所占的区域将不能大于一个单元,即不能超过 100H 字节的单元区。

如果不可能同时调用几个函数,则链接器将采用覆盖的方式来链接这些函数的自动变量区。

可以用一个符号来引用 auto 目标对象,这个符号由"?",a_function 和一个偏移量构成。function 为定义目标对象的函数名。例如,设一个 int 目标对象为 test,它是 main()函数在自动变量区中的第 1 个局部目标对象,则可以通过地址"? a_main"和"? a_main+1"来访问它,因为一个 int 目标对象的长度为 2 字节。另外还可以利用 PIC18 的存储组指令来访问自动变量。如果使用存储组指令访问自动变量,则可以选择 movlb 指令,这样就能保证选择的区域就是自动变量的存储区,然后再使用适当的指令就能访问这个区域中的任何地方。最重要的是,8 位地址就能够访问选择区域的任何地方。

2. 静态变量

未初始化的 static 变量将可能存储在 bbs,rbss 或 bigbss 程序块中。在 static 变量前加了限定词 near，则目标对象将存储在 rbss 程序块中；如果目标对象所占的空间大于一个存储区，这时目标对象存放在 bigbss 程序块中；在其他情况下，static 变量存放在 bss 程序块中。static 变量在存储器中占用一个固定单元，它不会被覆盖。static 变量为局部变量，但其他函数可以通过指针来访问它，因为这种变量的值一直保存着。如果不通过指针修改静态变量的值，则在函数调用过程中这个变量的值将不会发生变化。PIC18 的结构不会对 static 变量增加任何限制。

在程序执行期间对 static 变量只进行一次初始化，这一点要比 auto 目标对象好，因为在每次执行 auto 目标对象时都要对其赋一个值。

4.5.2 绝对变量

可以为一个全局变量或静态变量指定一个绝对地址值，它只需要采用“@地址”的结构形式即可，这种变量叫绝对变量。例如：

```
volatile unsigned char  Portvar @ 0x06;
```

此语句将定义一个叫 Portvar 的变量，它的地址值为 06h。注意，对于上述语句，编译器并不作任何保存，仅仅把变量放到指定的地址中，编译器生成的汇编程序将包含如下行：

```
_Portvar  EQU  06h
```

注意：编译器和链接器不会检查其他任何类型变量是否占用绝对变量地址值，因此，编程者一定要保证分配给绝对变量的地址不能用于其他目的。

采用上述方式的主要目的是使一个 C 标志符的地址与微处理器寄存器的地址相等。有时用户在定义一个变量的同时需要指定这个变量的绝对地址值，通常的作法是：首先把这个变量定义在单独的程序块中，然后通知链接器将该程序块放在需要的位置。相关信息请参见有关章节。

绝对变量的地址由代码器提供，而不是链接器，这就意味着在映像文件中没有目标对象的名称，同时链接器也不会生成符号信息。

4.5.3 程序空间的目标对象

const 目标对象一般放在程序空间中。在 PICC18 中，程序空间的宽度以字节为单位，每个字节存储一个字符。PIC18 采用表读取指令来读取字符的值。所有 const 数据目标对象和字符串都放在 const 块中。Const 块位于 RAM 地址的上限之外，而 RAM 和 const 指针就是根据这个地址来决定访问 RAM 还是 ROM，可参看第 4.4.11 小节。

4.6 函 数

4.6.1 函数变量的传递

函数变量的传递方法与函数的变量数和变量的字节数有关。如果变量只有1字节，则能传递到W寄存器中；如果只有一个变量，且其字节数大于1，则此变量只能传递到一个变量区域，这个区域是专门用于函数调用的；如果有几个变量，则这些变量也传递到上述变量区域；如果一个函数有多个变量，但其第一个变量是1字节变量，则第一个变量传递到W寄存器中，其余变量传递到变量区域。使用符号“？_function”和一个偏移量就可以引用上述变量区域，function为相关函数的名称。

如果要定义一系列的变量，且变量数不确定（用省略号“…”表示），则调用函数将建立一个变量列表，并且通过一个指针指向btemp中变量列表的变量。btemp是临时程序块的起始标号（临时程序块用于存储临时数据）。以下以ANSIC函数为例：

```
void test(char a,int b)
{
}
```

函数test()将接收两个变量，变量b存储在变量区域中，变量a存储在W寄存器中。函数调用：

```
test('a',8)
```

将生成与下列代码相似的代码：

```
movlw 08h
movff wreg,? _test
movlw 0h
movff wreg,? _test + 1
movlw 061h
call (_test)
```

在这个例子中，保存参数b在存储器的特定区域，此区域可通过如下符号访问：“？_test”和“？_test＋1”。

如果需要准确地确定调用函数的入口与出口以及函数调用的代码，例如，在写汇编程序代码时，一个有效的方法就是用C语言编写一个哑函数。这个哑函数要调用的变量与汇编函数调用的变量相同，同时在编译汇编代码时选择PICC18-S选项，这样就可以得到用户编写的汇编代码。

4.6.2 函数返回值

函数的返回值传递到下述调用函数。

1. 8位返回值

如果一个函数的返回值为8位，则这个值将存储在W寄存器中。如下函数：

```
char return_8(void)
{
return 0;
}
```

它的出口代码为：

```
movlw 0
return
```

2. 16位和32位返回值

如果一个函数的返回值为16位或32位，则该值将存储到临时存储区，以最低有效字存储在存储器地址值较小的位置。如下函数：

```
int return_16(void)
{
return 0x1234;
}
```

它的出口代码为：

```
movlw 34h
movwf btemp
movlw 12h
movwf btemp + 1
return
```

3. 结构返回值

如果一个函数的返回值为一个结构和联合（struct 和 union），且结构的字节数不大于4，则这个返回值将存储在临时存储器（这种情况与16位或32位返回值的情况相同）；如果结构的字节数大于4，则这个返回值拷贝到结构程序块（struct psect）中。用库函数 structcopy 来拷贝数据，其中函数变量 FSR0 为源地址，FSR1 为目标地址，W 为返回结构数据的字节数。例如：

```
struct fred
{
    int ace[4];
}
struct fred return_struct(void)
{
    struct fred wow;
    return wow;
}
```

它的退出代码为：

```
movlw    low(? a_func + 0)
movwf    fsr01
movlw    high(? a_func + 0)
movwf    fsr0h
movlw    structret
movwf    fsr1l
clrf     fsr1h
movlw    24
global   structcopy
call     structcopy
```


4.6.3 存储器模式和用法

一般情况是直到链接时才会分配变量的绝对地址，编译器几乎不会分配存储器的空间，除了在定义变量时使用“@ address”指定变量的地址。

存储器的使用总是基于 chipinfo 文件中的相关信息（在默认情况下 chipinfo 在 LIB 目录中的 picin18. ini 文件中），链接器自动地将代码和 const 数据存放到相关的存储器页中，并确保代码和 const 数据存放的程序块不超过存储器单元的边界。为了提高编译器的编译效率，编译器生成和使用的临时变量放在 bank 中。

在 PIC18 中，存储器的模式有两种：小存储器模式和大存储器模式。默认的存储器模式为大存储器模式，可以选择命令行中的-Bx 选项来控制存储器的模式。

在大存储器模式中，所有带限定词 near 的目标对象放在 bank 中的 near 程序块（即 rbss，rdata）中。由于这种目标对象所生成的代码比其他目标对象生成的代码少，因此访问这类目标对象的效率更高。而其他目标对象都存储在 PIC18 的存储单元中，其存储方式如下所述。编译器将为每个模块分配一个存储器单元，如果目标对象为已初始化了的全局变量、static 局部变量，则这种目标对象放在 data psect 中；如果目标对象为未初始化的全局变量、static 局部变量，则这种目标对象放在bss psect中。如果一个目标对象占用的空间大于一个单元（例如数组），则这个目标对象放在专门的一个区域（big程序块中的一个区域），这个区域的边界是可以变化的，以满足目标对象的要求。单字节目标对象也可以放在big程序块中的一个区域中（“big”指的是程序块的空间较大，而不是目标对象占用的空间较大）。如果可能，链接器用覆盖的方式将所有函数的auto变量和参数变量放置在RAM的单元中。

在小存储器模式中，所有带限定词near的目标对象放在bank中的near程序块中（例如rbss，rdata），这一点与大存储器模式相同。如果目标对象为全局变量和局部static变量，无论其是否初始化，都放在bank中，单字节目标对象也放在这个区域。如果一个目标对象占用的空间大于bank，则这个目标对象放在一个专门的区域（big程序块中的一个区域），这个区域的边界是可以变化的，以满足目标对象的要求。所有auto变量和参数变量的放置方法与大存储器模式的放置方法相同。

4.7　寄存器使用

W寄存器主要用于函数参数的传递以及存储函数的返回值，可以通过汇编程序读取寄存器的值。

4.8　算　子

PICC18支持所有ANSI算子，并已经定义了这些算子的作用。本小节将说明由编译器产生的代码。

4.8.1　整　合

如果一个算式中有几个操作，那么这些操作数必须是同一类型的。必要时编译器自动地将不同类型的操作数转换为同一类型，由于这种转换是向占用更多字节的数据类型转换，所以转换过程中不会丢失信息。在有些情况下操作数即使是同一类型，但在运算前还要将它们转换为不同的类型，这种转换称为整合。在需要的时候PICC18将作整合运算。如果不知道已经发生了类型转换，那么一些表达式的结果将常常出乎意料。

整合是枚举类型中的一种隐形转换，这些枚举类型包括有符号或无符号的字符变量，短整型数，有符号整型数或无符号整型数位域类型。如果能够用一个有符号整型数来表示转换结果，那么sign int将是转换的最终类型，否则转换结果的最终类型是unsigned int。

考虑以下的例子：

```
unsigned char count,a = 0,b = 50;
if(a - b < 10)
```

```
    count + + ;
```

如果用 unsigned char 类型来表示 a - b 的结果，则其结果为 206(不低于 10)。但如果在作减法前就通过整合运算将 a 和 b 都转换成 signed int 类型，那么其计算结果就为－50(低于10)，这时将执行函数体 if()中的语句。如果希望减法结果是一个无符号的值，那么也要采用整合运算。如：

```
if((unsigned int)(a - b) < 10)
    count + + ;
```

如果 a-b 的结果用 unsigned int 类型数据表示，并将其结果与 10 比较，则在这种情况下，不执行函数体 if()中的语句。

在使用时容易出错的另外一个操作符是位求反操作符“～”。此操作符对数中的每一位取反。参考以下代码：

```
unsigned char count,c;
c = 0x55;
if(~c = = 0xAA)
    count + + ;
```

如果 c 为 55h，人们会认为～c 的结果应该是 AAh，但其结果却是 FFAAh。在某些情况下，编译器能够生成一个不匹配的比较误差报告。此时，可以再次使用上述运算来改变此情况。

如上所述，整合的结果不是对 char 型操作数运算的结果，而是对 int 型操作数运算的结果。但也有这种情况，即不管操作数是 char 型还是 int 型，其运行结果都是相等的。这时为提高代码效率，PICC18 将不执行整合运算。参考以下例子：


```
unsigned char a,b,c;
a = b + c;
```

严格来讲，这种运算必须先将 b 和 c 的值都转换为无符号整型数 unsigned int，然后再执行加法运算，将相加后的结果转换为字符 a 的类型，并将结果赋值给 a 变量。即使经过转换的 b,c 相加的值(以 unsigned int 形式表示)与未转换的 b,c 相加的值(以 unsigned char 形式表示)不同，但只要将 unsigned int 表示的结果转换为 unsigned char 形式，这两个结果就相同了。由于 8 位码的加法运算比 16 位码的加法运算更有效，所以编译器使用 8 位码的加法运算。在上例中，如果 a 的类型是 unsigned int，那么整合运算的结果必须满足 ANSI 标准的要求。

4.8.2　整型的移位运用

在 ANSI 标准中，定义了对一个负数(signed int 类型的数)进行右移(“>>”操作)的操作过程。对操作数右移一位时，通常的结果是：右移后最高有效位可能为 0，也可能与移位前的最高有效位相同。如果是后一种情况,则右移后的最高有效位是移动前的符号扩展位。

PICC18可对任意signed型变量进行符号扩展(例如signed char,signed int或signed long)。因此,对于一个signed int型变量,其值如果为0124h,则其右移一位的结果为0092h;如果其值为8024h,则其右移一位的结果为C012h。

对unsigned型量右移一位,它总是清除结果中的最高有效位。

如果对一个量作左移("<<"操作),则无论是signed或unsigned型变量,它总是清除结果的最低有效位。

4.8.3 整型数的除法运算和模运算

当任意一个操作数为负时,整型数除法所得结果的符号有相应的规定。当采用PICC18编译时,表4.8给出了操作数1除以操作数2所得商的符号。

表4.8　整型数除法

操作数1	操作数2	商	余　数
+	+	+	+
−	+	−	−
+	−	−	+
−	−	+	−

在第二个操作数为0的情况下(除以0),结果总是为0。

4.9 程序块

编译器将代码和数据分成许多小的标准程序模块,叫作程序块。HI-TECH汇编器允许汇编程序包含无数个程序块,但必须命名这些程序块。链接器将特定程序块中的所有数据放在一起作为一个单独的程序块。

如果只想采用PICC18调用链接器,除需要了解一些背景知识外,没必要太关心这部分内容;如果想手动运行链接器(一般不推荐)或通过编写自己的汇编语言子程序来调用链接器,则应该仔细阅读本小节内容。

如果编写的是汇编程序,则可以用汇编程序块伪指令PSECT创建程序块;如果编写的是C语言程序,可以通过预处理伪指令#pragma psect创建用户程序块。

编译器生成的程序块

代码生成器将代码与数据放置在一个程序块中,这个程序块的命名要符合相应的命名规则,链接器(链接器的选项为默认选项)将为程序块指定绝对地址值。

(1) 编译器生成的放置在ROM中的程序块

powerup：该程序块包含可执行的上电程序代码，代码可能是标准代码，也可能是用户编写的代码。

idata：该类程序块的内容为已初始化的变量在ROM中的映射，在启动时该类程序块将拷贝到data psects。

irdata：该类程序块的内容为已初始化的near型变量在ROM中的映射。在启动时该类程序块将拷贝到rdata psects。

ibigdata：有些目标对象在程序运行时驻留在bigdata psect内，如果这些目标对象已初始化，则其在ROM中的映射目标对象放在该程序块中。该程序块还包含全局变量、局部静态char变量和字符数组及占用空间超过RAM单元的数组。

textn：该类程序块(n为序号)包含所有可执行代码，通常在编译一个新的C语言函数时，n值就会增加。

text：为全局程序块，存放一些库函数的可执行代码。

const：保存const目标对象和一些在程序运行中不能修改值的字符串目标对象。

config：用于存储配置字。

idloc：用于存储ID位置字。

eeprom_data：用于存储EEPROM中的数据。

intcode：该程序块存放的是默认的或具有较高优先级的、中断服务程序的可执行代码。链接器为中断向量分配的地址为08H。

intcodelo：该程序块存放的是具有较低优先级的中断服务程序的可执行代码。链接器为中断向量分配的地址为018H。

init：用于初始化代码，例如RAM清零。

end_init：用于初始化代码，例如RAM清零。

clrtext：在程序启动时，程序将复制data psects(数据段)的代码。

(2) 编译器生成的置于RAM中的程序块

rbss：该类程序块的内容为未初始化的near型变量，它们驻留在bank中。

bigbss：该类程序块包含了未初始化的全局变量、局部静态字符变量和字符数组，还有占用空间超过RAM单元的数组。链接器将该类程序块放置在RAM中的一个区域，但此区域没有边界。如果要访问此区域的目标对象，访问效率远不如访问数据块的目标对象时那么高。

bss：该程序块的内容为未初始化的变量，但这些变量不在程序块中。

data：该类程序块的内容为未初始化变量，但变量不存放在程序块中。该类程序块放在RAM单元内，这样访问程序块的效率更高。

nvrram：程序块的内容为near persistent变量。在启动时，不会清零，也不会修改它。

nvbit：程序块拥有persistent bit目标对象。在启动时，不会清零，也不会修改它。

nvram：程序块用来储存 persistent 变量。在启动时，不会清零，也不会修改它。

rbit：这些程序块用来储存所有 bit 变量。在默认情况下，所有 bit 变量都有限定词 near，它们放在 accsee bank 中。

struct：该程序块存储的内容是函数的返回值，此返回值是一个大于 4 字节的结构数据。

intsave_regs：存储中断服务程序保存的寄存器值。

temp：存储编译器使用的临时变量。临时变量既包含函数返回值、传递给函数的值，也包含调用库函数后得到的返回值，但这些值的字节数必须大于 1。该类程序块放在 bank 中。

4.10 C中断处理

编译器的主要特点之一：在不编写任何汇编代码的情况下 PIC18 可以作中断处理，PICC18 拥有的针对两个独立中断向量和一个中断向量的优先级列表，指定了如何调用中断程序。

4.10.1 中断函数

在 PIC18 中，最多只有两个函数可以加限定词 interrupt，加了限定词 interrupt 的函数可以直接调用硬件中断。编译器处理中断函数的方法与处理其他函数的方法不同，中断函数的生成代码存储在寄存器中，中断函数的退出指令是 retfie，而不是 retlw 或 return。（如果选择了 PICC18 的-STRICT 选项，则关键字 interrupt 就变为_interrupt。如果使用了这个选项，那么就认为所写的 interrupt 是_interrupt。）

PIC18 装置有两个中断，每个中断都有相应的中断向量。两个中断的优先级不同，即所谓的高优先级中断和低优先级中断。如果 PIC18 为兼容模式，则只能使用一个中断，默认情况下为高优先级中断。interrupt 函数必须配置为 interrupt void 形式，即中断函数不能有参数传递和返回。另外，在非兼容模式下，如果要使与中断函数对应的中断向量为低优先级，则要使用关键字 low_priority。C 语言程序不能直接调用中断函数，但在一定条件下中断函数可以调用其他函数。中断函数总是与中断向量相对应。

下面是一个中断函数的例子，其对应的中断向量为高优先级（默认）。

```
long tick_count;
void interrupt tc_int(void)
{
    + + tick_count;
}
```

下面也是一个中断函数的例子，其对应的中断向量为低优先级。

```
void interrupt low_priority tc_clr(void)
```

```
{
    tick_count = 0;
}
```

用户可以决定和配置 PICC18 中断源的中断优先等级，不要在 PIC 处于中断优先模式下定义低优先级的中断函数。

高优先级中断函数和低优先级中断函数有不同的存储区域（主要用于保护现场），一个高优先级的中断函数可以终止一个低优先级的中断函数，但不会使低优先级中断函数的数据丢失。

一般情况下，interrupt_level pragma 程序块用于保存其中一种或两种中断函数。

4.10.2 中断现场保护

当发生中断时，PIC18 处理器只将其 PC 值保存在堆栈中，而其他寄存器和目标对象必须由软件保存。PICC18 编译器自动决定中断函数要使用的寄存器和目标对象，并保存寄存器和目标对象。

如果中断程序调用其他函数（这些函数和中断函数位于同一模块，并且在定义中断函数前已经定义），则也要保存这些函数所使用的寄存器。如果编译器不能决定调用函数会使用的寄存器和目标对象，那么最糟糕的情况就是保存所有寄存器和目标对象。

如果在中断函数中嵌入一段有关寄存器使用的汇编代码，则 PICC18 不处理这段代码。因此，如果中断函数包含内嵌的汇编代码，则必须编写相关的汇编代码以保存和恢复所用到的全部寄存器或区域（如果中断程序不处理这些寄存器和区域的话）。

对于高优先级的中断函数或者 PIC 在兼容模式下的中断函数，将一个 intcode 小程序放置在程序块中，这个程序直接链接与之对应的中断向量。incode 程序的作用是：首先保存 STATUS 和 PCLATH 寄存器值，然后跳转到 text psect 程序块中执行相关的程序。如果有必要的话，incode 程序还将保存一些现场信息，然后再直接跳转去执行一些与中断函数有关的其他函数。interrupt 函数代码也放在 text psect 中。

PIC18 通过指定地址的偏移量来指定目标对象的保存地址。偏移量指距符号 saved_regsh 的距离。但 BSR 寄存器除外，BSR 寄存器保存在 saved_bsrh 符号所在的位置。

低优先级中断函数也有一个类似的小程序，其作用是将 STATUS 和 PCLATH 寄存器的值保存在程序块 intcodelo 中，同时这个小程序直接链接与之对应的低优先级中断向量。其他过程与高优先级中断函数一样，只是保存目标对象时采用的偏移量以符号 saved_regsL 为基础，而 BSR 寄存器的值保存在符号 saved_bsrL 所在的位置。

4.10.3 现场恢复

在中断函数返回前，编译器保存的所有目标对象将自动储存。恢复代码放置在 text psect

中。位于中断程序末端的 retfie 指令将重新装入 PC,恢复程序发生中断时的现场。

4.10.4　中断级别

中断可在任何时刻发生,如出现两个中断函数同时调用一个函数或者主函数和一个中断函数同时调用一个函数的情况,链接器会发出一个错误信号。要求用户在编写程序或调用程序时防止上述情况的发生,而编译器则通过配置中断级别防止发生上述情况。

利用 #pragma interrupt_level 伪指令可以确定中断源的中断优先级。PIC18 有两个不同的中断源,其中断优先级是不同的。如果几个中断函数的中断优先级相同,即这些中断函数都通过一个中断口发生中断,则编译器认为这些中断函数是完全互斥的。用户不能破坏中断函数的互斥性,也就是说,编译器不能控制中断函数的优先级。每个中断函数都必须指定其优先级,优先级要么为 0,要么为 1。

另外,interrupt 函数或主函数调用的非 interrupt 函数也可以使用 #pragma interrupt_level 伪指令,这样可以保证这些函数不会同时被多个中断函数调用,从而引起链接时的错误。需要注意的是,如果还是要求用户保证一个函数不会同时被主函数和中断函数调用,或者同时被多个中断函数调用,那么通常的作法是在调用该函数前不使能中断。但函数被调用之后,如果仅仅不使能内部函数还是不够的。

关于中断优先级使用的例子如下。

注意: 伪指令 #pragma 只能用在函数前面。#pragma interrupt_level 伪指令用在非 interrupt 函数前面,以保证非中断函数不会同时被多个 interrupt 函数调用。

```
/*非中断函数被中断和主程序调用*/
#pragma interrupt_level 1
void bill(){
    int i;
    i = 23;
}
/*两个中断函数调用同一个非中断函数*/
#pragma interrupt_level 1
void interrupt fred(void)
{
    bill();
}
#pragma interrupt_level 1
void interrupt joh()
{
    bill();
```

```
}
main()
{
    bill();
}
```

所有中断函数都有与之对应的中断级别。

4.10.5 中断寄存器

用户可以根据需要配置中断源。在头文件<pic18.h>中定义了与中断相关的所有寄存器和位。下面是 PORTB 变化产生中断的例子。例中的中断优先级为低优先级。更多信息参见 PIC18 数据手册。

```
void main(void)
{
    TRISB = 0x80;           //只配置 RB7 引起变位中断
    IPEN = 1;               //中断优先级使能
    RBIP = 0;               //配置低优先级中断
    RBIE = 1;               //PORTB 变位中断使能
    RBIF = 0;               //清除任何未决事件
    GIEL = 1;               //低优先级中断使能
    while(1);
}
void interrupt low_priority B_change(void)
{
    if(RBIF && RBIE) {
    PORTB;                  //读 PORTB 可以清除任何不相配的变位
    RBIF = 0;               //清除变位中断标志
                            //在这里处理中断
    }
}
```

4.11 C 语言与汇编语言的混合编程

4.11.1 外部的汇编函数

有三种方法可以将汇编语言代码和 C 代码混合编程。

所有函数都可以用汇编语言表示，汇编语言源程序文件的扩展名为.as 并由汇编器

(ASPIC)汇编，汇编后的文件由链接器转换为二进制文件。上述方法可以使数据在 C 和汇编代码之间传递。如果要访问一个外部函数，则在调用的 C 代码中的适当地方有一个 C 定义符 extern。例如，有一个用汇编语言函数编写的程序，其作用是使一个无符号数的值加倍：

```
extern char twice(char);
```

此语句定义了一个由外部函数调用的函数 twice()。该函数的返回值为一个 char 类型的值，同时该函数有唯一的变量，其类型也是 char 型。twice()函数本身就是一个外部汇编函数，它由 ASPIC 单独汇编，twice()函数的 PIC18 汇编代码如下：

```
        PROCESSOR 18C452
        PSECT text0,class = CODE,local,delta = 1
        GLOBAL _twice
        SIGNAT _twice,4201
_twice :
        ; 参量通过 W 寄存器赋值? a_twice.
        movlb ? a_twice shr (8);    选择局部 BANK
        movwf ? a_twice & 0ffh;    赋值
        addwf ? a_twice & 0ffh,w; 加值到自身

        ;返回值已经在要求的 W 寄存器。
        return
        FNSIZE _twice,1,0
        GLOBAL ? a_twice
        END
```

汇编函数的函数名与 C 语言定义的函数名相同，只不过在函数名前添加了一条下划线。

汇编语言中的 GLOBAL 伪操作与 C 语言中的 extern 关键字相当，SIGNAT 伪操作的作用是在链接时调用按惯例规定的检查。检查和 SIGNAT 伪操作将在本节详细说明。注意，对于一个汇编函数，其每个变量的放置次序必须正确，同时还要指定函数返回值的次序，否则汇编函数不能正确地工作。前面已经说明过局部变量、参数和函数返回值的传递规律，在编写汇编函数前应该了解这些规律。

4.11.2　在汇编程序内访问 C 目标对象

在汇编程序中也可以直接访问 C 语言的全局变量，访问方法是在全局变量名前加下划线“_”。例如，在 C 模块中定义了一个全局变量 foo：

```
int foo;
```

则在汇编程序中可以用如下形式访问这个变量：

```
GLOBAL   _foo
movwf    _foo
```

如果调用C目标对象的汇编程序为一个单独的模块，则调用时要使用GLOBAL伪指令，如上所示。如果调用C目标对象的汇编语句是嵌入到其他模块中的汇编语句，则C语言程序必须使用extern定义C变量。例如：

```
extern int foo;
```

如果是一个C语言程序访问上例中的变量，那么上例的定义仅在C语言程序所在的模块内有效。否则，必须使用一个嵌入的GLOBAL汇编指令。注意，目标对象存储的区域不是0号区域。C目标对象的地址包括区域信息，除movff和lsfr指令外，PIC18的大多数指令都能够使用这些信息，否则，链接器会生成一个修正错误(fixup error)。如果不清楚汇编程序中的哪一语句用于访问C目标对象，可以先写一个与汇编程序功能相同的C语言程序，然后仔细研究由编译器生成的汇编列表文件。

4.11.3 #asm，#endasm和asm()

PIC18指令也可以直接嵌入在C代码中。如果要将PIC18指令嵌入在C代码中，则必须使用伪指令#asm，#endasm和函数asm()。如果要在C代码中嵌入一个指令块，则伪指令#asm和#endasm会被分别放在指令块的起始位置和终止位置。如果只需要在C代码中嵌入一条指令，则可以使用asm()函数。用以上两种方法实现1字节的带进位位的左移循环的举例如下。


```
unsigned char var;
void main(void)
{
    var = 1;
#asm                          //方法一
    movlb (_var) >> 8
    rlcf (_var)&0ffh,f
#endasm
                              //方法二
    asm("movlb (_var) >> 8");
    asm("rlcf (_var)&0ffh,f");
}
```

使用内嵌汇编代码时，必须高度注意以避免影响编译生成的代码。如果不是很清楚，在编译时选择PICC18-S选项，然后检查由编译器生成的汇编程序代码。

注意：#asm和#endasm结构不是C语言程序，它们不符合C语言的语法规则，因此不遵守 C 语言的流程和控制规则。例如，如果在＃asm 模块中使用了 if 语句，那么这个模块就不能正常工作。如果在 C 语言结构中(比如 if,while,do 等语句)使用了内嵌汇编指令，则只能用 asm(“”)格式，这样，整个程序才能正常工作。

4.12　预处理

所有 C 语言程序文件在编辑前都将预处理。如果选择了命令行中-p 选项，则汇编程序文件也将会预处理。

4.12.1　预处理程序标志

除标准伪指令以外，PICC18 还有一些专用伪指令。PICC18 使用的伪指令列于表 4.9 中。

表 4.9　预处理标志

标　志	含　义	例　子
#	无效预处理指令	#
#assert	如果条件不对产生错误	#assertSIZE>10
# asm	内嵌汇编的开头	#asm Movlw 10h #endasm
# define	定义宏处理	#define SIZE 5 #define FLAG #define add(a,b) ((a)+(b))
# elif	简化为#else#if	见 #ifdef
# else	有条件的包含来源	见#if
# endasm	停止嵌入汇编	见#asm
# endif	停止条件包含 SOURCE	见#if
# error	产生错误信息	#error Size too big

# if	如果常数表述正确将包含 SOURCE LINES	#if SIZE<10 	
		C=process(100
		#else
		Skip();
		#endif

续表 4.9

标　志	含　义	例　子
＃ifdef	如果预处理符号定义包含 SOURCE LINES	＃ifdef FLAG do_loop()； ＃elif SIZE＝＝5 Skip_loop()； ＃endif
＃ifndef	如果预处理符号没有定义包含 SOURCE LINES	＃ifndef FLAG Jump()； ＃endif
＃include	包含头文件到 SOURCE	＃include＜stdio. h＞ ＃include "project. h"
＃line	将行编号和文件名列入清单	＃line 3 final
＃nn	(nn 是一个数字)简化为＃line nn	＃20
＃pragma	编译特定配置	见 4.13.3 小节
＃under	不定义预处理符号	＃undef FLAG
＃warning	产生一个警告信息	＃警告长度未配置

4.12.2　宏的预定义

编译器为预处理程序(CCP)定义了一些符号，根据这些符号可以对程序进行条件编译(是以芯片为基础的)。表 4.10 列出了这些符号。如果定义了一个符号，则该符号的值为 1。

表 4.10　预先确定的 CCP 符号

符　号	什么时候配置	用　法
HI-TECH-C	始终	表明使用的是 HI-TECH-C 编译器
-HTC-VER-MAJOR-	始终	表明整数构成编译器的版本号
-HTC-VER-MINOR-	始终	表明小数构成编译器的版本号
-HTC-VER-PATCH-	始终	表明编译器的补丁级别
LARGE-DATA	-CP24	表明程序空间指针是 24 位
SMALL-DATA	＝CP16	表明程序空间指针是 16 位
LARGE-MODEL	-B1	表明是在大存储器模式下编译的代码
SMALL-MODEL	-Bs	表明是在小存储器模式下编译的代码
-MPC-	始终	表明为 Microchip 的 PIC 系列芯片编译的代码
-PIC18	始终	表明为 PICC18 器件
-18CXXX	当芯片已选择后	表明选择了特定的芯片类型
MPLAB ICD	-ICD	表明为 MPLAB 在线调试器而生成的代码

4.12.3 pragma 伪指令

可以用一些特定编译时间伪指令修改编译器的运行特性，这可以用 ANSI 标准指令中的 #pragma 语句。Pragma 语句的格式是：

```
#pragma  keyword  options
```

其中，keyword 是关键字，options 为选项。在某些情况下紧接关键词的是选项。表 4.11 列出了关键字。下面将对关键字作详细说明。

表 4.11 编程指令

伪指令	含 意	例 子
interrupt_level	允许主程序调用中断函数，见 4.11.4 小节	#pragma interrupt－level 1
jis	允许对 JIS 字符进行操作	#pragma jis
nojis	禁止对 JIS 字符进行操作(默认状态)	#pragma nojis
printf－chck	允许打印格式符校验	#pragma printf－check(printf)
psect	重命名编译器定义的程序块	#pragma psect text＝mytext
regsused	指定在中断中使用的寄存器	#pragma regsused w
switch	指定根据开关状态生成代码	#pragma switch direct

(1) #pragma jis and nojis 伪指令

如果程序包含用 JIS 编码的双字节字符串(例如一些日语字符串和其他语种的字符串)，则使用 #pragma jis 伪指令能够很好地处理这些字符串；如果字符串的前半字节和后半字节间不用续行符(反斜线符号“\”)，则使用上述伪指令的效果会更好。如果使用 nojis 伪指令，则编译器将不处理 JIS 字符，默认方式下对 JIS 字符的处理是不使能。

(2) #pragma printf_check 伪指令

某些库函数可以接受如下格式，即在一个字符串后为几个参数变量，这一点与 printf()函数相同。虽然这种格式的字符串在运行时才说明，但在编译时编译器将检查它是否有冲突。这个伪指令使能对已命名的函数的检查。例如，系统头文件<stdio. h>中包括的 #pragma printf_check(printf) const 伪指令，就使能了对 printf()函数的检查。可以使用这个伪指令对任何用户定义的可以接受打印体格式的字符串的函数进行检查。在函数名后放置限定词可以自动转换指针类型指向变量参数列表中的变量。上面的例子将任何指针指向 RAM 中(const char*)类型指针指向的字符串。

注意： 警告级别一定要配置为-1 或这个选项生效以后。

(3)#pragma psect 伪指令

通常,编译器生成目标代码被分解成标准程序块,并生成相应的文档。这对大多数应用来说是很好的;但是,当要求配置一些特定的存储器时,有时必须重定位变量和代码到不同的程序块中。对于标准C程序块中的数据和代码都可以使用#pragma psect伪指令重定位。例如,如果希望将C语言源程序文件中的所有未初始化全局变量放置到otherram程序块中,则可以使用如下语句:

```
#pragma psect bss = otherram
```

这个语句告知编译器,在通常情况下放置在bss程序块里的任何内容,此时都应该放置在otherram程序块中。

将text程序块放置在另一个代码块中。可以使用预处理伪指令重新指定放置代码的程序块。

```
#pragma psect text = othercode
```

其中,othercode是新建并填充的程序块名字。

如果希望将某模块中多个函数放置到各自程序块中,则可以在每个函数前使用这个伪指令,如下所示:

```
#pragma psect text = othercode0
void function(void)
{
  //函数定义等
}
#pragma psect text = othercode1
void another(void)
{
  //函数定义等
}
```

例中为函数function()定义了一个程序块othercode0,同时也为函数another()定义了另一个程序块othercode1。

任何特定的程序块在特定的源程序文件中应该仅重定位一次,而且所有程序块的重定位应该放置在源文件的顶部,在所有#include指令的下面和其他一些定义的上面。例如,为说明未初始化的变量组放置在otherram程序块中,应该按以下方法:

```
--File OTHERRAM.C
#pragma psect bss = otherram
char buffer[5];
int var1,var2,var3;
```

凡需要存取在 otherram.c 中定义的任何变量文件都应该包含以下头文件：

```
--File OTHERRAM.H
extern char buffer[5];
extern int var1,var2,var3;
```

使用＃pragma psect 伪指令可以将代码和数据分离后存入存储器的任意区域。非标准数据块和定义的代码应该保存在各自的源程序文件中，这些文件如上所述。如果需要链接非标准程序块中命名的代码，则要使用 PICC18-L 选项以指定外部链接，或者手动链接。如果希望几乎是标准配置附加一个像 otherram 的外部程序块，可以在选择 PICC18-L 选项的同时再加-P选项。例如：

```
PICC18 -L-P  otherram = 200h -18C452 test.obj otherram.obj
```

这时链接器可以链接目标文件 test.obj，otherram.obj，otherram 程序块在 RAM 中的地址值为 200h。同时链接器的配置也是标准配置。

(4) ＃pragma regsused 伪指令

当中断出现时，PICC18 会自动保存现场。针对不同中断函数引起的中断，需要保存的现场寄存器也不同。编译器根据不同的中断函数自动决定要保存的寄存器和目标对象。＃pragma regsused伪指令允许编程者限制需要保存的、与中断有关的寄存器和目标对象。

使用此条伪指令可以指定的寄存器见表 4.12。这些寄存器的名称对字母的大小写不敏感，如果不能识别出寄存器的名称，则将发出一个错误警告。

表 4.12 可有效使用的寄存器名称

寄存器名称	描 述
W	W 寄存器
prodl，prodh	product 结果寄存器
btemp btemp＋1…btemp＋14	btemp 临时区域
fsr0l，fsr0h，fsr1l... fsr2h	非直接数据指针
tblptrl，tblptrh，tblptru	寄存器表：表指针的低、高、更高(upper)字节和表自锁

上述这条伪指令只对紧跟其后的第一个中断函数有效。如果一段程序中包含多个中断函数，且需要使用上述伪指令的话，则每一个中断函数都应该有一个与之对应的伪指令。

下面的例子为：当某个中断函数起作用时，要求编译器中只保存 W 寄存器和 FSR 寄存器的情况。

```
#pragma regsused w fsr
```

即使在中断发生前使用了某个寄存器(但不是 W 和 FSR 寄存器),在通常的中断情况下会保存该寄存器,但如果使用了上述伪指令,则不会保存这个寄存器。在需要的时候,编译器将自动保存 W 和/或 FSR 寄存器。

4.13 链接程序

编译器自动调用链接,除非选择了 PICC18 -S 或 PICC18 -C 选项,要求编译器在生成汇编代码(PICC18 -S)或目标代码(PICC18 -C)后停止运行。

在默认情况下,PICC18 生成 Intel HEX 和 Bytecraft COD 类型的文件。如果使用-BIN 或 PICC18-O 选项,指定输出文件的类型为. bin,这时编译器将生成二进制映像文件。链接后,编译器将自动生成一个映射文件,其中包含所有程序块的地址以及程序块所占空间的大小。注意,bit 目标对象要单独表示。如:

```
Memory Usage Map:
Program     ROM $ 000000 - $ 000003     $ 000004 ( 4) bytes
Program     ROM $ 000018 - $ 00006F     $ 000058 ( 88) bytes
Program     ROM $ 000086 - $ 0001CB     $ 000146 ( 326) bytes
                                        $ 0001A2 ( 418) bytes total Program ROM

Program statistics:
Total ROM used      466 bytes (1.4 %)
Total RAM used       64 bytes (4.2 %)      Near RAM used    18 bytes (14.1 %)
```


之后,编译器将提供更加准确的存储器的使用信息,从中可以很方便地得知存储器的可用空间。从这个信息中还可以得知,bank 是在 RAM 中专门为 next 型变量开辟的空间,因此带 near 限定词的目标对象占用此空间。任何可能缩减代码长度的地方都可能用到这些目标对象。

有关存储器使用的更多细节性信息,可以通过使用 PICC18-PSECTMAP 选项获得。

4.13.1 库文件模块的替换

虽然 PICC18 可以用库管理器(LIBR)打开库文件,然后对库文件模块进行改进,最后用改进后的模块代替库文件模块。但是也可以不这样做,可以很方便地用经过修改后的模块代替库文件模块。如果一个源程序文件中包含一个库文件函数,这时若希望用一个经过修改的函数替换这个库函数,那么可以替换这个库函数,同时替换后的函数与原库函数同名。例如,在 SOURCES 目录下有一个文件 max. c,在该文件中包含库函数 max(),如果想改变这个函数,则首先复制这个文件,然后做适当的修改,之后按如下方式编译:

```
PICC18 -18c452 main.c init.c max.c
```

这样，链接器将链接新的 max()函数，而不是标准库里的 max()函数。

注意：如果替换的库函数模块是用汇编语言编写的，由于用汇编语言编写的库函数经常使用 C 语言的预处理伪指令，因此在对这些汇编文件进行预处理时需要选择-P 选项。

4.13.2　标志检测

编译器自动为所有函数生成一个标志。所谓标志，其实就是一个 16 位的值，这个值是编译器根据函数返回数据的类型、函数参数的个数以及与调用函数相关的其他信息计算而得到的。在引用和定义函数时将会用到这个标志。

在链接过程中，如果链接器发现函数与其标志不匹配时将发出错误信号。因此，如果一个函数在一个模块中以一种方式定义，而在使用时又以另外一种方式定义(如定义时要求一个函数的返回值为 short，而使用时要求这个函数返回一个 char 型值)，这时链接器将生成一个错误报告。

有时也需要在 C 语言中调用汇编语言程序，这时需要使用关键词 extern。汇编语言函数也有一个标志，C 语言程序在调用它们时需要满足汇编函数标志的相关要求。确定函数标志的最简单方法是编写一个哑 C 函数，这个函数与原型相同，选择 PICC18-S 选项，然后再将这个 C 函数编译为汇编函数。例如，有一个汇编函数_widget，它有两个 int 型变量，该函数的返回值为 char 型。C 中用于调用该函数的原型语句为：

```
extern char widget(int,int);
```


这里是用 C 代码调用的_widget 函数，编译器将根据这个函数的信息(即该函数有两个 int 型变量，其返回值为 char 型)生成一个标志。为了得到这个函数标志，在 widget 的源代码中应该有一个 ASPIC SIGNAT 伪操作，使用这个操作同时可以得到函数正确的标志值。为测定正确的标志值，可按下列方式编写代码：

```
char widget(int arg1,int arg2)
{
}
```

使用 PICC18 -S x.c 选项，将这个函数编译为汇编代码。最后得到的汇编代码包括以下行：

```
SIGNAT _widget,8297
```

SIGNAT 伪操作告诉编译器在.obj 文件中应该有一条记录，即_widge 函数与一个值为 8 297 的数有关。8 297 就是函数(有两个 int 变量，其返回值为 char 型)的标志。如果将上面的语句拷贝到定义为_widget 的.as 文件中，那么函数就与标志相对应起来，链接器将能够检测函数的变量及返回值的类型是否正确。例如，如果其他.c文件包含如下定义：

```
extern char widget(long);
```

编译器将为这个函数生成另一个标志。这时链接器生成一个错误报告：函数的标志不匹配，这会提醒编程者，可能在函数调用时变量类型有错误。

4.13.3　链接器定义的符号

利用全局符号_Lname 可以获得链接后程序块的绝对地址值，其中 name 是程序块的名称。例如，_Lbss 是 bss 程序块的起始范围。而用符号_Hname 可以得到程序块的结束地址(即程序块的链接地址值加上程序块所占的空间)。如果程序块的上载地址和链接地址不同，用符号_Bname 可以得到程序块的上载地址。

4.14　标准 I/O 函数和串行 I/O

编译器的 C 库函数提供了许多标准 I/O 函数，其中大多是读、写格式数据的函数(在标准输出和输入情况下)。表 4.13 列出了这些函数。关于这些函数的更多细节可参见第 7 章库函数。

表 4.13　支持 STDIO 函数

函数名	目　的
Printf(const char * s…)	格式化输出文件的格式化打印
Sprintf(char buf, const char * s, …)	向缓冲区写入格式化文本

使用这些函数对字符串进行读、写操作前，必须首先使用 putch()和 getch()函数。可能需要的其他程序还必须包含 getche()和 kbhit()函数。

在 SAMPLES 目录中的 serial.c 文件中可以找到实现 putch()和 getch()函数的连续代码的例子。

4.15　调试信息

MPLAB——特殊的调试信息

在 MPLAB 中专门设计了某些选项和特性，从而有利于对符号的调试。-FAKELOCAL 选项有两个作用，都专门针对 MPLAB。MPLAB 不能读取由编译器生成的局部符号信息，选择这个选项可以将程序中的局部符号转换为全局符号，全局符号的格式是 function_name.symbol_name。如果在主函数 main()中定义了一个 foo 变量，如果要访问这个变量，MPLAB

将访问一个叫 main. foo 的全局变量。但是，在汇编代码中不能采用这种变量格式，在汇编程序中要引用这个变量则须采用符号-main $ foo。虽然 MPLAB 可以用这种方式访问大多数的局部目标对象，但是，如果在同一个函数中有两个或多个同名称的目标对象，MPLAB 就不能用这种方式访问这些目标对象了。

-FAKELOCAL 选项还会改变编译器生成的附加的行号信息，因此当执行单步程序时，MPLAB 能够更好地运行 C 语言源程序。

第 5 章

汇编器

本书将 HI-TECH 公司的 PICC18 宏汇编器简称为汇编器或者宏汇编器，汇编器将微芯公司的 PIC18 系列单片机的汇编语言源程序文件汇编成目标代码，本章将介绍宏汇编器的用法及其可以接受的伪指令。

汇编器包括一个链接器、库管理器、交叉参考文件生成器和一个目标代码转换器。

5.1 汇编器的用法

汇编器名为 ASPIC18，它可以在 PC 机和 UNIX 操作系统上运行。应当注意：如果出现错误或者警告，汇编器将不会生成任何信息，包括“未完成汇编”的信息。

在所有的操作系统下，汇编器的用法都基本相同，命令语句中的选项可以用大小写字母。命令的基本格式为：

ASPIC18[options] files...

其中，files 是用空格隔开的一个或多个汇编语言源文件。如果要指定多个文件，则这些文件必须全部逐一指定，而生成的文件没有默认的前缀或者扩展名。如果指定了多个源程序文件，则汇编器将把这些文件当作一个模块来处理。也就是说，所有的源程序文件会组合在一起，构成一个汇编程序。

“option”是汇编器的选项，其间用空格隔开，每一个选项都以一个减号“-”为第一个字符。表 5.1 比较完整地列出了所有可能的选项，其后对每一个选项作比较详细的说明。

表 5.1 ASPIC18 汇编器选项

选 项	作 用	默 认
-processor	定义处理器	
-A	生成汇编器的输出	生成目标代码
-C	生成交叉参考	无交叉参考
-Cchipinfo	定义 chipinfo 文件	lib\picinfo. ini
-Eformat	设定错误格式	

续表 5.1

选 项	作 用	默 认
-Flength	说明表格形式的长度	66
-H	输出常数对应的十六进制数值	十进制值
-I	列举宏扩展	不列举宏
-Llistfile	生成表格	无表格
-O	进行最优化处理	无最优化
-Ooutfile	说明目标名称	srcfile. OBJ
-Raddress	最大的 ROM 的大小	
-S	无空间错误信息	
-U	无未定义的标号信息	
-V	生成行号信息	无行号
-Wwidth	说明表格的宽度	80
-X	OBJ 文件中无局部标号	

5.2 汇编器选项

ASPIC18 所认可的命令选项如下：

-processor：该选项定义了当前正在使用的处理器，也可以把自己的处理器添加到编译器上。要得到更多的信息，查看“处理器支持”。

-A：使用该选项时会生成一个带有.opt 扩展名的汇编程序文件。如果要检查生成的程序是否最优，可以再使用-O 选项，这种方法是很有效的。

-C：使用该选项时会生成一个交叉参考文件。这种文件称为 srcfile.crf，这里 srcfile 是第一个源程序文件的基名。该交叉参考文件包含了未格式化的交叉参考信息。使用交叉参考单元(CREF)可以生成格式化的交叉参考列。

-Cchipinfo：定义要使用的 chipinfo 文件。通常情况下并不需要使用 chipinfo 文件，很少使用该选项。代码转换器在运行时需要用到工作芯片的信息，这些信息都存储在 pic18.ini 文件中，这个文件可以在指定目录的 LIB 文件夹中找到。

-E：错误信息的默认格式为：

文件名：行号：信息

这里，出错“信息”出现在文件中每一出错行号的位置。-E2 选项提供一个不太容易读的格式，但这个格式有助于一些开发环境使用、信息的处理。

-Flength：在默认情况下，表格页长为无限，即汇编器的输出是连续的。也可以采用格式化的输出方式，即采用分页的方式，但每页长度是可以设置的，如果指定了长度，每一页的开头就是一个标题或名称。该选项可以配置页面的长度。如果 length 的值配置为 0，就意味着输出方式为不分页。页面的长度是用程序的行来描述的。

-H：该选项经常与-A 选项一起使用，这种使用方法非常有用。-H 选项要求输出的格式为十六进制。

-I：该选项强迫将宏扩展和未组合条件列表，若不进行此项操作，这些宏扩展和未组合条件会受汇编器的 NOLIST 选项所限制。对于生成列表，需要-L 选项。

-Llistfile：该选项要求生成一个汇编列表文件。如果指定了输出文件 listfile，那么这一列表文件将写到指定的文件中；否则会写到标准输出文件中。

-O：该选项要求汇编器对汇编代码进行最优化处理。值得注意的是，使用该选项会降低汇编的速度，因为汇编器在处理输入代码时会占用更多的时间。

-Ooutfile：默认情况下，汇编器为目标文件命名的方式为：去掉第一个源程序文件名中的前缀和扩展名，然后再加上扩展名.obj，这个文件名就是生成的目标文件名。如果用户不希望使用这种默认方式，可以选择该选项为目标文件指定文件名。

-S：如果一个存储空间已经经过初始化，其大小为 1 字节，若要在这个空间中存储较大的值(值的宽度大于 8 位)，则汇编器会生成“大小出错”的信息。使用该选项后将不会产生这种类型的信息。

-U：在汇编程序中如果使用了在本程序中未定义的标号，则认为这个标号是外部标号。如果未选择该选项，编译器每发现一个未定义的标号都会发出一条错误信息。使用该选项后，编译器将不会发出这类信息，同时它不会改变生成的代码。

-V：该选项涉及到目标文件(目标文件是由编译器生成的)的内容，它包括目标文件中代码行的数目、目标文件的名称，调试器将会用到目标文件的这些信息。要注意目标文件中代码的行号指的是汇编程序代码的行号。其实当编译器汇编一个程序时，会自动插入 line 和 file 标志符号，它们描述了生成的目标文件中汇编代码的行号和目标文件的名称，因此该选项可不用。

-Wwidth：该选项用于指定列表文件的页面宽度，这个宽度是以字符数计算的，宽度应该大于 41(十进制数)个字符，默认的宽度是 80 个字符。

-X：由汇编器生成的目标文件中包含了一些符号信息，其中包括局部符号。局部符号既不具有 public 特性，又不具有 external 特性。如果选择了-X 选项，则在目标文件中将不包括局部符号，从而减小目标文件。

5.3 汇编语言

汇编器软件所能接受的源程序语言为所有操作代码的记忆方式和操作数的句法格式都严格遵守的 PIC18 汇编语言。

5.3.1 汇编格式差异

汇编器使用的汇编语言在微芯公司指定的汇编语言基础上作了稍微的修改。PIC18 指令使用微芯公司指定的汇编程序，它使用操作数 0 和 1 为操作指定结果寄存器。而汇编器使用可读性更强的操作数 w 和 f 为操作指定结果寄存器。如果使用操作数 w，W 寄存器被选为操作结果寄存器；如果使用操作数 f，或者未指定操作数，则 F 寄存器被选为操作结果寄存器。不区分操作数中字母的大、小写，汇编器不能用数字“0”或“1”为操作指定结果寄存器。

汇编程序用操作数“,b”和“,c”指定文件寄存器。如果是“,b”，则表明文件寄存器是存储区(banked)寄存器（注：存储区寄存器需要选择存储区域 0,1,2,3 来寻址）；如果是“,c”，则表明文件寄存器是共用(common)寄存器（注：共用寄存器不需要选择存储区域 0,1,2,3，可以直接寻址，而不管存储区域的选择情况）。共用寄存器在公共使用的存储区(access bank)中。如果用“,b”，则在执行指令时将对 RAM 的公共寻址(access)位清零。如果存储区寄存器不在公共使用的存储区中，执行指令时将对 RAM 的公共寻址位置位。在执行寻址存储区(banked)指令之前必须正确装载 BSR 寄存器，用来选择存储区的区域。如果不使用任何操作数，则文件寄存器被默认为是存储区寄存器。

对于汇编器而言，如果要引用一个符号，可以在这个符号前加字母 c，以此表明符号存放在公共使用的区域中。公共变量存储在公共使用的存储区中。

如果指令中指定的地址值是绝对地址值，同时这个地址值又在公共使用的存储区中，这时就不需要公共使用的存储区标志符“c:”。如果程序中有未定位的地址值，就必须使用标志符。例如，下面这段程序的作用是：首先移动 WREG 对象，其目的地址值是用绝对地址值表示的；然后再移动这个对象，其目的地址值是用标志符表示的。假设_foo 的地址值为 0516h，以下就是这些指令的工作代码。

```
6EE5    movwf    0FE5h
6E16    movwf    _foo,c
6F16    movwf    _foo,b
6F16    movwf    _foo
```

需要注意的是，前面两个指令将清零 RAM 的公共寻址位，而后面两个指令将置位 RAM 的公共寻址位。

如果在 retfie 指令后跟 f，则表示首先把映像寄存器的值拷贝到与其对应的寄存器中，然后再恢复映像寄存器。当使用 retfie 这类指令时，编译器不会生成汇编程序代码。

5.3.2 特殊注释字符串

有些注释字符串，代码转换器会将它们添加到汇编指令之后，特别是汇编优化器经常这样。

volatile 表示一个可访问的存储区的地址，这个存储区专门用来存放 volatile 型变量(C 语言)。访问这个区域似乎没有必要，因此如果不指定 volatile 字符串，汇编优化器将删除与访问这个区域相关的代码。

在一些 CALL 指令中要用字符串 wreg free。这一字符串表明，WREG 不是作为函数的参数上载，也就是说，现在不会用到它。如果使用了这个字符串，在函数调用前对程序指令作优化时将上载这个多余的字符 WREG。

5.3.3 预定义宏

sfr.h 文件位于 SOURCE 目录下，这个文件中定义的变量、函数和宏等对编写汇编程序十分有益，特别是宏 loadfsr(该宏用汇编语言编写)。当编程者装载任何一个 FSR 寄存器时，可能要用到这个宏。这个宏的两个参数是 FSR 寄存器数和装载的值。例如：

```
loadfsr   2,1FFh
```

上述指令的作用为：上载 FSR2 寄存器，上载的值是 1FFh。如果同时选择了这个宏和 lsfr 指令，编译器将优先执行宏。

5.3.4 字符集

微芯公司采用的字符是标准的 7 位 ASCII 码。程序中的标志符区分字母的大小写，而操作代码和保留字不区分字母大小写，制表符与空格的处理方法相同。

5.3.5 常 量

(1) 数字常量

汇编器认为所有的数都是有符号的 32 位数，如果一个数太大，超过了一个存储器空间，就会出错。所有数字的默认基数为 10，也可以按照表 5.2 所给出的指定基数。

表 5.2 ASPIC 的数字及基数

基 数	形 式
二进制	数字是 0 和 1，以后面接 B 表示
八进制	数字是 0～7，以后面接 O,Q,o 或 q 表示
十进制	数字是 0～9，以后面接 D,d 或默认来表示
十六进制	数字是 0～9，A～F，以前面加 Ox 或后面接 H 或 h 表示

十六进制数的开头必须是一个数字（例如 0ffffh），以此区分十六进制数和标志符。十六进制数中的字母大小写都行。

注意：一个二进制常数必须在其后接一个大写的B，后跟一个小写的b用于临时后向参考标号。

实数的形式就是常用的形式，即IEEE的32位数据格式。用float24伪函数，可以将一个实数转换成IEEE的truncated 24位格式。下面就其用法举例：

```
movlw  low(float24(31.415926590000002))
```

(2) 字符常量

用一对单引号"‘’"将一个字符括上，这时这个字符就是一个字符常量；如果是多字符常量，则用双引号"“”"。更加详细的内容见字符串一节。

5.3.6 分隔符

所有的数字和标志符都必须用空格、非字母的字符或行结束符来分割。

5.3.7 特殊字符

有些字符在特定环境中是特殊的。在宏里面，"&"是一个连接符号，在宏中如果要使用逻辑"和"运算，则要使用"&&"符号。在宏的变量列表中，"<"和">"是用来引用宏变量的。

5.3.8 标志符

标志符是用户定义的一个符号，用这个符号来代表存储器位置。一个符号可以包含无数个字母、数字和一些特殊的符号，例如美元符号、问号和下划线"_"等。标志符的第一个字符不可以是数字。字符区分字母的大小写，例如，Fred与fred是不同的符号。下面是几个关于符号的例子：

```
An_identifier
an_identifier
an_identifier1
 $ $ $
? $_12345
```

(1) 标志符的意义

其他汇编器的用户需注意，如果想用一种类型的数据来表示一个标志符，这是不可能的，因为对汇编器而言，任何符号都没有什么重要意义，而且符号的放置地点和用法都没有什么限制。Psects(程序块)所占据的空间和其他普通符号占据的空间不同，但空间的名字可能相同。除此之外，汇编器还关心一个符号用来代表字节、字还是小数据流。无论是定义位的地址或者任何其他类型数据的地址，其语法规则都是相同的，同时即使一个符号在几个环境中被引用，汇编器也不会发出任何警告。有关指令的语法规则和寻址模式语法规则是汇编器生成正确代码所需要的全部信息。

(2) 汇编器生成的标志符

如果在一个宏模块中使用了 LOCAL 标志符，汇编器就会生成与每个 LOCAL 标志符相对应的符号来代替这个标志符，生成这个宏的扩展。这些符号的形式为?? nnnn，其中 nnnn 是一个 4 位数。用户在定义符号时不应该采用这种形式。

(3) 计数器的位置

可以通过"$"符号访问正在执行程序块的当前地址，这个符号扩展了当前执行指令的地址。PIC18PC 寄存器包含的是下一条指令的地址，所以说"$"和 PC 寄存器不相同。例如：

```
goto $
```

这条指令的作用将使程序进入死循环。

"$"表示的地址是用字节数表示的，这和 PIC18 编译器中的符号用法相同。在决定地址的偏移量时，必须用字节数计算每一条指令的长度。例如：

```
goto        $ +6          ;大小为 4 字节,(2 个字)
movlw    55h              ;大小为 2 字节,(1 个字)
mowf     _foo
```

它将会跳过 movlw 指令。

(4) 寄存器符号

代码转换器编译 C 语言模块时，如果要使用 SFRs 寄存器，它可能包含许多 EQU 标志符。由于 SFRs 寄存器的使用频率很高，因此嵌入在 C 语言模块中的任何一条汇编语言都可能用到这些寄存器。在生成代码时，编译器将寄存器列表文件当作汇编列表文件，如果在嵌入的汇编语言代码中用到寄存器，但没有使用寄存器列表文件，那么就必须有一个 EQU，用这个符号来定义使用的寄存器。

如果编写的是一个纯汇编语言模块，那么在这个模块中将不会定义 SFR，因为代码生成器不处理汇编语言文件。因此，如果要使用 SFRs 寄存器，则模块中应该包含 EQU 符号，利用这个符号定义 SFRs 寄存器。

另外一种使用 SFRs 的方法是：首先在芯片头文件中定义 SFRs 寄存器，然后用链接器链接与之相对应的符号。在任何情况下，C 语言模块中都要有＜pic18. H＞头文件，可以用 C 变量定义 SFRs 寄存器。而在汇编语言模块中将不包括这个头文件，但是汇编语言代码可以使用 EQU 定义 SFRs 寄存器。如果一个 C 语言模块中包含了头文件＜pic18. H＞，且该模块中包含的嵌入汇编代码要使用 SFR 寄存器，那么最简单的方法就是在符号名称前加一个下划线。例如：

```
#include<pic18.h>
void main(void)
{
        asm("movff   wreg,_PORTC");
```

如果要在汇编语言模块中作上述定义，那么编程者需要使用 GLOBAL 标志符，从而使 C 模块（要包含<pic18.h>头文件）可以用这个定义，汇编语言模块也可以用这个定义。例如，在 C 模块中使用这个定义的方法为：

```
#include <pic18.h>
asm("GLOBAL_PORTC");
```

在汇编模块中使用这个定义的方法为：

```
GLOBAL   _PORTC
GLOBAL  wreg
Psect text,class = CODE,reloc = 2
Movff wreg,_PORTC
```

应注意的是，wreg 是例外。尽管在汇编语言模块中作上述定义一定要用 GLOBAL，但在 C 语言模块中，定义时不需要在字符前加下划线，也不需要用 GLOABAL 标志符。

一个符号不可能等同于一个寄存器。

(5) 标　号

一个标号就是一条语句开头的名称，语句的标号将赋予一个值，这个值就是当前语句相对于当前程序块起始位置的偏移量。标号不同于宏的名称，宏的名称只能出现在宏定义行的前面。

一个标号可以是任何一个符号，标号后接的是冒号"："，下面是两个合法标号的实例：

```
frank:
simon44:
```

5.3.9　字符串

字符串就是一系列字符，但其中不包括回车字符和换行字符，用引号括起这些字符。单引号"'"和双引号"""都可以，但是前后引号必须一致。如果字符串作为 DB 标志符的操作数，则这个字符串的长度可以是任意的；如果字符串作为指令的操作数，字符串的长度是有要求的，不同指令有不同的要求，一般不能超过 1 或 2 个字符。

5.3.10　表达式

表达式由数字、符号、字符串和算子组成。算子可以是一元的（即只需要一个操作数，如

not)或者二元的(即需要两个操作数,如"+")。表达式中可以使用的算子列在表5.3中。它们应遵守表达式的通用语法规则。

表5.3　运算符

运算符	意　义	运算符	意　义
*	相乘	mod	模
+	相加	&	位与"AND"
−	相减	∧	位异或"XOR"
/	相除	|	位或"OR"
=或 eq	相等	not	位取反
>或 gt	有符号数的大于	≪或 shl	左移
>=或 ge	有符号数的大于或等于	≫或 shr	右移
<或 lt	有符号数的小于	rol	左旋转
<=或 le	有符号数的小于或等于	ror	右旋转
<>或 ne	有符号数的不等于	seg	段地址(存储体(bank 号))
low	操作数的低字节	float24	24位的实操作数
high	操作数的高字节	nul	检测宏变量是否为空
highword	操作数的高16位		

表5.3中所列算子的操作数可以是常量,由这些算子构成的表达式也可以是可重定位的。链接器允许复杂表达式的重定位,因此,包含可重定位标志符的表达式要到链接时才会定位。

5.3.11　语句格式

合法的语句格式如表5.4所列。只有一些特定的指令(或标志符)才能够用第二种形式,如MACRO,SET及EQU。其中label域是可选项,如果选用就只能为一个标志符。name域是必须选择的,它应该只包含一个标志符。在程序中的语句应该如何安排,没有相关的规定。

表5.4　ASPIC18的语句形式

格　式	语句形式			
格式1	标号	操作代码	操作数	;注释
格式2	名称	伪操作	操作数	;注释
格式3	;注释			

5.3.12　程序块

程序块(psects)是把一个程序的不同部分集中在一起构成的一个整体。在源程序中,这几个部分的源代码可能不相连,也可能跨越好几个源程序文件。如果定义程序块时不用符号abs(绝对地址值),则程序块就是可重定位的。

程序块通过其名称识别,一个程序块可能有好几种属性。用程序块标志符号定义程序块。定义时把程序块的名称和其他选项都作为变量,其间用逗号分开。更加详细的信息请参看PSECT(程序块)章节。程序块名与汇编器无关。

从下面的例子可以看到,执行指令放置在text0程序块中,而一些数据放置在rbss程序块中。

```
        Processor18C452
        psect text0,class = CODE,local,delta = 2
    adjust:
        call        clear_fred
        movf        flag
        btfss       3,2
        goto        next
        incf        fred
        goto        clear_fred
    next: decf      fred
        PSECT       rbss,class = RAM,space = 1
    flag:
        ds          1
    fred:
      ds            1
        psect       text0,class = CODE,local,delta = 2
    clear_fred:
        clrf fred
        bcf         status,5
        return
```

注意: 即使rbss程序块中的一个模块分开了在text程序块中的两个代码模块,但在链接时链接器还是会将在text程序块中的两个模块放置在相邻位置。也就是说,如果在执行过程中遇到了标号clear_fred,那么就相当于不执行decf fred指令。text程序块中的两个模块在存储器中的真正位置由链接器决定。关于psect的地址是如何确定的可查看链接器相关说明。

如果定义了一个程序块的标号，则表明这个程序块是可以重定位的，即汇编时不能够确定其在存储器中的真正地址。注意，如果在默认程序块（即未命名的）中使用了标号，或者一个程序块虽然使用了标号，但已经为这个程序块指定了绝对地址值，那么在编译时就可以确定程序块的地址值。

在任何表达式中都可以使用重定位表达式。

5.3.13　汇编标志符

汇编标志符的使用方法与操作代码的使用方法相似，但汇编标志符不生成代码，或者说不生成不执行代码，即数据字节。这些标志符列于表5.5中，下面对这些标志符的使用作详细的说明。

表5.5　ASPIC18指令（伪指令）

指　令	目　的
GLOBAL	使符号可以访问其他模块或允许参考其他模块的符号
END	结束汇编
PSECT	声明或恢复程序块
ORG	配置区域计数器
EQU	定义符号值
SET	定义或重新定义符号值
DB	定义常量字节
DW	定义常量字
DS	保存存储
IF	条件汇编
ELSEIF	转换条件汇编
ELSE	转换结束条件汇编
ENDIF	结束条件汇编
FNADDR	告知链接器一个函数可以间接调用
FNARG	告知链接器一个函数变量的赋值需要调用其他的
FNBREAK	中断调用图标链接
FNCALL	告知链接器一个函数调用其他函数
FNCONF	为链接器提供调用图标配置信息
FNINDIR	告知链接器带有特定信号的所有函数可以间接调用
FNROOT	告知链接器一个函数是调用图标的根源
FNSIZE	告知链接器一个函数的变量和局部变量的大小

续表 5.5

指 令	目 的
MACRO	宏定义
ENDM	结束宏定义
LOCAL	定义局部制表符
ALIGN	对齐输出到专门的界限
PAGESEL	生成置位/复位指令来配置该页的 PCLATH
PROCESSOR	定义特定芯片，对于该芯片将汇编这个文件
REPT	重复代码模块 n 次
IRP	重复带有一个列表的代码模块
IRPC	重复带有一个字符列表的代码模块
SIGNAT	定义函数信号

(1) GLOBAL

GLOBAL 可以说明许多符号。虽然一个符号是在当前模块中定义的，但如果采用 GLOBAL 说明这个符号，则这个符号就变成了 public 类型的符号；如果这个符号不是在当前模块中定义的，使用 GLOBAL 后，则其他模块可以引用这个符号。如：

```
GLOBAL lab1,lab2,lab3
```

(2) END

在程序中可以不使用 END 符号，如果在程序的末端使用了这个符号，将结束程序的运行。如果把一个表达式作为变量，而这个表达式是用来定义程序起始地址的，在这种情况下是否使用此标志符将取决于链接器。如：

```
END start_label
```

(3) PSECT

PSECT 标志符用于指定或恢复程序块。它把变量名的其他选项都作为变量，其间用逗号隔开。可用选项列于表 5.6 中。定义一个程序块后，如果要恢复这个程序块非常容易，可采用另外一个标志符，将此标志符的变量配置为需要恢复程序块的名称即可，定义程序块时采用的选项没有必要再列出。

- abs：定义当前程序块的地址值为绝对地址值，起始位置为 0，这并不是说模块中程序块的起始地址为 0，因为在这个模块中还可以有其他程序块。
- bit：使用该标号指定程序块保存的对象宽度为 1 位。这些程序块都有一个标定系数，其值为 8，用这个标定系数为一个字节型变量指定 8 个可寻址单元。

表 5.6 程序块标号

标号	意义	标号	意义
abs	程序块是绝对的	ovrld	程序块将与其他模块中同样的程序块交迭
bit	程序块保持位对象	pure	程序块将是只读的
class	指定程序块的类名称	reloc	在特定的边界启动程序块
delete	一个地址单元的大小	size	程序块的最大尺寸
global	程序块是全局的	space	表示程序块将存在的区域
limit	程序块上部地址限制	with	放置程序块在与专门的程序块同样的页中
local	程序块不是全局的		

- class：该标号为程序块指定类的名称。因为在引用局部程序块时不能使用程序块自身的名称，因此在链接时，如果要引用局部程序块，就可以使用与这个程序块相对应的类的名称。如果需要指定链接地址范围，使用类名也是非常有效的。
- delta：该标号定义地址单元的大小，即采用递增寻址方式时所搜寻的地址字节数。PIC18 设备既有 ROM，又有 RAM，其地址宽度都以字节为单位，但与 PIC18 程序块相关的 delta 值只有一个（即默认的 delta 值）。
- global：如果一个程序块定义为 global，则在链接时它将与其他模块中同名的 global 程序块组合在一起。global 是默认值。
- limit：该标号指定用于存放程序块的上限地址值。
- local：如果一个程序块定义为 local，在链接时它不会与其他 local 程序块结合在一起，即使同名的 local 程序块也不会结合在一起。一个模块中如有两个 local 程序块伪指令，它们引用的是同一个局部程序块。local 程序块不能与 global 程序块同名，即使它们在不同的模块中。
- ovrld：如果一个程序块定义为 ovrld，那么在运行时将不会为模块分配地址，而是采用覆盖的方式占用其他模块的地址。如果 ovrld 与 abs 结合在一起，那么定义的程序块地址值为绝对地址值，即程序块中所有符号的地址值为绝对地址值。
- pure：如果程序块使用了该标号，则要求链接器在运行时不修改该程序块，例如，要求将程序块放置在 ROM 中。因为上述操作取决于链接器和目标系统的特性，所以该标号的效用是有限的。
- reloc：如果一个程序块位于存储器的特殊位置，其地址上、下限值比较特别，那么就可以使用该标号指定这个程序块的基准值。例如，reloc＝100h，这个指令表明程序块的起始地址值必须为 100h 倍数。PIC18 程序块的 reloc 值为 2，这样程序块的代码和 16 位指令具有相同的基准。

- size：该标号为程序块指定最大值，如 size＝100h。所有模块中的程序块组合后，链接器将检查实际使用的程序块的大小是否超过了设定的最大值。
- space：该标号用于区分具有重叠地址不同的存储器区域。程序块位于 ROM 还是 RAM 中将由 space 不同的值来指明，在 ROM 的地址为 0，其 space 值是不同的，例如，在 RAM 中的地址为 0 却是另一个不同的区域。在整个寻址范围内，不同 RAM 的 bank 存储体可能具有相同的 space 值。
- with：该标号允许程序块放置在与指定的程序块同样的页中。例如，with＝text0 指定该程序块应该放置在与 text0 程序块同样的页中。

程序块指令的使用实例：

```
PSECT   fred
PSECT   bill,size = 100h,global
PSECT   joh,abs,ovrld,class = CODE,delta = 2
```

(4) ORG

ORG 指令改变位置计数器的值。这意味着，ORG 指令配置程序块的地址相对起点，直到链接时才会确定下来。

相对于 ORG 的变量必须是绝对值或者是当前程序块的参考值。在任何情况下，位置计数器都配置为设定值。例如：

```
ORG     100h
```

它将位置计数器移动到当前 psect＋100h 的开始。直到链接时才可以知道它的准确位置。将位置计数器向后移动是可能实现的。

为了使用 ORG 伪指令配置位置计数器指向一个绝对的地址位置，必须使用一个绝对地址，如下所示。

```
psect    absdata,abs,ovrld
org      addr
```

这里 addr 为一个绝对地址。

(5) EQU 等效符号

该伪指令定义了一个符号并将其值等效为一个表达式的值。例如：

```
thomas   EQU    123h
```

标志符 thomas 等效为 123h 值。标志符应为前没有定义的符号 EQU 才是合法的。参看 SET 指令。

(6) SET 定义或重新定义符号值

除了可以重新定义一个符号外，该伪指令等效于 EQU 。例如：

```
homas SET 0h
```

(7) DB 定义常量字节

DB 用于初始化存储为字节的变量。该变量为表达式的一个列表。每个表达式将汇编为一个字节。字符串中的每个字符都将汇编入一个存储器区域。

如果一个表达式的值太大而不适合存储器区域，那么将生成一个错误信息。例如：值1020是作为DB的一个变量给定的。

例程：

```
alabel    DB  'X',1,2,3,4,
```

注意：因为ROM存储器中一个地址单元的大小为2字节，所以DB伪指令将初始化一个字的高位字节为0。

(8) DW 定义常量字

除了DW将表达式汇编为字外，它与DB操作类似。如一个表达式的值太大而不适合一个字时，将生成出错信息。例如：

```
DW -1,3664h,.A.,3777Q
```

(9) DS 保存存储

该指令保存但不初始化存储器区域。该专门变量是将要保存的字节的序号。例如：

```
alabel：DS    23；         保存存储器的23位字节
xlabel：DS    2 + 3；      保存存储器的5位字节
```


(10) FNADDR 告知链接器一个函数可以间接调用

该伪指令告知链接器提取了一个函数的地址。因此可以通过函数指针间接调用该函数。当函数指针指向一个函数的地址时就是这种情况。例如，如果有一个指针指向函数func()的地址，汇编程序将生成下面的代码：

```
FNADDR   _func1
```

它告知链接器提取了函数func1()的地址。

(11) FNARG 告知链接器一个函数变量的赋值需要调用其他的函数

伪指令：

```
FNARG   fun1,fun2
```

告知链接器，函数fun1()的变量赋值包含对fun2()的调用。因此对这两个函数分配的存储器的变量存储器不应该重叠。例如，C函数调用：

```
fred (var1,bill(),2);
```

将生成汇编伪指令：

```
FNARG    _fred,_bill
```

因此告知链接器，调用 bill()函数同时对调用函数 fred()变量赋值。

(12) FNBREAK 中断调用列表链接

该伪指令用于在访问列表信息时中断链接。该伪指令的形式如下所示：

```
FNBREAK fun1,fun2
```

当使用 interrupt_level 编程时自动生成它。它表明当检测出现在多个调用列表中的函数时，不应考虑关于 fun1()的所有调用，而应考虑 fun2()确定的函数。当使用 interrupt_level 编程时，使用编译器生成的代码中的 fun2() 是 intlevel0 或 intlevel1 类型。函数 fun1()的自动存储器/参数区域仅分配在确定函数 fun2()的树的根目录中。

(13) FNCALL 告知链接器一个函数调用其他函数

该伪指令有以下形式：

```
FNCALL   fun1,fun2
```

FNCALL 通常用在编译器生成的代码中。它告知链接器，函数 fun1()调用函数 fun2()。当执行列表调用时，链接器利用该信息。当写调用 C 函数的汇编代码时，使用 FNCALL 指令以确保考虑了汇编函数。例如，对于调用 C 语言程序 foo()的汇编程序，在汇编代码中应该写入：

```
FNCALL   _fred,_foo
```

(14) FNCONF 为链接器提供调用图表配置信息

FNCONF 指令用于对链接器提供调用列表的配置信息。以如下方式写入 FNCONF：

```
FNCONF  psect,auto,args
```

这里，程序块为包含调用列表的程序块 ，auto 为所有变量符号名称的前缀，args 为所有函数变量符号名称的前缀。该指令通常只出现在一个位置：C 编译器代码生成器使用的实时启动停止代码。对于 PICC18 编译器，picrt18x.as 模块应该包含如下指令：

```
FNCONF  rbss,? a,?
```

它将告知链接器调用列表，在 rbss psect 中是以“? a”的自动变量模块开始，还是以“?”的函数变量模块开始。

(15) FNINDIR 告知链接器可以间接调用带有特定信号的所有函数

指令 FNINDIR 用于告知链接器：一个函数用特殊参数对另一个函数进行了调用(参看 SIGNAT 指令)。那么链接器就应该考虑这种最坏的情况：函数可能调用了其他具有相同的参数且赋予了地址的函数。例如,如果一个函数对函数 fred()用参数 8249 执行了一次间接调用,那么就生成如下指令:

```
FNINDIR _fred,8249
```

(16) FNSIZE 告知链接器一个函数的变量和局部变量的大小

指令 FNSIZE 用来告知链接器与函数相关的局部变量和自变量的空间大小。这些值用于链接器建立列表信息以及对局部变量和自变量指定地址空间。它的指令表达方式为:

```
FNSIZE  func,local,args
```

下例指定了局部变量和自变量空间:

```
FNSIZE   _fred,10,5
```

该语句表示函数 fred()有一个 10 字节的局部变量空间和 5 字节的自变量空间,对于任何与指令相关的列表信息,这个函数指定的变量可以是局部的或全局的。局部函数在当前模块中定义,但是大部分的定义为全局变量用于列表信息结构中。

(17) FNROOT 告知链接器一个函数是调用图表的根源

指令 FNROOT 告知汇编器,这个函数是根函数,它构成列表信息的根目录,它既可能是 C main()函数,也可能是中断函数。例如,C main()模块可能生成如下指令:

```
FNROOT   _main
```

(18) IF,ELSEIF,ELSE and ENDIF 条件汇编、转换条件汇编、转换结束条件汇编、结束条件汇编

这些指令执行条件汇编,IF 和 ELSEIF 的互补组成完整的表达式,如果为非 0,那么就会汇编与下一条 ELSE 匹配的代码;如果表达式为 0,那么就会忽略与下一条 ELSE 相匹配的指令,在下一个 ELSE 处,这个条件编译的意义会改变。用 ENDIF 结束条件汇编模块。例如:

```
IF ABC
call aardvark
ELSEIF DEF
call denver
ELSE
call grapes
ENDIF
```

在这个例子中,如果 ABC 为非 0 值,那么就汇编第一个 call,而不是第二个或第三个;如果 ABC 为 0 且 DEF 为非 0 值,那么就汇编第二个 call,不汇编第一个或第三个;而当 ABC 和 DEF 均为 0 值时,则汇编第三个 call,条件汇编模块会发生嵌套。

(19) MACRO and ENDM 宏定义和结束宏定义

这些指令用来提供宏定义，MACRO 指令用于宏定义名之后，后接用逗号隔开的形式参数。当使用宏定义时，宏定义名作为机器代码用于同样的格式中，后接参数来表示形式参数。例如：

```
;macro:     交换
;args:      arg1,arg2 须交换的两个数字；
;           arg3 用来作临时存储的变量；
;descr:     交换两个指定的变量，变量已经给出：
;                     var_x 和 x
;           x 为一个数字
;uses:      使用 w 寄存器
swap        MACRO     arg1,arg2,arg3
        movf          var_&arg1,w
        movwf         arg3
        movf          var_&arg2,w
        movwf         var_&arg1
        movf          arg3,w
        movwf         var_&arg2
        ENDM
```

这样使用时，在 macro 定义中 macro 将会扩展为 3 条指令，同时它的形式参数会被参数取代，因此：

```
swap     2,4,tempvar
```

扩展为：

```
movf     var_2,w
movwf    tempvar
movf     var_4,w
movwf    var_2
movf     tempvar,w
movwf    var_4
```

在上例中，有一点需要注意："&"符号用于和其他过程中宏定义的参数串联，但在实际扩展中省去了。nul 操作码可以用于宏定义中，用来测试定义的参数。例如：

```
if      nul          arg3            ; 没有提供参数
            ⋮
else                                 ; 提供了参数
            ⋮
```

```
endif
```

在宏定义扩展中，注释是禁止的(为了节约宏堆栈的空间)，可以用两个分号“;;”打开注释功能。

(20) LOCAL 定义局部标号

LOCAL 指令可以在特定宏定义的每次扩展中定义一个唯一的标号。对于 LOCAL 指令后的任何标号都会有一个特定的由汇编器生成的标号，在扩展时宏定义用来替代汇编程序。例如：

```
down    MACRO   count
        LOCAL   more
        movlw   count
        movwf   tempvar
more:   decfsz  tempvar
        goto    more
        ENDM
```

当扩展完成后在 more 的位置上将有一个特定的由汇编器生成的标号，例如：

```
down    4
```

扩展为：

```
            movlw       4
            movwf       tempvar
?? 0001     decfsz      tempvar
            goto        ?? 0001
```

如果二次调用，那么标号 more 会扩展为“?? 0002”。

(21) ALIGN 对齐输出的边界

ALIGN 指令可以链接它后面的数据存储区或代码等，在程序块指定边界时用这个指令。边界由接在指令后面的一个数字指定，它是一个字节数。例如，在一个程序块中，后接 2 个字节(偶数)的输出，可以用下面的指令：

```
ALIGN 2
```

注意： 如果程序块是以一个偶数地址开始的，那么它后接的内容只能以一个偶数的绝对地址开始。ALIGN 指令同样可以用于确保一个程序块的长度是某一个数字的倍数。例如，如果上面的 ALIGN 指令放置在一个程序块的最后，那么这个程序块就会有一个偶数字节大的长度。

(22) REPT 重复模块代码 n 次

REPT 指令定义了一个临时的未命名的宏定义，然后根据它后面的参数把它扩展多少倍。

例如：

```
REPT    3
addwf   fred,fred
andwf   fred,w
ENDM
```

将会扩展为：

```
addwf   fred,fred
andwf   fred,w
addwf   fred,fred
andwf   fred,w
addwf   fred,fred
andwf   fred,w
```

(23) IRP and IRPC 重复带有一个列表(或字符列表)的代码模块

指令 IRP 和 IRPC 的操作与指令 REPT 相似，但是，它们只对参数列表中的每一个数字重复，而不是对程序块进行固定次数的重复。在 IRP 情况下，数据列表是一个常用的宏定义参数列表，在 IRPCR 情况下，每一个字符是一个参数，对参数每重复一次，就取代一个形式参数。例如：

```
PSECT   idata_0
IRP     number,4865h,6C6Ch,6F00h
DW      number
ENDM

PSECT   text0
```

会扩展为：

```
PSECT   idata_0
DW      4865h
DW      6C6Ch
DW      6F00h

psect   text0
```

注意：可以用与常规的宏定义同样的方式使用局部标号和角括号“<>”。除了每次只取代一个字符串中的一个非空格字符外，IRPC 指令与 IRP 指令相似。

例如：

```
PSECT   idata_0
```

```
IRPC    char,ABC
DW      'char'
ENDM
PSECT   text0
```

会扩展为：

```
PSECT   idata_0

DW      'A'
DW      'B'
DW      'C'

PSECT   text0
```

(24) PAGESEL 生成置位/复位指令来配置该页的 PCLATH

有时需要配置当前的 PCLATH 位，以便使一个修改的 PC 类指令跳转到 ROM 的当前页位置。例如：

```
PAGGESEL        $
```

(25) PROCESSOR 芯片定义

汇编语言的输出根据芯片而定，它可以放在命令行中，或使用 PROCESSOR 指令来实现。例如：

```
PROCESSOR   18C452
```


(26) SIGNAT 定义函数信号

这个指令用于把16位的信号值与标号链接起来。在链接时，链接器检测是否为所有的信号值定义了特别的标号，如果没有则会产生错误。在链接时，C编译器用 SIGNAT 指令检测函数原型和调用协议。

如果在汇编语言中要指定调用C的路径，那么可以用 SIGNAT 指令。例如：

```
SIGNAT   _fred,8192
```

将把信号值8192与标号_fred 链接起来，如果_fred 在目标文标中表示另一个不同的信号值，那么链接器就会报告出错。

5.3.14 宏的符号

当进行宏调用时，参数列表应该用逗号隔开。如果在一个参数中需要包括一个逗号(或像空格一样的其他分隔符)，那么角括号“＜”“＞”常用于引用参数。另外，感叹号“!”常用于引用一个字符。当一个字符跟在感叹号之后，便可以传入宏参数中，即使它是注释指标。如果一个

参数的前面有百分号“%”，那么这个参数会被当成一个表达式和一个十进制数通过，而不是一个字符串。这对于在宏定义块内估计参数生成不同的结果是非常有效的。

5.3.15　汇编控制命令

汇编控制命令可以包含在汇编语言源程序中用来控制像列表格式一类的操作，这些关键字在程序的其他地方没有任何意义。通过调用控制命令名称后的 OPT 指令实现控制的调用。有些关键字后面跟着一个或多个参数。例如：

```
OPT        expand
```

表 5.7 列出了关键字，下面对它们作详细说明。

表 5.7　ASPIC18 汇编控制命令

控制命令	含　义	格　式
COND *	在列表中包含条件代码	COND
EXPAND	在列表输出时扩展宏	EXPAND
INCLDE	源文件包含其他源程序文件	INCLUDE　<pathname>
LIST *	输出列表的定义选项	LIST　[<listopt>,…,<listopt>]
NOCOND	列表无条件代码	NOCOND
NOEXPAND *	不能进行宏扩展	NOEXPAND
NOLIST	不能输出列表	NOLIST
PAGE	在输出列表上开始新的一页	PAGE
SUBTITLE	指定的程序副题	SUBTITLE“<subtitle>”
TITLE	指定程序的题目	TITLE　“<title>”

注：*　为默认选项。

(1) COND 在列表中包含条件代码

任何条件代码都将包含在输出列表中，NOCOND 为类似的控制命令。

(2) EXPAND 在列表输出时扩展宏

当使用 EXPAND 时，宏扩展时生成的代码会出现在输出列表中，NOEXPAND 为类似的控制命令。

(3) INCLUDE 源文件包含其他源文件

这个控制命令使路径所指的文件包含在本文件内。INCLUDE 控制命令必须放在一行的控制关键字的最后。

(4) LIST 输出列表的定义选项

如果在列表之前已用 NOLIST 控制命令禁止，LIST 控制命令本身就可以打开列表。另一方面，LIST 控制命令可以包含控制汇编和列表的可选项。这些可选项列在表 5.8 中，

NOLIST控制命令与它相似。

表 5.8 列表控制命令的可选项

列表可选项	默认值	说 明
c=nnn	80	配置页面宽度(也就是列数)
n=nnn	59	配置页面长度
t=ON|OFF	OFF	缩减列表输出行数,省去换行符
p=＜processor＞	n/a	配置处理器类型
p=＜radix＞	hex	配置默认值是十六进制、十进制还是八进制
x=ON|OFF	OFF	打开或关闭宏扩展

(5) NOCOND 输出列表中无条件代码

输出列表中不含任何条件的代码,参考 COND 控制命令。

(6) NOEXPAND& * 不能进行宏扩展

NOEXPAND 在列表文件中禁止宏扩展,列出的参数会取代宏调用,参考 EXPAND 控制命令。

(7) NOLIST 不输出列表

在使用这个控制命令的地方关闭列表输出。参考 LIST 控制命令。

(8) NOXREF

NOXREF 选项不生成交叉参考文件。参考 XREF 控制命令。

(9) PAGE 在输出列表上开始新的一页

PAGE 会在输出列表上开始新的一页。在源程序中遇到控制字符-L 也会产生新的一页。

(10) SPACE 输出空行

SPACE 控制命令会根据参数的设定,在输出列表中产生许多空行。

(11) SUBTITLE 指定的程序副标题

SUBTITLE 定义了一个出现在每个列表页的顶端但在标题下面的副标题,这个字符串用单引号或双引号引用。参考 TITLE 控制命令。

(12) TITLE 指定程序的标题

TITLE 定义了一个出现在每个列表页的顶端的标题,这个字符串用单引号或双引号引用。参考 SUBTITLE 控制命令。

(13) XREF 生成交叉参考列表文件

XREF 等效于命令行选项-CR,它使汇编语言产生交叉参考文件。CREF 的作用为生成格式化的交叉参考列表。

第6章

链接器及其应用

6.1 简 述

C 编译器软件包中含有链接器和汇编器，而汇编器具有重新分配地址的功能，这样编译器就可以对 C 语言源程序文件单独编译。也就是说，一个程序可能由多个源程序文件组成，而每个源程序文件都能单独编译，最后将所有经编译后的目标文件链接在一起构成一个可执行程序。由于编译器有上述功能，这样就可以控制每个源程序文件的大小，使源程序文件的存储和编译更加方便。

本章将介绍链接器的操作过程以及使用方法。然而在很多情况下用户没有必要直接操作链接器，因为编译器（无论是 HPD 方式或是命令行方式）能够自动调用链接器，同时自动地传递链接器需要的一些参数。链接器的使用比较复杂，因为要操作链接器必须具有编译器和链接器的相关知识。如果确实需要操作链接器，对于不具有编译器和连接器相关知识的人来说，最好的方法就是复制由编译器为链接器构造的参数，然后再对这些参数作适当的修改，这样就能够为链接器提供其需要的模块和参数。

虽然由 C 软件包提供的链接器是面向多种编译器的，其编译的结果也适用于多种处理器，但是并不是所有的编译器都具有本章所描述的特性。

6.2 重定位与程序块

链接器的基本任务就是将几个可重定位的目标文件组合为一个文件，之所以叫可重定位的目标文件，是因为这些文件包含有足够的信息，在这些信息中，引用程序和数据所需要的地址值（如函数地址）是可以改变的，这个地址值就是链接器将程序放置在存储器中的地址值，即不同的链接器为这个程序分配的地址可能不同。重定位有两种形式：用名字重定位，即根据全局符号的值来重定位；用程序块重定位，即根据一个指定代码程序块的基地址来重定位，如这个程序块中包含有实际可执行指令。

6.3　程序块

任何目标文件的字节都存储在存储区中的一个或多个程序块中，用 PSECTS 来引用程序。在逻辑上程序块为一个整体，它表示的是程序中特定类型的代码。总的来说，编译器只生成三种基本类型的程序块代码，但其中的一种基本类型又可以划分为多种不同的类型。这三种基本类型为：TEXT 程序块，该程序块中包含的是可执行代码；数据(DATA)块，该程序块包含的是初始化时需要的数据；BSS 程序块，该程序块包含的是未初始化但需要保留存储空间的数据。

用两个外部变量来说明 DATA 程序块和 BSS 程序块的不同，假设一个变量已经初始化，其值为 1，而另一个变量没有初始化。那么第一个变量放在 DATA 程序块中，第二个变量放在 BSS 程序块中。当程序开始运行时，将清零 BSS 程序块，所以第二个变量的初始值为 0。但第一个变量占据的是程序空间，因此其值仍然为 1。在程序运行过程中也可以修改 DATA 程序块中变量的值，为了更好地保持变量的一致性，同时考虑到程序的可重启动性和可移植性，最好不要这样做。

若需要得到更多的在特定编译器下使用的特定程序块信息，可以参考具体的章节。

6.4　局部程序块

大多数程序块是全局的，也就是说，所有模块中具有相同名字的程序块均指向它们，模块中如果有很多指令指向同名的全局性程序块，则这些指令其实指向的是同一程序块。有些程序块是局部的，局部性的程序块只能在一个模块中引用，在其他模块中即使有同名的程序块，也认为这两个程序块是互不相关的。在链接时认为局部程序块的名称是类的名称。在汇编器代码中，使用程序块标志符“class=”，可以将一个类与一个或多个程序块联系起来。

6.5　全局符号

对汇编器而言，如果定义符号为全局型符号，那么链接器对这部分符号作相应的处理。代码转换器将全局性的 C 对象转换成汇编标志符，这就是说，在 C 语言源程序文件中，如果对象的名称不是作为类的名称，或者没有声明对象的名称为 static，那么代码转换器将处理这些对象，生成的符号不只是被定义它的模块引用。链接器的任务是把定义的全局符号和它的指向联系起来。其他符号(局部符号)通过链接器送到符号文件中，但链接器不对其进行处理。

6.6 链接地址和装载地址

链接器只处理两种地址：链接地址和装载地址。通常所说的程序块链接地址就是在运行时能访问的地址。装载地址是编译器输出文件(如 HEX 或 BINARY 文件)在程序块中的起始地址，它与链接地址可能相同也可能不同。以 8086 处理器为例，链接地址相当于程序块地址有一个偏移量，而装载地址的物理地址为程序块地址值。程序块地址即为装载地址除以 16。

在其他方面，链接地址和装载地址不一样：在程序启动时，DATA 程序块中的内容将从 ROM 复制到 RAM，这样在运行中其内容可以修改；而在程序运行时，TEXT 程序块从物理(装载)地址映像到虚拟(链接)地址。链接地址和装载地址的使用方式主要取决于具体使用的编译器和存储器。

6.7 操　作

链接器指令的形式如下：

hlink[1] options files…

其中，options 为链接器选项，可以不配置选项，也可以配置多个选项，每一个选项都能以某种方式改变链接器的运行过程。files 可以是一个或多个目标文件的名称，也可以为多个库名。表 6.1 列举了链接器的可用选项，在下面将讨论这些选项的用法。

表 6.1　链接器选项

选　项	功　用
-Aclass＝low-high…	指定类的地址范围
-Cx	调用列表选项
-Cpsect＝clas	指定全局 PSECT 的类名
-Cbaseaddr	生成基于 BASEADDR 的二进制输出文件
-Dclass＝delta	指定类的 DELTA 值
-Dsymfile	生成老式的标志文件
-Eerrfile	写错误信息到 ERRFILE
-F	生成只带标志记录的.OBJ 文件
-Gspec	指定程序块选择器的计算
-Hsymfile	生成标志文件

续表 6.1

选 项	功 用
-H+symfile	生成加强的标志文件
-I	忽略未定义的标志
-Jmum	配置停止前的最大错误数
-K	防止覆盖函数参数和区域
-L	在.OBJ 保留重定位细目
-LM	在.OBJ 保留程序块的重定位细目
-N	在映像文件中用地址顺序分类标志表
-Nc	在映像文件中用类的地址顺序分类标志表
-Ns	在映像文件中用空间地址顺序分类标志表
-Mmapfile	生成链接映像到已命名文件
-Ooutfile	指定输出文件名
-Pspec	指定 PSECT 的地址和顺序
-Qprocessor	指明处理器的类型
-S	禁止标志文件中的列表
-Sclass=limit[,bound]	指定限制的地址和 PSECTS 开始的边界
-Usymbol	在表中预输入不定义的标志
-Vavmp	用 AVMP 文件生成 AVOCET 格式的标志文件
-Wwarnlev	配置警告级别
-Wwidth	配置映像文件的宽度
-X	从标志文件中移出任何局部标志
-Z	从标志文件中移出不重要的局部标志

注：早期的版本中，链接器的名字叫 LINK.EXE。

6.7.1 链接器选项中的数字

链接器的几个选项需要指定存储地址和存储空间大小，使用这几个选项的语法规则都是相似的。默认时，数字是十进制。要表示成十六进制，则应在尾部加“H”，比如，765FH 就是十六进制数。

6.7.2 -Aclass=low-high,…指定类的地址范围

一般情况下，链接时总是配置-P 选项，使用链接器给出的信息来链接程序块。然而有时希望把一类程序块链接到几个不连续的地址范围中，本选项就能够为一类程序块指定多个地

址范围。例如：

```
-ACODE = 1020h-7FFEh,8000h-BFFEh
```

上述语句把 CODE 类程序块链接到指定的地址范围中。需要注意的是，模块中的一个程序块在链接时不能分开，但链接器总会将模块中的程序块打成一个包，并为这个包指定起始地址。

要指定几个相同的、连续的地址范围，可通过一个重复数来指定，如：

```
-ACODE = 0-FFFFhx16
```

上述语句指定 16 个相同的、连续的地址范围，这个地址范围的起始地址为 0，其占据的空间为 64 KB。即使地址范围是连续的，任何一个指定的地址范围也不会跨越 64 KB 的界限。通过一个字符“x”或“*”来指定这个重复数，重复数应该放在地址范围的后面。

6.7.3 -Cx 调用列表选项

这个选项的作用是控制列表调用的相关信息，这些信息包含在由链接器生成的映像文件中。-CN 表示从映像文件中删除列表调用的相关信息。-CC 表明在映像文件中只有列表调用的关键路径。在函数调用时，用“*”指明函数调用的关键路径。只有选择了-CC 选项，在函数中指定的关键路径才有效。链接器将为处理器和存储器生成一个调用列表，这样就可以使用编译堆栈了。

6.7.4 -Cpsect＝class 指定全局程序块的类名

本选项的作用是将一个程序块和一个指定的类结合起来。由于类通常都在目标文件中指定，所以在命令行方式下不需要使用本选项。

6.7.5 -Dclass＝delta 指定类的 DELTA 值

本选项允许将程序块的 DELTA 值作为一个指定类的成员。DELTA 应该是一个数值，它代表对象单元在程序块中所占的字节数。多数程序块不需要这个选项，因为在定义程序块时就定义了程序块的 DELTA 值。

6.7.6 -Dsymfile 生成旧式的标志文件

用这个选项来生成一个旧式的标志文件。旧式的标志文件是 ASCII 文件，它的每一行都有链接地址，链接地址后为标志名。

6.7.7 Eerrfile 写错误信息到 ERRFILE

链接器生成的错误信息将输入到标准错误文件中(文件处理 2)。在 DOS 下，要想改变这个文件的输出地址还不是一件容易的事(如果修改标准输出文件的地址，则编译驱动器就会作相应的修改)。选择本选项可以将链接器生成的错误信息输入到指定的目标文件中,而不是屏幕上。

6.7.8 -F生成只带标志记录的.OBJ文件

通常情况下,链接器会生成一个目标文件,这个目标文件包含程序代码、数据字节和标志信息。但有时希望生成的目标文件只包含标志文件,而链接器能够使用这个文件,为链接器提供符号值。如果选择-F选项,那么将清除输出文件中的数据和代码字节,只留下标志记录。

如果要生成多个hex文件,同时这些文件将存储在不同的存储设备,这时就需要选用本选项。选择了本选项,编译后生成的每个目标文件所带标志是唯一的;而他又可以与其他文件链接。而且这个过程可以重复。

6.7.9 -Gspec指定段选择器

链接时可以采用段(segment)模式或存储区转换程序块模式(bank-switched psects),链接器有两种方法为每一段分配段地址,这个过程叫选择器(selectors)。所谓段(segment),就是地址值连续的一组程序块,每个段含有链接地址和装载地址。链接器处理程序块类的重定位时就生成段地址或是段选择器的值。

段选择器的默认值由段的重定位地址除以装载地址。程序块的重定位地址由汇编器的伪指令reloc=的值给定,这适用于8086实模式的代码,对保护模式或一些特别的存储区转换程序块模式就不太适合。这种情况下建议使用-G选项来指定段选择器的方法。-G的参数是一个字符串,类似于:

```
A/10h-4h
```

A代表段的装载地址,"/"代表除法。这个式子表示用段的装载地址除以10h,然后减去4h。这个式子也可以修改为用N取代A,"*"取代"/","+"取代"-"。N由段的序号替换。例如:

```
N*8+4
```

这个式子表示用N乘以8再加4,结果作为段选择器。段的序号为一些特殊值,它们依次是4,12,20……这适用于对80286的保护模式进行编译,这时这些段选择器仅仅代表"LDT"的入口地址。

6.7.10 -Hsymfile

本选项要求链接器生成一个标志文件,其中一个可选参数为symfile,它用来指定标志文件的名称,在默认情况下这个文件的名称为l.SYM。

6.7.11　-H+symfile

本选项要求链接器生成一个增强型标志文件,这个文件除能提供普通标志文件的信息外,还能提供与每个标志相对应类的名称,列出所有类的名称及每个类在存储器中占用的地址范围。当采用单步运行时,最好使用这种方式。这个可选的参数 SYMFILE 指定一个文件用于存放标志文件。默认的文件名是 l. SYM。

6.7.12　-Jerrcount

在链接时发生的错误如果超过一个规定的数,链接器会停止处理这个目标文件。在默认情况下,这个规定的数为 10,但可以选择-J 选项改变这个数字。

6.7.13　-K

如果编译器在编译时使用了堆栈,为了减少占用 RAM,链接器在链接时要覆盖函数 auto 类型变量区和参数区。如果调试时不希望这样,可用本选项来禁止这个功能。

6.7.14　-I

通常情况下,引用一个在模块中未定义的符号,同时又不能定位这个符号,是很严重的错误。但如果使用了本选项,当出现上述错误时将发出警告信息。

6.7.15　-L

链接器生成的输出文件一般不会包含任何重定位信息,因为这个文件的地址是绝对地址值。有时,需要在装载时就完成程序的重定位,如在 DOS 下运行一个. EXE 文件或在 TOS 下的. PRG 文件就是这种情况。这就要求在输出的目标文件中包含有重定位信息。如果选择-L 选项,就会在输出文件中生成重定位记录,这个记录对每个输入文件而言是无效的。

6.7.16　-LM

与上面的选项相似,这个选项也是希望在输出文件中保留重定位记录,但只是段的重定位记录。如果要生成在 DOS 下运行的. EXE 文件,本选项特别有用。

6.7.17　-Mmapfile

本选项要求链接器生成的映像文件的名称为指定名称,如果没有指定名称的话,则生成的映像文件的名称为默认名称。映像文件的格式将在 6.9 节说明。

6.7.18 -N(-Ns,-Nc)

默认情况下,映像文件中的符号是根据其名称来进行分类的。如果选择-N选项,则符号将根据其值来分类。-Ns和-Nc选项的作用与-N选项相似,但如果符号与space(或类)符号构成一个整体时,就不能使用-Ns和-Nc选项。

6.7.19 -Ooutfile

这个选项的作用是为链接器指定一个输出文件名,默认的输出文件名是l.obj。用本选项可以改变默认文件名。

6.7.20 -Pspec

如果选择了-P选项,链接器将会得到相关的信息,根据这些信息,链接器将程序块链接在一起并为它们分配地址。使用-P选项时如果需要几个参数,则这些参数是用逗号分隔的,如:

```
-Ppsect = lnkaddr + min/ldaddr + min,psect = lnkaddr/ldaddr,…
```

上述这个选项有几个变量,但每个程序块列举的都是它的链接地址、装载地址,地址值为最小值。上述所有这些值都可以省略,在这种情况下,它们就采用默认值。

如果使用最小值,应该在MIN前加一个"+"号,这时链接地址或装载地址将设为最小值;如果指定的值小于最小值,则此值将被配置为最小值。地址值的计算方式将在下面介绍。

链接地址和装载地址值可以是数,也可以是程序块名,还可以是指定的符号。如果链接地址是一个负数,那么这个程序块就以与正常情况相反的顺序链接。正常情况下,链接后出现的第一个程序块的地址值为指定地址值减1,如果程序块的地址值为负数,则该程序块将放在存储器中的第一个程序块的前面。如果不指定地址,这个程序块的链接地址可以根据前面程序块的起始地址计算得到,如:


```
-Ptext = 100h,data,bss
```

该语句中,TEXT程序块的链接地址为100h(与它的默认装载地址相同)。DATA程序块的链接(装载)地址为:100h加TEXT程序块的长度。如果DATA程序块中有一个与之相关的"reloc="值,还必须把它们综合起来。同样,BSS程序块的地址可以根据DATA程序块的地址来计算。即:

```
-Ptext = -100h,data,bss
```

如果链接方式采用递增的方式,那么在0FFH处应该为TEXT程序块的起始地址,其后依次为BSS和DATA程序块。

如果不指定装载地址,那么在默认情况下装载地址就是链接地址。如果有"/",但后面没有地址值，就根据前面程序块的地址来计算这个装载地址，如：

```
-Ptext = 0,data = 0/,bss
```

上述语句将会使 TEXT 和 DATA 的链接地址值都为 0，TEXT 的装载地址也为 0，而 DATA 的装载地址与 TEXT 程序块的结束地址相邻。链接前后，BSS 程序块都在 DATA 程序块的后面。可以用“.”符号来表示装载地址，如果这样的话，将使程序块的装载地址和链接地址一样。装载地址或链接地址也可以是其他程序块的程序块名(已链接的)，采用这种方式表明当前程序块的地址是根据指定程序块的地址计算而得。如：

```
-Ptext = 0,data = 8000/,bss/. -Pnvram = bss,heap
```

此式表明 TEXT 程序块的地址值为 0，DATA 的链接地址值为 8000h，但装载在 TEXT 程序块之后，BSS 程序块的链接地址和装载地址相同，其值为 8000h 加上 DATA 程序块的长度，NBRAM 和 HEAP 依次放在 BSS 的后面。注意，这里使用了两次-P 选项，如果多次选择某个选项，则将按照一定的顺序来处理这些选项。如果已经为一个类指定了地址范围(选择了-A 选项)，那么这个类的名称就能用来指定程序块的装载地址或链接地址，但程序块所占据的地址范围为那个类所占地址范围的一部分。如：

```
-ACODE = 8000h-BFFEh,E000h-FFFEh
-Pdata = C000h/CODE
```

这样 DATA 程序块的链接地址为 C000h，但它将装载在 CODE 的地址范围内，如果 CODE 所占据的空间小于 DATA 所需要的空间，那就会出错。注意，这种情况下，汇编时这个 DATA 程序块仍然会占据一个连续的空间，而其他程序块将会分散存储在 CODE 中的各个区域。这意味着如果有两个或以上的程序块在 CODE 类中，它们所占据的区域就可能重叠。

任何使用-P 选项分配的程序块都用它们的装载地址范围减去用-A 选项指定的地址范围。这就允许在预先不清楚需要多大地址范围的情况下(例如是否还需要其他程序块)指定一个地址范围。

6.7.21 -Qprocessor

选择这个选项可以指定处理器的型号，这样就可以在映像文件中增加相关的信息。这个选项的参数是描述处理器的字符串。

6.7.22 -S

如果希望由链接器生成的符号文件中不包含相关的符号，就可以选择这个选项。但符号文件中仍包含着程序块的信息。

6.7.23 -Sclass=limit[,bound]

一些程序块的地址值有上限,下面的例子配置类CODE程序块的地址上限为400H。

```
-SCODE = 400H
```

注意: 只有用汇编代码才能为程序块配置上限地址值(用程序块标志符“limit=”来配置)。如果使用了BOUND(边界)参数,那么程序块的起始地址值将为BOUND的整数倍。下例将FARCODE类的程序块的起始地址配置为1000H的整数倍,但其上限地址为6000H:

```
-SFARCODE = 6000H,1000H
```

6.7.24 -Usymbol

如果有一个在链接器符号列表中没有定义的符号,且希望将这个符号输入到列表中,那么就可以选择本选项。如果链接器链接的函数全部为库函数(库模块),同时又要求指定链接顺序,这个选项就非常有用了。

6.7.25 -Vavmap

如果需要生成一个AVOCET格式的符号文件,就需要链接器生成一个映像文件来指定程序块的名称与AVOCET的存储标志符之间的映像关系。AVMAP文件通常由编译器提供,也就是说,在需要时由编译驱动器自动建立。

6.7.26 -Wnum

-W选项既用来配置警告级别,也用来配置映像文件的宽度。警告级别为-9~9,如果num的值大于或等于10,则表明配置的是映像文件的宽度。

如果将该选项配置为-W9,则不会发出任何警告信息。警告级别的默认配置是-W0。如果警告级别配置为-9(-W-9),那么发出的警告信息将是最全面的。

6.7.27 -X

如果选择了这个选项,那么在符号文件中将只有全局符号而不会有任何局部符号。

6.7.28 -Z

在程序调试时并不会用到一些由编译器生成的局部符号。如果选择了这个选项,那么符号文件中将不会包含由一个字母和一串数字组成的局部符号。

6.8 调用链接器

链接器也叫 HLINK,通常驻留在安装目录下的 BIN 子目录中。调用链接器时可以不带任何参数,这种情况下它将出现一个输入提示符,指定标准输入方式。如果标准输入方式是输入一个文件,则不会出现输入提示符。如果需要指定的 HLINK 参数太多,这种调用方式就很有效。即使文件列表很长,不能在一行写完,也可以在这行的末尾加续行符"\"。在样,HLINK 命令的长度没有限制。比如,一个名叫 x.lnk 的链接命令文件包含如下的文本:

```
-Z -OX.OBJ -MX.MAP   \
-Ptext = 0,data = 0/,bss,nvram = bss/.\
X.OBJ Y.OBJ Z.OBJ C:\HT-Z80\LIB\Z80-SC.LIB
```

可以用下面任何一种方式将文件送入链接器:

```
hlink @x.lnk
hlink <x.lnk
```

6.9 映像文件

映像文件包含了程序块重定位的相关信息,同时还包含了分配给程序块中标号的地址值。映像文件有以下几个部分:第一部分是用来调用链接器的命令行;随后是第一个链接文件中目标代码的版本号和芯片类型;接着可能是列表调用的相关信息(这些信息与处理器的类型和存储器的模式有关);再其后是需要链接的目标文件和与其相关的程序块的信息;最后是库文件。

TOTALS 与目标文件中的程序块有关。SEGMENT 与主存储器组有关,其中主要与 RAM 和 ROM 的用法有关,TOTALS 和 SEGMENT 这两个部分的名称就是其中的第一个程序块的名字。

下面是一个符号表,在此列出了所有全局型符号以及与之对应的程序块和链接地址。

```
Linker command line:

-z -Mmap -pvectors = 00h,text,strings,const,im2vecs -pbaseram = 00h \
  -pramstart = 08000h,data/im2vecs,bss/.,stack = 09000h -pnvram = bss,heap \
    -oC:\TEMP\l.obj C:\HT-Z80\LIB\rtz80-s.obj hello.obj \
C:\HT-Z80\LIB\z80-sc.lib

Object code version is 2.4
Machine type is     Z80
```

```
                 Name        Link        Load        Length      Selector
C:\HT-Z80\LIB\rtz80-s.obj
                 vectors     0           0           71
                 bss         8000        8000        24
                 const       FB          FB          1           0
                 text        72          72          82
hello.obj        text        F4          F4          7

C:\HT-Z80\LIB\z80-sc.lib
powerup.obj      vectors     71          71          1

TOTAL            Name        Link        Load        Length
                 CLASS       CODE
                 vectors     0           0           72
                 const       FB          FB          1
                 text        72          72          89

         CLASS   DATA
                 bss         8000        8000        24

SEGMENTS         Name        Load        Length      Top         Selector
                 vectors     000000      0000FC      0000FC      0
                 bss         008000      000024      008024      8000
```


6.9.1 调用列表信息

任何一种芯片类型和存储器模式都要使用编译堆栈(而不是硬件堆栈),利用编译堆栈可以更方便地传递函数的参数以及函数中定义的 auto 类型变量。使用编译堆栈时必须要用到调用列表。如果使用了编译堆栈,由于为函数中的局部对象(参数和 auto 类型变量)都分配了一个固定的存储空间,所以这个函数不会被重定位。例如,一个函数 foo()使用了一个参数"? -foo"和一个 auto 类型变量"? a-foo",像 PIC,6805 和 V8 这样的编译器就要使用编译堆栈,8051 编译器(在小型和中型存储器模式下)也要使用编译堆栈。调用列表将显示与函数参数和 auto 类型变量存放相关的信息(由链接器放置的)。一个典型的调用列表为如下形式:

```
Call graph:
*-main size 0,0 offset 0
        -init size 2,3 offset 0
             -ports size 2,2 offset 5
*          -sprintf size 5,10 offset 0
```

```
*                -putch
      INDIRECT 4194
          INDIRECT 4194
              -function-2 size 2,2 offset 0
              -function size 2,2 offset 5
  *-isr->-incr size 2,0 offset 15
```

上述列表反映了函数调用和存储器的使用情况。在上例中，符号-main 与 main()主程序相对应，它在调用列表中的最左边，这表明它是调用树状目录的根目录。在此为运行代码指定的汇编标志符为 FNROOT。在名称后的 size 区域分别为参数和 auto 类型变量的数量。此时 main()没有参数，而且没有定义 auto 类型变量。offset 区域为函数参数和 auto 变量的偏移值，这个偏移值就是参数和变量相对于这个存储区起始位置的偏移量。运行代码中包含了 FNCONF 标志符，这个标志符告知编译器程序块中的参数和 auto 类型变量存储的位置，映像文件中的 COMMON 显示的就是这个存储区。

main()调用了一个叫做 init()的函数，这个函数是 2 字节的参数(可以是 2 字节字符类型，也可以是 2 字节整数类型，但这些并不重要)和 3 字节的 auto 类型变量。在上列表中，memory 表示了这个函数占据的存储器空间(以字节数表示)。如果这个函数通过寄存器传递一个 2 字节的整型数，那么整型数所占据的空间将不包括在总数里，因为 main()没有使用局部对象存储器，函数 init()的偏移量仍然是 0。

函数 init()本身也调用了另一个函数 ports()，这个函数的参数和 auto 类型变量都为 2 字节，因为 init()函数调用 ports()函数，ports()函数的局部变量所占区域不能与 init()局部变量所占区域重叠，所以 ports()函数偏移量应该为 5 字节，这就意味着 ports()函数的局部变量存储在 init()函数的局部变量之后。

main 函数也要调用 sprintf()函数，因为函数 sprintf()不可能与 inti()函数或函数 ports()同时被激活。由于 sprintf()函数局部对象所占据的空间可以被覆盖，所以其局部对象地址的偏移量为 0。sprintf()函数又调用了 putch()函数，但这个函数没有使用参数存储区(char 类型变量是通过寄存器传递的)或局部存储区，所以这个函数所占空间的大小为 0，且不需要指定其地址偏移量。

main()函数也用指针间接调用函数，列表中的两条 INDIRECT 说明的就是这种情况，它们后面的数字可能就是间接调用函数的标志值，函数的标志值是根据函数的参数和返回值的类型计算而得到的，有标志值的任何函数都可以用 INDIRECT，用 INDIRECT 指定了一个函数，但并不表示这个函数一定要被调用(没有确定会调用它)，只是有可能调用它。

最后一行给出了另一个函数，这个函数的名字在调用列表的最左边，这表明它是另一个调用列表树目录的根目录，没有任何代码调用这个中断函数，但当一个使能中断发生时将自动调用这个函数，其中断例程将调用 INCR()函数，调用方法为：符号“->”后接调用函数名，这个函数的调用不需要任何参数，也不需要定义任何变量。

列表中带星号“*”的行所对应的函数对 RAM 空间的占用有较大的影响。以上例中的 SPRINTF()函数来说明这个问题(MAIN()不能充分说明这个问题)，这个函数就占用了较大的局部存储空间，如果想减小占用存储器空间，就必须修改这个函数。而函数 INIT()和 PORTS()所占用的局部存储空间与 SPRINTF()所占用的空间重叠，所以减小这两个函数占用的局部储存空间对整个存储器的空间占用情况没有影响，只要这两个函数所用存储空间的总量没有超过 SPRINTF()函数所占用的空间。所以如果想减小程序在 RAM 中占用的空间，就要查看那些带“*”号的函数。

从调用列表还可以看到，一个函数的参数和 auto 类型变量在存储器中所占的区域可能重叠(例如，“? a-foo”与“? -foo”被放在同一处)，要保证这个区域的存在就一定要确保在程序中确实调用了一个函数，如果链接器没有发现被实际调用的函数，那么，链接器就会认为不需要这个区域而将其覆盖，这是因为链接器能够覆盖函数使用的、没有激活的局部存储区域。如果调用这个函数，那么链接器就将为参数和 auto 变量分配地址值。

如果写一段程序，其中包含汇编代码调用 C 语言程序的情况，那么在程序中需要包含适当的汇编标志符，这样可以保证链接器能够发现被调用的 C 函数。

6.10 库管理器

库(LIBR)可以将几个目标文件结合在一起，生成一个文件，即库文件。之所以这样做是基于以下考虑：

- 链接更少的文件；
- 访问更快；
- 占用更少的硬盘空间。

为了使库发挥更大的作用，链接器对库内模块的处理不同于对目标文件的处理。将一个目标文件送入链接器，那么链接器就会将这个目标文件链接进最终的模块中。然而，一个库模块只有在它已经确定要和一个或多个符号链接，但在还没有链接的情况下，链接器才会对这个模块进行处理，因此只有在需要的时候才会链接库内模块。同时在链接时首先要指定链接的模块，而链接器是以线性方式查询库，所以链接时可以指定库内模块的链接顺序以达到特殊的目的。

6.10.1 库格式

所谓库，基本上是一些模块的链接，库的开始部分是库中模块和符号的目录，由于这个目录比模块的总量小得多，从而使链接器查询库的速度更快。因为在最初查询时只查询目录而不是所有模块，然后再读取需要的模块。应注意的是：库所采用的格式是为了更有利于目标模块的链接，而不是为了文件的归档。这样就可以通过优化格式，提高链接速度。

6.10.2 库的使用

库管理程序称为LIBR，它的命令格式如下：

libr options k file. lib file. obj…

说明如下：libr是程序的名字；options是命令选项，可以不选择这个选项，此处也可以有多个选项，这个选项将影响程序的输出；k是关键字，用来指定库的功能（取代、提取或删除模块，模块列表或标志符）；file. lib是操作的库文件名；file. obj这一项可以没有，如果有，则是一个或多个目标文件的名称。

在表6.2中列出了库选项，在表6.3中列出了关键字。

表6.2 库选项

选 项	作 用
-Pwidth	指定页宽
-W	错误显示

表6.3 库的关键字

关键字	意 义
r	取代模块
d	删除模块
x	提取模块
m	列表模块
s	列出模块的标志符

如果想替代或提取一个模块，file. obj为被提取或替代模块的名称，如果没有配置该选项，则会替代或提取库中所有模块。如果要在库中添加一个文件，而这个文件并不存在库中，添加的这个文件将会放在库的最后。如果使用了关键字r，即使不存在库，也会创建一个库。

如果使用D关键字，那么将从库中删除指定的文件。使用这个关键字时，如果不指定文件名称会出现错误。

使用M和S关键字，编译器会将所有指定的模块生成一个列表，如果再使用关键字S，则列表中还包括已定义的和引用的标志符（全局标志符只能由库管理程序处理）。如果使用了关键字R和X，而编译器生成的列表中又没有模块，此时表明列表中的内容为库中的所有模块。

6.10.3 举 例

这里有几个库管理程序应用的例子。下面命令将生成一个列表，这个表中的内容为模块a. obj，b. obj和c. obj的全局标志符：

```
libr s file.lib a.obj b.obj c.obj
```

下面命令的作用是将模块a. obj，b. obj和2. obj从库file. lib中删除：

```
libr d file.lib a.obj b.obj 2.obj
```

6.10.4 参数输入

通常情况下需要向 libr 提供目标文件的许多参数，在 CP/M 和 MS-DOS 下命令行不能超过 127 个字符。如果没有给出命令行参数，libr 只会接收来自标准输入设备的命令，如果标准输入设备为控制台，LIBR 将会出现输入提示符，在一行末尾用一个“\”作为连续符号以实现多行输入，如果标准输入为一个文件输入，LIBR 将不会出现提示符。例如：

```
libr
libr> r file.lib 1.obj 2.obj 3.obj \
libr> 4.obj 5.obj 6.obj
```

执行上述文件的结果与用命令行输入目标文件的结果相同，如果用命令行输入目标文件，LIBR 将自动出现一个提示符 libr>，需要输入的其余内容由用户自己键入。

```
libr < lib.cmd
```

libr 将从 lib. cmd 文件中读取输入，并执行 lib. cmd 文件中的命令，这样 LIBR 命令行的长度实际上是没有限制的。

6.10.5 列表格式

要求 LIBR 生成一个列表，列举出所有模块的名字，请求每个模块的名称在标准输出中占据一行，使用关键字 s 就会得到与上述要求相似的列表。在表中每一个模块名后有一些符号，每一个符号前加上字母 D 或 U，分别表示定义或引用这个符号。如果选择了-P 选项，就可以决定输出页面的宽度(在完成本次操作后)，例如：

```
LIBR -P80 s file.lib
```

该命令要求用 80 行输出符的格式打印或显示 FILE. LIB 中的所有模块以及它的全局符号。

6.10.6 库中排序

库管理器创建的库包含许多模块，这些模块按照一定的顺序保存，这个顺序与创建库时命令行中放置模块文件的顺序相同。更新这个库时会保留这些模块的顺序，如果在库创建后要添加模块的话，则添加的模块会放在库的最后面。

对链接器而言，库中模块的顺序是非常重要的。如果库中的一个模块引用了同一个库中的另一个模块定义的符号，而定义这个符号的模块又出现在引用这个符号模块的后面，就会引起错误。

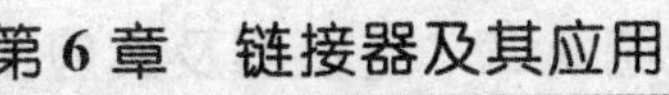

6.10.7 错误信息

LIBR 会给出各种错误信息，其中列举的大部分错误是比较严重的错误，如果选择了-W 选项，那么在错误信息中还将列举一些小的错误，但所有的警告信息将不会出现。

6.11 将目标文件转换到十六进制文件

HI-TECH 链接器生成的输出文件可以是简单的二进制文件，也可以是目标文件。如果需要生成其他格式，则必须执行 OBJTOHEX 程序，这个程序可以将链接器生成的目标文件转化为各种不同的格式，包括各种十六进制格式，程序调用如下：

Objtohex options inputfile outputfile

所有的参数都是可选择的，如果没有指定 outputfile 这个参数，它就会使用默认值 1. HEX 或 1. BIN(这取决于是否选择了-B 选项)，而 inputfile 的默认值是 1. obj。

在表 6.4 中列出了 objtohex 中的可选项，如果需要一个地址值，其指定方法与 HLINK 指定地址的方法相同。

表 6.4 objtohex 的可选项

可选项	意 义
A	生成一个 ATDOS. ATX 的输出文件
-Bbase	生成一个配置了 BASE 的二进制文件，默认文件名为 1. obj
-Cckfile	从 ckfile 文件或标准输入读取一个校验和规范列单
-D	生成一个 COD 文件
-E	生成一个 MS－DOS. EXE 文件
-Ffill	用 FILL 的值以字来填充未用的存储区，它的默认值为 0FFh
-I	生成一个用线性地址扩展记录的 INTEL 十六进制文件
-L	把重置信息拷进输出文件(用. EXE 文件)
-M	生成一个 MOTOROLA 十六进制文件(S19，S28 或 S37 格式)
-N	生成一个 MINIX 格式的输出文件
-Pstk	用可选的栈大小，生成一个 atari st 格式的输出文件
-R	在输出文件中包含重置的信息

续表 6.4

可选项	意　义
-Sfile	在 file 中写入一个标志符
-T	生成一个 TEKTRENIX 十六进制文件，-T 生成一个所需的 TEK 十六进制文件
-U	生成一个 COFF 输出文件
-UB	生成一个 UBROF 格式的文件
-V	在输出文件中转换字与长字的顺序
-X	创建一个 X. OUT 格式的文件

校验和规范

校验和规范允许自动计算校验和，校验和规范采用多行的格式，每行一个校验和，校验和的语法如下：

addr1-addr2 where1-where2 ＋offset

addr1，addr2，where1，where2 和 offset 都是十六进制数，不像通常的情况带 H 后缀。如规范所说明的，从 addr1 到 addr2 的字节所包含的内容应计算其和，计算结果存放在从 where1 到 where2 的字节中，对于 8 位的校验和这两个地址应相等，因为首先存入的是校验和的低字节，所以 where1 应比 where2 小，反之亦然；＋offset 是一个可选项，如果给它提供值，offset 的值会用于初始化校验和，否则初始化为 0，例如：

```
0005-1FFF 3-4  + 1FFF
```

此时会先计算从 5～1FFFH 的字节值的和，然后把 1FFFH 加入这个和值，16 位的校验和将会存放在 3～4 的位置，低字节存放在 3。用 1FFFH 来初始化校验和是为了对一个全为 0 的 ROM 提供保护或 ROM 在存储区中放错地方，在运行校验和时会把 ROM 中的最后一个被校验和的地址加入校验和，对于上面的 ROM，它就是 1FFFH，因此这个初始化值可以用于任何需要的场合。

6.12　Cref 交叉列表程序

交叉列表应用程序 cref 将编译器或汇编程序生成的原始交叉信息分类，生成一个列表。如果选择了编译器的-CR 选项，编译器将生成一个原始的交叉引用文件；如果选择了汇编器的-C 选项（对大部分的汇编器而言），或使用了 opt cre 伪指令（6800 系列汇编器），或一个 xref 控制行（PIC 汇编器），那么汇编器将生成一个原始的交叉引用文件。CREF 命令的一般格式是：

cref　　options　　files

其中的 options 为选项，可以不选，也可以有多个选项，files 是一个或多个原始的交叉引用文件。表 6.5 中列举了 cref 的可选项，每个选项的作用将在下面的小节中作详细的说明。

表 6.5　cref 的可选项

可选项	意　义
-Fprefix	用一个路径名来排除文件中标志符或以前辍开始的文件名
-Hheading	对列表文件指定一个标题
-Llen	指定列表文件的页面长度
-Ooutfile	指定列表文件的名称
-Pwidth	配置列表长度
-Sstoplist	读文件 stoplist，略过列表的标志符
-Xprefix	排除任何给定的前辍开头的标志符

6.12.1　-Fprefix

用户经常要求在交叉引用列表中不包括系统头文件定义的符号，也就是说不希望在交叉列表中出现在＜stdio.h＞中定义的符号。选择-F 选项可以实现上述目的。选择-F 选项指定一个路径名的前辍，如果文件的起始路径名与这个前缀名相同，则在这个文件中定义的符号将不会包含在交叉列表中，例如，使用"-F\"选项，则交叉列表将不包括起始路径为"\"的所有文件定义的符号。

6.12.2　-Hheading

-H 选项的参数为字符串，这个字符串将作为列表的标题，在默认情况下，列表的标题为指定的第一个原始交叉引用文件名。

6.12.3　-Llen

该选项指定生成列表页面的长度，例如，如果列表每页需要显示 55 行，那么就可以用-L55 选项，它的默认值是 66 行。

6.12.4　-Ooutfile

用于指定列表输出文件的名称，在默认情况下列表可能作为标准输出，但可以改变。指定的输出文件名可能为 outfile。

6.12.5　-Pwidth

如果需要输出的列表满足一定的格式，则可以选择这个选项来指定列表的宽度，例如，选择-P132 选项就规定输出列表的宽度为 132 列，默认值为 80 列。

6.12.6　-Sstoplist

-S 选项应该有自己的参数，这个参数是包含了一些符号的文件名，而这些符号没有出现在交叉引用列表中。如果需要使用多重 stoplists，则可以多次选择-S 选项。

6.12.7　-Xprefix

如果选择了-X 选项，就可以在符号列表中不包含指定的符号，其中指定的符号为这个选项的参数，而这个选项作为参数的前缀。例如，如果符号列表中不包括所有以字母 xyz 开头的字符，那么可以用选项-Xxyz，如果希望在字符列表中不包括有数字的字符串，那么作为-X 选项参数的字符串必须要有数字，例如，如果选择了-XX0 选项，那么在列表中将不会有以 X 开头，在后面接有数字的字符串。

CREF 可以接受以通配符作文件名的文件，并且可以改变 I/O 方向。调用 CREF 的命令不带任何参数，启动后就可以在 cref>提示符后键入命令行，在一行的最后用"\"表示此行后面还有命令行。

6.13　cromwell 文件格式转换程序

cromwell 程序的作用是将代码和符号文件转换为不同格式，表 6.6 给出了可以获得的格式。

表 6.6　格式类型

关键字	格　式	关键字	格　式
cod	字节格式的 COD 文件	icoff	ICOFF 文件格式
coff	COFF 文件格式	ihex	Intel 的 HEX 文件格式
elf	ELF/DWARF 文件	omf51	OMF-51 格式
eomf51	扩展的 OMF-51 格式	pe	P&E 文件格式
hitech	HI-TECH 软件格式	s19	Motorola 的 HEX 文件格式

cromwell 命令的一般格式是：

```
cromwell options input-files -okey output-file
```

在这里,options 为可选项,它只能是表 6.7 中所列举的选项;output-file(可选项)是输出文件的文件名;通常情况下,input-file 是 HEX 或 SYM 文件;cromwell 会自动寻找 SDB 文件,如果找到这个文件的话,cromwell 将会及时读取它们。这些可选项的作用将在下面作进一步的说明。

表 6.7 CROMWELL 可选项

可选项	说 明	可选项	说 明
-Pname	处理器名字	-L	列出有用的格式
-D	检测输入文件	-E	去掉文件扩展名
-C	只确认输入文件	-B	指定 big－endian 字节顺序
-F	把局部标志符转换为全局标志符	-M	去掉下划线字符
-Okey	配置输出格式	-V	详细模式
-Ikey	配置输入格式		

6.13.1 -Pname

-P 选项后接的字符串为使用处理器的名称,cromwell 将根据这个字符串名称选择输出文件格式。

6.13.2 -D

如果选择了-D 选项,则在屏幕上将以可读的格式详细地显示指定输入文件的内容。输入文件可以是表 6.7 列出的文件类型中的任何一种。

6.13.3 -C

这个选项用于确认指定输入文件的格式是否为表 6.6 中所列的文件格式,如果是,那么将显示它的文件类型。

6.13.4 -F

在生成一个 COD 文件时,选择这个选项可以将所有的局部符号强行转变成全局符号。如果仿真器不能从 COD 文件中读取局部符号,则这个选项非常有用。

6.13.5 -Okey

这个选项用于指定输出文件的格式,key 可以是表 6.7 中列出的任何一种类型。

6.13.6 -Ikey

这个选项用于指定默认的输入文件格式,key 可以是表 6.7 中列出的任何一种类型。

6.13.7 -L

这个选项用于显示支持的文件格式,选择这个选项后将会生成一个类似于表 6.7 的列表。

6.13.8 -E

这个选项用于命令 CROMWELL 忽略任何给出的文件扩展名,采用默认的文件扩展名。

6.13.9 -B

如果支持不同的 ENDIAN 类型格式,那么可以选择这个选项来指定 BIG-ENDIAN 的字节顺序。

6.13.10 -M

在生成 COD 文件时,如果选择这个选项可以删除字符前面的下划线。

6.13.11 -V

选择该选项将显示 CROMWELL 操作的详细信息。

6.14 memmap 存储器映射程序

每个处理器的 memmap 都有自己的特点。memmap 程序位于安装目录下的 BIN 目录中,每个 memmap 程序都是如下形式:XXmap.exe,其中 XX 代表处理器的类型。对任何处理器,都可以引用 memmap 程序。

在完成编译和链接后,无论是 HPD 或是命令行编译器都将生成一个关于存储器使用情况的简单报告;但是,如果只进行编辑,在编译后手动调用链接器进行链接,那么就不会显示存储器的使用信息。MEMMAP 程序将会读取映像文件中的内容,并且生成一个关于程序块地址分配的简单报告或程序块的存储器映像图,这与在 HPD 和命令行编译器中显示的一样。

memmap 的使用

如果需要显示存储器的使用情况,则采用如下格式的命令:

```
memmap options    file
```

options 为可选项，可以不选择这个选项，也可以选择多个选项，这些选项的内容列在表 6.8 中，file 是映像文件的文件名，memmap 命令中只能有一个映像文件。

表 6.8　memmap 的可选项

可选项	作　用
-P	输出程序块的用法结构
-Wwid	指令输出地址的宽度

1. -P

在默认情况下，memmap 将只为一部分存储器生成映像图，这个输出与编辑和链接完成后生成的输出相似。如果选择-P 选项就可以改变这种情况。选择这个选项后，可以生成程序块占用存储器的映像图，这与选择 psectmap 选项（使用命令行方式）和使用 Utility＞Memory Usage Map 菜单（HPD）相似，它们输出的内容也是相似的。

2. Wwid

选择-W 选项可以用来调整输出地址的宽度，默认的地址宽度取决于处理器的寻址范围，因此使用处理器的类型就决定了输出地址的默认宽度。例如，一个处理器的寻址范围小于或等于 64 KB 时，则它的默认地址宽度值为 4；而当一个处理器的寻址范围大于 64 KB 时，则它的默认地址宽度值是 6。

第 7 章

C 语言库函数

本章将详细列出 C 编译器的库函数。每个函数均从函数名开始，然后采用以下格式详细说明。

【提要】

函数的 C 语言定义以及定义函数的头文件。

【描述】

对函数及其作用进行简明描述。

【例程】

说明函数用法的实例。

【数据类型】

列出函数中使用的一些特殊的数据类型(如结构等)及其 C 语言定义。这些数据类型的定义在头文件中。

【参阅】

给出相关联的函数。

【返回值】

如果函数有返回值，则在本标题下将给出返回值的类型和性质，同时还包括错误返回的信息。

ABS 函数

【提要】

```
#include <stdlib.h>
int abs (int j)
```

【描述】

abs()函数返回变量 j 的绝对值。

【例程】

```
#include <stdio.h>
#include <stdlib.h>

void
main (void)
{
        int a = -5;

        printf("The absolute value of %d is %d\n",a,abs(a));
}
```

【返回值】

j的绝对值。

ACOS函数

【提要】

#include <math.h>
double acos (double f)

【描述】

acos()函数是cos()的反函数，函数参数在[－1,1]区间内，返回值是一个用弧度表示的角度，而且该返回值的余弦值等于函数参数。

【例程】

```
#include <math.h>
#include <stdio.h>
/* 以度为单位,显示[-1,1]区间内的反余弦值 */
void
main (void)
{
        float i,a;

        for(i = -1.0,i < 1.0;i + = 0.1) {
            a = acos(i) * 180.0/3.141592;
            printf("acos( %f) = %f degrees\n",i,a);
        }
```

```
}
```

【参阅】

sin(),cos(),tan(),asin(),atan(),atan2()。

【返回值】

返回值是一个用弧度表示的角度,区间是[0,π]。如果函数参数超出区间[-1,1],则返回值将为 0。

ASCTIME 函数

【提要】

#include <time.h>
char *asctime (struct tm *t)

【描述】

asctime()函数获得当前时间,通过指针 t 将获得的时间存放在 struct tm 结构中,返回值是包含 26 个字符的字符串,该字符串以如下格式描述当前的日期和时间:

```
Sun Sep 16 01:03:52 1973\n\0
```

注意:在字符串的末尾是换行符。字符串中的每个字长是固定的。以下例程得到当前时间,通过 localtime()函数将其转换成一个 struct tm 指针,最后转换成 ASCII 码并显示出来。其中,time()函数是用户提供的函数(详情请参阅 time()函数)。

【例程】

```
#include <stdio.h>
#include <time.h>

void
main (void)
{
        time_t clock;
        struct tm *tp;

        time(&clock);
        tp = localtime(&clock);
        printf("%s",asctime(tp));
}
```

【参阅】

ctime(),gmtime(),localtime(),time()。

【返回值】

指向字符串的指针。

注意:time()函数不是编译器提供的例行程序,它由用户提供。详情请参照time()函数。

【数据类型】

```
struct tm {
        int tm_sec;
        int tm_min;
        int tm_hour;
        int tm_mday;
        int tm_mon;
        int tm_year;
        int tm_wday;
        int tm_yday;
        int tm_isdst;
};
```

ASIN函数

【提要】

#include <math.h>
double asin (double f)

【描述】

asin()函数是sin()的反函数,其参数值的范围为[-1,1],返回值是一个用弧度表示的角度值,而且这个返回值的正弦等于函数的参数值。

【例程】

```
#include <math.h>
#include <stdio.h>

void
main (void)
```

```
{
        float i,a;

        for(i = -1.0; i < 1.0; i + = 0.1) {
            a = asin(i) * 180.0/3.141592;
            printf("asin( % f) = % f degrees\n",i,a);
        }
}
```

【参阅】

sin(),cos(),tan(),acos(),atan(),atan2()。

【返回值】

本函数的返回值是一个用弧度表示的角度值,其区间为[$-\pi/2,\pi/2$]。如果函数参数的值不在[-1,1]区间内,则该函数的返回值将为0。

ATAN函数

【提要】

#include <math.h>
double atan (double x)

【描述】

该函数为反正切函数。也就是说,本函数的返回值是一个角度e,其范围为[$-\pi/2,\pi/2$],而且tan(e)=x(x为函数参数)。

【例程】

```
#include <stdio.h>
#include <math.h>

void
main (void)
{
        printf(" % f\n",atan(1.5));
}
```

【参阅】

sin(),cos(),tan(),asin(),acos(),atan2()。

【返回值】

返回函数参数的反正切值。

ATAN2 函数

【提要】

#include <math.h>
double atan2 (double y,double x)

【描述】

本函数的返回值为 y/x 的反正切值，它将根据函数两个参数的符号来决定返回值在直角坐标系中的象限。

【例程】

```
#include <stdio.h>
#include <math.h>

void
main (void)
{
        printf(" % f\n",atan2(1.5,1));
}
```

【参阅】

sin(),cos(),tan(),asin(),acos(),atan()。

【返回值】

返回值为 y/x 的反正切值(用弧度表示)，返回值在[$-\pi,\pi$]范围内。如果 y 和 x 均为 0，将出现定义域错误，并返回 0。

ATOF 函数

【提要】

#include <stdlib.h>
double atof (const char *s)

【描述】

atof()函数将扫描字符串参数，忽略字符串开头的空格。然后将一个用 ASCII 表示的数转换成双精度数。这个数可以用十进制数、浮点数或者科学记数法表示。

【例程】

```
#include <stdlib.h>
#include <stdio.h>

void
main (void)
{
        char buf[80];
        double i;
        gets(buf);
        i = atof(buf);
        printf("Read %s: converted to %f\n",buf,i);
}
```

【参阅】

atoi(),atol()。

【返回值】

本函数的返回值是一个双精度浮点数。如果字符串中没有发现任何数字,则其返回值0.0。

ATOI 函数

【提要】

#include <stdlib.h>
int atoi (const char *s)

【描述】

atoi()函数将扫描字符串参数,忽略字符串开头的空格并读取相应的符号。然后将一个用ASCII表示的十进制数转换成整数。

【例程】

```
#include <stdlib.h>
#include <stdio.h>

void
main (void)
{
        char buf[80];
        int i;
```

```
        gets(buf);
        i = atoi(buf);
        printf("Read %s: converted to %d\n",buf,i);
}
```

【参阅】

xtoi(),atof(),atol()。

【返回值】

返回一个有符号的整数。如果在字符串中没有发现任何数字,则返回0。

ATOL函数

【提要】

#include <stdlib.h>
long atol (const char *s)

【描述】

atol()函数将扫描字符串参数,忽略字符串开头的空格,然后将一个用ASCII表示的十进制数转换成长整型数。

【例程】

```
#include <stdlib.h>
#include <stdio.h>
void
main (void)
{
    char buf[80];
    long i;
    gets(buf);
    i = atol(buf);
    printf("Read %s: converted to %ld\n",buf,i);
}
```

【参阅】

atoi(),atof()。

【返回值】

返回一个长整型数,如果字符串中没有发现任何数字,返回值为0。

CEIL 函数

【提要】

#include <math.h>
double ceil (double f)

【描述】

本函数对 f 取整,取整后的返回值为大于或等于 f 的最小整数。

【例程】

```
#include <stdio.h>
#include <math.h>

void
main (void)
{
        double j;

        scanf("%lf",&j);
        printf("The ceiling of %lf is %lf\n",j,ceil(j));
}
```


CLRWDT 函数

【提要】

#include <pic18.h>
CLRWDT();

【描述】

用此宏指令来清除看门狗计时器。

【例程】

```
#include <pic18.h>
void
main (void)
{
        WDTCON = 1; /* 使能 WDT */
```

```
        CLRWDT();
}
```

COS函数

【提要】

#include <math.h>
double cos (double f)

【描述】

本函数将计算函数参数的余弦值。其中,函数参数用弧度表示。通过计算多项式级数的近似值来求函数的余弦值。

【例程】

```
#include <math.h>
#include <stdio.h>
#define C 3.141592/180.0

void
main (void)
{
        double i;
        for(i = 0;i <= 180.0;i += 10)
        printf("sin(%3.0f) = %f,cos = %f\n",i,sin(i*C),cos(i*C));
}
```

【参阅】

sin(),tan(),asin(),acos(),atan(),atan2()。

【返回值】

返回一个双精度数,其范围为[-1,1]。

COSH,SINH,TANH函数

【提要】

#include <math.h>
double cosh (double f)
double sinh (double f)

double tanh (double f)

【描述】

这些函数是双曲余弦,双曲正弦和双曲正切函数。

【例程】

```
#include <stdio.h>
#include <math.h>
Void
main (void)
{
    printf("%f\n",cosh(1.5));
    printf("%f\n",sinh(1.5));
    printf("%f\n",tanh(1.5));
}
```

【返回值】

cosh()函数返回双曲余弦值,sinh()函数返回双曲正弦值,tanh()函数返回双曲正切值。

CTIME 函数

【提要】

#include <time.h>
char *ctime (time_t *t)

【描述】

ctime()函数将函数参数所指的时间转换成字符串,其结构与 asctime()函数所描述的相同,并且精确到秒。以下例程将显示出当前的时间和日期。

【例程】

```
#include <stdio.h>
#include <time.h>
void
main (void)
{
    time_t clock;
    time(&clock);
    printf("%s",ctime(&clock));
}
```

【参阅】

gmtime(),localtime(),asctime(),time()。

【返回值】

本函数返回一个指向该字符串的指针。

注意:由于编译器不能提供time()函数,因此它只能由用户提供。详情请参阅time()函数。

【数据类型】

```
typedef long time_t
```

DI,EI函数

【提要】

```
#include <pic18.h>
void ei(void)
void di(void)
```

【描述】

ei()和di()函数的作用是中断使能和中断屏蔽,它们在pic.h头文件中定义。将扩展程序中的这两个函数,形成嵌入的汇编指令,分别对中断使能位进行置位和清零。

以下例程将说明怎样用ei()函数和di()函数去修改一个长整形变量的值(在中断期间)。由于中断服务程序将修改该变量的值,所以如果访问该变量不按照本例程的结构编程,一旦在访问变量值的连续字期间出现中断,则函数getticks()将返回错误的值。

【例程】

```
#include <pic18.h>
long count;
void interrupt tick(void)
{
        count++;
}
        long getticks(void)
{
    long val; /* 在访问 count 变量前禁止中断,保证访问的连续性 */
    di();
    val = count;
    ei();
    return val;
```

```
}
```

DIV 函数

【提要】

#include <stdlib.h>
div_t div (int numer,int demon)

【描述】

div()函数的作用是除法计算,得到商和余数。

【例程】

```
#include <stdlib.h>
#include <stdio.h>
void
main (void)
{
        div_t x;
        x = div(12345,66);
        printf("quotient = %d,remainder = %d\n",x.quot,x.rem);
}
```


【返回值】

将商和余数返回到结构 div_t 中。

【数据类型】

```
typedef struct
{
    int quot;
    int rem;
} div_t;
```

EEPROM_READ,EEPROM_WRITE 函数

【提要】

#include <pic18.h>
unsigned char eeprom_read (unsigned int address);

void eeprom_write (unsigned int address,unsigned char value);

【描述】

这些函数都可以访问片内 eeprom(如果片内有 eeprom)。eeprom 不是可直接寻址的寄存器空间,如果要访问 eeprom,就需要将一些特定序列的字节加载到 eeprom 控制寄存器中。写 eeprom 是一个缓慢的过程,在写入下一个数据前,应该调用 eeprom_write()函数查询相应的寄存器来确认前一个数据已经写入完毕。但是,读 eeprom 可以在一个指令周期内完成,所以没有必要查询读操作是否完成。

读数据可在一个周期内完成,且不需要检测是否读完。当函数要更新变量值时,需要一个指向目标变量的指针。如果这个函数使用宏定义,这个变量本身将用一个参数来传递。

【例程】

```
#include <pic18.h>
void
main (void)
{
    unsigned char data;
    unsigned int address = 0x0010;
    data = eeprom_read(address);
    data = EEPROM_READ(address);
    eeprom_write(address,data);
}
```

【参阅】

FLASH_READ,FLASH_WRITE,FLASH_ERASE。

注意: 一个对象对时序有严格的要求,如果该对象要求访问 EEPROM 时,那么高、低优先级中断都是禁止的。完成访问后,所有中断都会恢复。操作执行完毕后,通过函数来复位 EEIF 中断标志位。

eeprom_read()和 eeprom_write()都可在宏格式中使用。

EVAL_POLY 函数

【提要】

```
#include <math.h>
double eval_poly (double x,const double *d,int n)
```

【描述】

eva_poly()函数的作用是计算一个多项式的值,这个多项式的系数存放在数组 d 中,x 为多项式的自变量,例如:

y = x * x * d2 + x * d1 + d0

该多项式的阶数为该函数的参数 n。

【例程】

```
#include <stdio.h>
#include <math.h>
void
main (void)
{
        double x,y;
        double d[3] = {1.1,3.5,2.7};
        x = 2.2;
        y = eval_poly(x,d,2);
        printf("The polynomial evaluated at %f is %f\n",x,y);
}
```

【返回值】

本函数返回一个双精度数,该数是与自变量 x 的值相对应的多项式值。

EXP 函数

【提要】

#include <math.h>
double exp (double f)

【描述】

exp()函数返回参数的指数函数值,即 e^f(f 为函数参数)。

【例程】

```
#include <math.h>
#include <stdio.h>
void
main (void)
{
      double f;
```

```
    for(f = 0.0;f <= 5;f += 1.0)
    printf("e to %1.0f = %f\n",f,exp(f));
}
```

【参阅】

log(),log10(),pow()。

FABS函数

【提要】

#include <math.h>
double fabs (double f)

【描述】

本函数返回双精度函数参数的绝对值。

【例程】

```
#include <stdio.h>
#include <math.h>
void
main (void)
{
        printf("%f %f\n",fabs(1.5),fabs(-1.5));
}
```

【参阅】

abs()。

FLASH_ERASE,FLASH_READ,FLASH_WRITE函数

【提要】

#include <pic18.h>
void flash_erase (unsigned long addr);
unsigned char flash_read (unsigned long addr);
void flash_write(far unsigned char * source,unsigned char length,far unsigned char * dest_addr);

【描述】

这些函数用来访问微处理器的 Flash 存储器(如果存在的话)。

flash_read()函数每次从 flash 存储器中读取 1 字节的数据,其返回值将存放在 flash 存储器的指定地址中。

flash_erase()函数每次可以擦写整个扇区中的 64 字节数据(值为 FF)。如果给这个函数指定一个地址,就可以擦写指定地址这个扇区的 64 字节数据。

flash_write()函数把 RAM/flash 里的数据/代码复制到 flash 存储器的指定地址中。

flash_read()函数需要两个指针,一个指向被复制数据,另一个指向 flash 存储器的目标地址;除此之外还需要复制数据长度(用字节表示)。该函数可以修改 const 变量的值。这个函数一次可以复制 256 字节的数据。

【例程】

```
#include <pic18.h>
void
main (void)
{
    const unsigned char old_text[] = "insert text here";
    unsigned char new_text[] = "HI-TECH Software";
    far unsigned char * source = &new_text[0];
    far unsigned char * dest = &old_text[0];
    unsigned char length = 16;
    unsigned char data;
    unsigned int address = 0x1000;
    data = flash_read(address);
    flash_erase(address);
    flash_write(source,length,destination);
}
```

【返回值】

flash_read()函数的返回值为无符号字符数据,它存储在指定地址中。

注意:flash_write()函数一次可以写 1～256 个任何字节的数据,尽管如此,最好是写 64 的整数倍的数据。

FLOOR 函数

【提要】

#include <math.h>

double floor (double f)

【描述】

本函数对函数参数取整,取整后的返回值为不大于函数参数 f 的最大整数。

【例程】

```
#include <stdio.h>
#include <math.h>
void
main (void)
{
        printf("%f\n",floor(1.5));
        printf("%f\n",floor(-1.5));
}
```

FREXP 函数

【提要】

#include <math.h>
double frexp (double f,int *p)

【描述】

frexp()函数将一个浮点数分解成规格化小数和 2 的整数次幂两部分,整数幂部分存储于指针 p 所指的 int 单元中。本函数的返回值 x 要么在区间[0.5,1.0]内,要么为 0,而且有 $f=x\times2^{*p}$。如果 f 为 0,则分解出来的两个部分均为 0。

【例程】

```
#include <math.h>
#include <stdio.h>

void
main (void)
{
        double f;
        int i;
        f = frexp(23456.34,&i);
        printf("23456.34 = %f * 2^%d\n",f,i);
}
```

【参阅】

ldexp()。

GMTIME 函数

【提要】

#include <time.h>

struct tm *gmtime (time_t *t)

【描述】

本函数把指针 t 所指的时间分解并且存于结构中，精确度为秒。其中，t 所指的时间必须为1970年01月01日00时00分00秒以后。在 time.h 文件中定义了本函数所用的结构，结构的定义可参照本节“数据类型”部分。

【例程】

```
#include <stdio.h>
#include <time.h>
void
main (void)
{
    time_t clock;
    struct tm *tp;
    time(&clock);
    tp = gmtime(&clock);
    printf("It's %d in London\n",tp->tm_year + 1900);
}
```

【参阅】

ctime()，asctime()，time()，localtime()。

【返回值】

返回 tm 类型的结构。

注意：由于编译器不提供 time()程序，它只能由用户提供。详情请参阅 time()函数。

【数据类型】

```
typedef long time_t;
struct tm {
    int tm_sec;
```

```
    int tm_min;
    int tm_hour;
    int tm_mday;
    int tm_mon;
    int tm_year;
    int tm_wday;
    int tm_yday;
    int tm_isdst;
};
```

LDIV 函数

【提要】

#include <stdlib.h>
ldiv_t ldiv (long number,long denom)

【描述】

ldiv()函数的作用是求除法运算的商和余数。商的符号与数学商的符号一致，绝对值是一个小于数学商绝对值的最大整数。

Ldiv()函数的作用与 div()函数相似，不同点在于前者的函数参数和返回值(结构 ldiv_t 的成员)都是长整形数据。

【例程】

```
#include <stdlib.h>
#include <stdio.h>

void
main (void)
{
        ldiv_t lt;
        lt = ldiv(1234567,12345);
        printf("Quotient = %ld,remainder = %ld\n",lt.quot,lt.rem);
}
```

【参阅】

div()。

【返回值】

返回值是结构 ldiv_t。

【数据结构】

```
typedef struct {
    long quot; /*商*/
    long rem; /*余数*/
} ldiv_t;
```

LOCALTIME 函数

【提要】

```
#include <time.h>
struct tm *localtime (time_t *t)
```

【描述】

本函数把指针 t 所指的时间分解并且存于结构中,精确度为秒。其中,t 所指的时间必须在 1970 年 01 月 01 日 00 时 00 分 00 秒以后,在 time.h 文件中定义了所用的结构。Localtime()函数需要考虑全局整形变量 time_zone 中的内容,因为它包含有本地时区位于格林威治以西的时区数值。由于在 MS-DOS 环境下没办法预先确定这个值,所以,在缺省的条件下,localtime()函数的返回值将与 gmtime()的相同。

【例程】

```
#include <stdio.h>
#include <time.h>
char *wday[] = {
"Sunday","Monday","Tuesday","Wednesday",
"Thursday","Friday","Saturday"
};
void
main (void)
{
    time_t clock;
    struct tm *tp;
    time(&clock);
    tp = localtime(&clock);
    printf("Today is %s\n",wday[tp->tm_wday]);
}
```

【参阅】

ctime(),asctime(),time()。

【返回值】

本函数返回 tm 结构型数据。

注意： 由于编译器不提供 time()程序，它只能由用户提供。详情请参阅 time()函数。

【数据结构】

```
typedef long time_t;
	struct tm {
	int tm_sec;
	int tm_min;
	int tm_hour;
	int tm_mday;
	int tm_mon;
	int tm_year;
	int tm_wday;
	int tm_yday;
	int tm_isdst;
};
```


LOG,LOG10 函数

【提要】

#include <math.h>
double log (double f)
double log10 (double f)

【描述】

log()函数返回值为参数 f 的自然对数值。Log10()函数返回值为参数 f 以 10 为底的对数值。

【例程】

```
#include <math.h>
#include <stdio.h>
void
main (void)
```

```
{
    double f;
    for(f = 1.0;f <= 10.0;f += 1.0)
    printf("log(%1.0f) = %f\n",f,log(f));
}
```

【参阅】

exp(),pow()。

【返回值】

如果函数参数值为负,返回值为0。

MEMCHR 函数

【提要】

#include <string.h>

const void *memchr (const void *block,int val,size_t length)

【描述】

memchr()函数与strchr()函数在功能上相类似,但前者没有在字符串中寻找null(空)中止字符的功能。memchr()函数的作用是在一段规定长度的内存区域中寻找指定的字节。它的函数参数包括指向指定区域的指针、指定字节的值和指定区域的长度。函数将返回一个指针,该指针指向指定区域中首次出现指定字节的单元。

【例程】

```
#include <string.h>
#include <stdio.h>
unsigned int ary[] = {1,5,0x6789,0x23};
void
main (void)
{
    char *cp;
    cp = memchr(ary,0x89,sizeof ary);
    if(! cp)
    printf("not found\n");
    else
    printf("Found at offset %u\n",cp - (char *)ary);
}
```

【参阅】

strchr()。

【返回值】

函数返回指针，该指针指向指定区域中首次出现字节的单元。否则返回 NULL。

MEMCMP 函数

【提要】

#include <string. h>

int memcmp (const void * s1,const void * s2,size_t n)

【描述】

memcmp()函数的功能是比较两块长度为 n 的内存中变量的大小，它与 strncmp()函数相似，也要返回一个有符号数。与 strncmp()函数不同的是，memcmp()函数没有空格结束符。它比较的是内存中的 ASCII 码，但如果内存块中包含非 ASCII 码字符，则返回值不确定。用该函数来测试两块内存是否一致，测试结果是可靠的。

【例程】

```
#include <stdio.h>
#include <string.h>
void
main (void)
{
        int buf[10],cow[10],i;
        buf[0] = 1;
        buf[2] = 4;
        cow[0] = 1;
        cow[2] = 5;
        buf[1] = 3;
        cow[1] = 3;
        i = memcmp(buf,cow,3 * sizeof(int));
        if(i < 0)
        printf("less than\n");
        else if(i > 0)
        printf("Greater than\n");
        else
        printf("Equal\n");
}
```

【参阅】

strncpy(),strncmp(),strchr(),memset(),memchr()。

【返回值】

如果内存块变量 s1 分别小于、等于或大于内存块变量 s2,那么函数返回值分别为-1,0或1。

MEMCPY 函数

【提要】

#include <string.h>

void *memcpy (void *d,const void *s,size_t n)

【描述】

memcpy()函数的功能是内存复制,复制字节的长度由参数 n 确定,复制内容的起始地址是 s 指针指向的地址,其目的起始地址为 d 指向的地址。如果指定区域重叠,将出现不确定的结果。与 strcpy()函数不同的是,memcpy()复制内容的长度是指定数量的字节,而不是复制到结束符前的所有数据。

【例程】

```
#include <string.h>
#include <stdio.h>
void
main (void)
{
    char buf[80];
    memset(buf,0,sizeof buf);
    memcpy(buf,"a partial string",10);
    printf("buf = '%s'\n",buf);
}
```

【参阅】

strncpy(),strncmp(),strchr(),memset()。

【返回值】

memcpy()函数返回值为函数的第一个参数。

MEMMOVE 函数

【提要】

#include <string.h>
void * memmove (void * s1,const void * s2,size_t n)

【描述】

memmove()函数的功能与 memcpy()函数相似,但是,如果区域有重叠的话,memmove()函数能够准确地复制,而 memcpy()函数则不能。也就是说,它可以向前或向后移动模块,从而覆盖其他模块。

【参阅】

strncpy(),strncmp(),strchr(),memcpy()。

【返回值】

memmove()函数同样返回它的第一个参数。

MEMSET 函数

【提要】

#include <string.h>
void * memset (void * s,int c,size_t n)

【描述】

memset()函数用 c 字节长的内容去占据 n 字节的空间,其中内容的起始地址是指针 s 指向的地址。

【例程】

```
#include <string.h>
#include <stdio.h>

void
main (void)
{
      char abuf[20];
      strcpy(abuf,"This is a string");
      memset(abuf,'x',5);
```

```
    printf("buf = '%s'\n",abuf);
}
```

【参阅】

strncpy(),strncmp(),strchr(),memcpy(),memchr()。

MODF函数

【提要】

#include <math.h>
double modf (double value,double * iptr)

【描述】

modf()函数将参数value分为整数和小数部分,每一部分的符号都和value相同。例如,-3.17将分为整数部分(-3)和小数部分(-0.17)。其中整数部分以双精度数据类型存储在指针iptr指向的单元中。

【例程】

```
#include <math.h>
#include <stdio.h>
void
main (void)
{
    double i_val,f_val;
    f_val = modf(-3.17,&i_val);
}
```

【返回值】

函数返回值为value的小数部分,并且有符号。

PERSIST_CHECK,PERSIST_VALIDATE函数

【提要】

#include <sys.h>
int persist_check (int flag)
void persist_validate (void)

【描述】

persist_check()函数的变量为 non-volatileRAM 变量，在定义这些变量时要加上限定词 persistent。在测试 NVRAM(不可变 RAM)区域时，它先调用 persist_validate()函数，并用到一个存储在隐藏变量中的虚拟数据，而且由 persist_validate()函数计算得到一个测试结果。如果虚拟数据和测试结果都正确，则返回值为非 0(真)。如果不正确，则返回 0。在这种情况下，函数返回 0 并且重新检测 NVRAM 区域(通过调用 persist_validate()函数)。执行函数的条件是标志变量不为 0。每次改变 persistent 变量值之后应调用 persist_validate()函数。它将重新建立虚拟数据和计算测试结果。

【例程】

```
#include <sys.h>
#include <stdio.h>
persistent long reset_count;
void
main (void)
{
    if(! persist_check(1))
    printf("Reset count invalid - zeroed\n");
    else
    printf("Reset number %ld\n",reset_count);
    reset_count ++ ; /* update count */
    persist_validate(); /* and checksum */
    for(;;)
    continue; /* sleep until next reset */
}
```

【返回值】

如果 NVRAM 区域无效则返回值为 0(假)；如果 NVRAM 区域有效则返回值为非 0(真)。

POW 函数

【提要】

#include <math.h>
double pow (double f,double p)

【描述】

pow()函数表示第一个参数 f 的 p 次幂。

【例程】

```
#include <math.h>
#include <stdio.h>
void
main (void)
{
        double f;
        for(f = 1.0; f < = 10.0; f + = 1.0)
        printf("pow(2, %1.0f) = %f\n",f,pow(2,f));
}
```

【参阅】

log(),log10(),exp()。

【返回值】

返回值为f的p次幂。

PRINTF函数

【提要】

#include <stdio.h>

unsigned char printf (const char *fmt,...)

【描述】

printf()函数是一个格式输出子程序,其运行的基础是标准输出(staout)。它有相应的程序形成字符缓冲区(sprintf()函数)。printf()函数的参数是格式字符串和其他控制参数。格式字符串都将转换为指定的格式,而控制参数决定了字符串的输出格式。

转换格式的形式为%m.nc。其中%表示格式,m为指定的字符宽度,n表示选择的精度,c为指定转换的类型。字符宽度和精度只适于中级和高级系列单片机,并且精度只对格式%s有效。

符号"*"表示一个十进制常数,例如%*d就是要求从表中取出一个整型数。对低级系列单片机而言,有下列转换格式:

o x X u d

它们都表示整型格式数,分别为八进制,十六进制,十六进制,十进制和十进制。其中,d为有符号十进制数,其他为无符号数。其精度值为输出数的总的位数,也可以强制在前面加0。例如%8.4x将生成一个8位十六进制数,其中前四位为0,后4位为十六进制数。X输出的十六进制数中字母为大写 A-F，x 输出的十六进制数中字母为小写 a-f。当格式发生变化时，八进制格式前要加 0，十六进制格式前面要加 0x 或 0X。

s

打印一个字符串——认为函数参数值是字符型指针。最多从字符串中取 n 个字符打印，字符宽度为 m。

C

认为函数参数是一个单字节字符并可以打印。

将输出任何其他有格式规定的字符。所以，%%将生成一个百分号。

对中级和高级系列单片机而言，转换格式在低级系列单片机的基础上再加上：

l

长整型格式——在整型格式前加上关键字母 l 即表示长整型变量。

f

浮点格式——总的宽度为 m，小数点后的位数为 n。如果 n 没有写出，则默认为 6。如果精度为 0，则省略小数点，除非精度已预先定义。

【例程】

```
printf("Total = %4d%%",23)
```

输出为‘Total＝23%’

```
printf("Size is %lx",size)
```

这里 size 为长整型十六进制变量。注意，当使用%s 时，精度只对中级和高级系列单片机有效。

```
printf("Name = %.8s","a1234567890")
```

输出为‘Name＝a1234567’

字符变量宽度只对中级和高级系列单片机有效。

```
printf("xx%*d",3,4)
```

输出为‘xx 4’

```
/* vprintf 例程 */
#include <stdio.h>
int
error (char *s,...)
{
    va_list ap;
    va_start(ap,s);
```

```
    printf("Error: ");
    vprintf(s,ap);
    putchar('\n');
    va_end(ap);
}
void
main (void)
{
    int i;
    i = 3;
    error("testing 1 2 %d",i);
}
```

【参阅】

sprintf()。

【返回值】

printf()返回的字符值将写到标准输出口。注意,返回值为字符型,而不是整型。

注意：printf 函数的一些特征只对中级和高级系列单片机有效。详见描述部分。输出浮点数要求浮点数不大于最大长整型变量。如果要使用长整型变量或浮点数格式就必须将一些函数库包含进来。参见有关 PICC-L 的相关信息以及有关 HPDPIC 长整型格式在 printf 的菜单选项。

RAND 函数

【提要】

#include <stdlib.h>
int rand (void)

【描述】

rand()函数的作用是生成一个随机数据。它返回一个 0～32767 的整数,每次调用这个函数时都将随机生成其中的一个数值。下面的例程说明了每次怎样通过调用 time()函数获得不同的起点。

【例程】

```
#include <stdlib.h>
#include <stdio.h>
#include <time.h>
```

```
void
main (void)
{
        time_t toc;
        int i;
        time(&toc);
        srand((int)toc);
        for(i = 0; i ! = 10; i + + )
        printf(" % d\t",rand());
        putchar('\n');
}
```

【参阅】

srand()。

注意：由于编译器不提供 time()程序，它只能够由用户提供。详情请参阅 time()函数。

SIN 函数

【提要】

#include <math.h>
double sin (double f)

【描述】

这个函数返回参数的正弦值。

【例程】

```
#include <math.h>
#include <stdio.h>
#define C 3.141592/180.0
void
main (void)
{
        double i;
        for(i = 0; i < = 180.0; i + = 10)
        printf("sin( % 3.0f) = % f,cos = % f\n",i,sin(i * C),cos(i * C));
}
```

【参阅】

cos(),tan(),asin(),acos(),atan(),atan2()。

【返回值】

返回值为参数 f 的正弦值。

SPRINTF 函数

【提要】

#include <stdio. h>
unsigned char sprintf (char *buf,const char *fmt,...)

【描述】

sprintf()函数的作用和 printf()函数基本相同,只不过它不是将输出存放在 stdout stream 中,而是存放在 buf 缓冲器中。字符串带有空格结束符,返回 buf 缓冲器中的数据。

【参阅】

printf()函数。

【返回值】

sprintf()函数的返回值为被放入缓冲器中的数据。注意,返回值为字符型而非整型。

注意: 对高级单片机而言,缓冲器是通过长指针访问的。

SQRT 函数

【提要】

#include <math. h>
double sqrt (double f)

【描述】

sqrt()函数利用牛顿法求得参数平方根的近似值。

【例程】

```
#include <math.h>
#include <stdio.h>
void
main (void)
{
        double i;
        for(i = 0; i < = 20.0; i + = 1.0)
        printf("square root of %.1f = %f\n",i,sqrt(i));
```

```
}
```

【参阅】

exp()。

【返回值】

返回值为参数的平方根。

注意：如果参数为负则出现错误。

SRAND函数

【提要】

#include <stdlib. h>
void srand (unsigned int seed)

【描述】

srand()函数的作用是初始化随机数据发生器，如果调用了rand()函数，则这个函数将使用随机数据发生器。它为rand()函数生成一系列不同起点的虚拟数据。在z80上，随机数据最好从刷新后的寄存器获得。否则，这个数据将是控制台的响应时间或系统时间。

【例程】

```
#include <stdlib.h>
#include <stdio.h>
#include <time.h>
void
main (void)
{
      time_t toc;
      int i;
      time(&toc);
      srand((int)toc);
      for(i = 0; i ! = 10; i + + )
      printf(" % d\t",rand());
      putchar('\n');
}
```

【参阅】

rand()。

STRCAT 函数

【提要】

#include <string. h>
char * strcat (char * s1,const char * s2)

【描述】

这个函数的作用是将字符串 s2 链接到字符串 s1 的后面。新字符串的结束符为空格。指针型参数 s1 指向的字符数组所占据的空间必须保证大于最终字符串所占据的空间。

【例程】

```
#include <string.h>
#include <stdio.h>

void
main (void)
{
        char buffer[256];
        char *s1, *s2;
        strcpy(buffer,"Start of line");
        s1 = buffer;
        s2 = " ... end of line";
        strcat(s1,s2);
        printf("Length = %d\n",strlen(buffer));
        printf("string = \"%s\"\n",buffer);
}
```

【参阅】

strcpy(),strcmp(),strncat(),strlen()

【返回值】

即为字符串 s1。

STRCHR,STRICHR 函数

【提要】

#include <string. h>

const char * strchr (const char * s,int c)

const char * strichr (const char * s,int c)

【描述】

strchr()函数的作用是查找字符串 s 中是否存在字符 c。如果找到了,就返回指向该字符的指针;否则返回 0。Strichr()函数与 strchr 函数作用相同。

【例程】

```
#include <strings.h>
#include <stdio.h>
void
main (void)
{
    static char temp[] = "Here it is...";
    char c = 's';
    if(strchr(temp,c))
    printf("Character %c was found in string\n",c);
    else
    printf("No character was found in string");
}
```

【参阅】

strrchr(),strlen(),strcmp()。

【返回值】

如果找到,则返回指向第一个匹配字符的指针;否则返回 0。

注意: 函数的参数为整型参数,因此只有低 8 位有效。

STRCMP,STRICMP 函数

【提要】

#include <string.h>

int strcmp (const char * s1,const char * s2)

int stricmp (const char * s1,const char * s2)

【描述】

strcmp()函数用来比较两个字符串的大小,这两个字符串的结束符都是空格,它的返回值是一个带符号的整数。如果字符串 s1 分别小于、等于或大于字符串 s2,则其返回值分别为负

数、0、正数。字符串的比较是根据其对应的 ASCII 值进行的。stricmp()函数的功能和strcmp()函数完全一样。

【例程】

```
#include <string.h>
#include <stdio.h>
void
main (void)
{
        int i;
        if((i = strcmp("ABC","ABc")) < 0)
        printf("ABC is less than ABc\n");
        else if(i > 0)
        printf("ABC is greater than ABc\n");
        else
        printf("ABC is equal to ABc\n");
}
```

【参阅】

strlen(),strncmp(),strcpy(),strcat()。

【返回值】

返回一个有符号整数。

注意：其他的 c 应用程序也可以采用不同的字母顺序表。返回值为正、零或负，也就是说，不一定是－1或1。

STRCPY 函数

【提要】

```
#include <string.h>
char * strcpy (char * s1,const char * s2)
```

【描述】

这个函数的作用是将字符串 s2 拷贝到 s1 指向的字符数组，其中字符串 s2 的结束符为空格。目的数组所占据的空间要能够保存字符串 s2，这包括其中的结束符。

【例程】

```
#include <string.h>
#include <stdio.h>
```

```
void
main (void)
{
    char buffer[256];
    char * s1, * s2;
    strcpy(buffer,"Start of line");
    s1 = buffer;
    s2 = " ... end of line";
    strcat(s1,s2);
    printf("Length = %d\n",strlen(buffer));
    printf("string = \"%s\"\n",buffer);
}
```

【参阅】

strncpy(),strlen(),strcat(),strlen()。

【返回值】

返回值为指向目的缓冲器的指针 s1。

STRCSPN 函数

【提要】

#include <string.h>
size_t strcspn (const char * s1,const char * s2)

【描述】

strcspn()函数的作用是得到仅属于 s1 而不属于 s2 字符的长度。

【例程】

```
#include <stdio.h>
#include <string.h>
void
main (void)
{
    static char set[] = "xyz";
    printf("%d\n",strcspn("abcdevwxyz",set));
    printf("%d\n",strcspn("xxxbcadefs",set));
    printf("%d\n",strcspn("1234567890",set));
}
```

【参阅】

strspn()。

【返回值】

返回值为部分字符串的长度。

STRDUP 函数

【提要】

#include <string. h>
char * strdup(const char * s1)

【描述】

strdup()函数的作用是复制字符串 S1,其返回值是一个指向复制字符串的指针。用 malloc()函数为复制字符串分配空间。如果无法建立复制字符串,将返回一个空指针。

【例程】

```
#include <stdio.h>
#include <string.h>
void
main (void)
{
    char *ptr;
    ptr = strdup("This is a copy");
    printf("%s\n",ptr);
}
```


【返回值】

如果能创建新字符串,返回值为指向新字符串的指针。否则,返回 0。

STRLEN 函数

【提要】

#include <string. h>
size_t strlen (const char * s)

【描述】

strlen()的作用是测量字符串 s1 的长度,但它不包括字符结束符。

【例程】

```
#include <string.h>
#include <stdio.h>
void
main (void)
{
        char buffer[256];
        char * s1, * s2;
        strcpy(buffer,"Start of line");
        s1 = buffer;
        s2 = " ... end of line";
        strcat(s1,s2);
        printf("Length = %d\n",strlen(buffer));
        printf("string = \"%s\"\n",buffer);
}
```

【返回值】

为不包括结束符在内的字符长度。

STRNCAT 函数

【提要】

#include <string.h>
char * strncat (char * s1,const char * s2,size_t n)

【描述】

函数将字符串 s2 链接到字符串 s1 的尾端。它能拷贝的字符数为 n,链接后构成新字符串的结束符为空格。指针 s1 指向的字符数组所占据的空间要能够存储最终的字符串。

【例程】

```
#include <string.h>
#include <stdio.h>
void
main (void)
{
        char buffer[256];
        char * s1, * s2;
        strcpy(buffer,"Start of line");
```

```
        s1 = buffer;
        s2 = " ... end of line";
        strncat(s1,s2,5);
        printf("Length = %d\n",strlen(buffer));
        printf("string = \"%s\"\n",buffer);
}
```

【参阅】

strcpy(),strcmp(),strcat(),strlen()。

【返回值】

为字符串 s1。

STRNCMP,STRNICMP 函数

【提要】

```
#include <string.h>
int strncmp (const char *s1,const char *s2,size_t n)
int strnicmp (const char *s1,const char *s2,size_t n)
```

【描述】

strcmp()函数用来比较两个字符串的大小,这两个字符串最多只能为 n 个字符,并且它们的结束符都是空格。根据字符串 s1 和 s2 的比较结果将返回一个有符号数。比较是根据字符的 ASCII 值进行的。stricmp()函数与之相同。

【例程】

```
#include <stdio.h>
#include <string.h>
void
main (void)
{
        int i;
        i = strcmp("abcxyz","abcxyz");
        if(i = =0)
        printf("Both strings are equal\n");
        else if(i > 0)
        printf("String 2 less than string 1\n");
        else
        printf("String 2 is greater than string 1\n");
```

```
}
```

【参阅】

strlen(),strcmp(),strcpy(),strcat()。

【返回值】

为有符号整数。

注意:其他的C应用函数可能采用不同的字母顺序;返回值为负、零或正,并不一定是-1或1。

STRNCPY 函数

【提要】

#include <string.h>

char *strncpy (char *s1,const char *s2,size_t n)

【描述】

这个函数的作用是将字符串s2拷贝到字符指针s1指向的字符数组,s2的结束符为空格。能够拷贝的最大字符数为n。如果s2的长度大于n,那么最终的数组中将没有结束符。目的数组所占据的空间要能够存储最终的字符串。

【例程】

```
#include <string.h>
#include <stdio.h>
void
main (void)
{
   char buffer[256];
   char *s1, *s2;
   strncpy(buffer,"Start of line",6);
   s1 = buffer;
   s2 = " ... end of line";
   strcat(s1,s2);
   printf("Length = %d\n",strlen(buffer));
   printf("string = \"%s\"\n",buffer);
}
```

【参阅】

strcpy(),strcat(),strlen(),strcmp()。

【返回值】

为指针 s1 指向的目的缓冲区。

STRPBRK 函数

【提要】

#include <string.h>

const char * strpbrk (const char * s1,const char * s2)

【描述】

strpbrk()函数的作用是查找字符串 s1 是否包含字符串 s2 中的字符,如果有,则返回一个指向第一个匹配字符的指针,否则返回一个空指针。

【例程】

```
#include <stdio.h>
#include <string.h>
void
main (void)
{
        char * str = "This is a string.";
        while(str ! = NULL) {
          printf(" % s\n",str);
          str = strpbrk(str + 1,"aeiou");
        }
}
```

【返回值】

为指向第一个匹配字符的指针,否则返回值为空。

STRRCHR,STRRICHR 函数

【提要】

#include <string.h>

const char * strrchr (char * s,int c)

const char * strrichr (char * s,int c)

【描述】

strrchr()函数的作用和strchr()函数相似，但它从字符串的尾端开始查找，也就是说，其返回值为指向字符串c中最后匹配字符的指针，如果没有匹配的字符则返回值为空。Strrichr()函数和strrchr()函数完全一样。

【例程】

```
#include <stdio.h>
#include <string.h>
void
main (void)
{
    char * str = "This is a string.";
    while(str ! = NULL) {
        printf(" % s\n",str);
        str = strrchr(str + 1,'s');
    }
}
```

【参阅】

strchr(),strlen(),strcmp(),strcpy(),strcat()。

【返回值】

为指向字符的指针，或者返回值为空。

STRSPN 函数

【提要】

#include <string.h>

size_t strspn (const char * s1,const char * s2)

【描述】

strspn()函数返回在字符串s1中包含的完全由字符串s2组成的字符的长度。

【例程】

```
#include <stdio.h>
#include <string.h>
void
main (void)
{
```

```
    printf(" %d\n",strspn("This is a string","This"));
    printf(" %d\n",strspn("This is a string","this"));
}
```

【参阅】

strcspn()。

【返回值】

字符串长度。

STRSTR,STRISTR 函数

【提要】

#include <string. h>
const char * strstr (const char * s1,const char * s2)
const char * stristr (const char * s1,const char * s2)

【描述】

strstr()函数的返回值是字符数组 s1 中首次出现字符数组 s2 的位置指针。Strist()与之一样。

【例程】

```
#include <stdio.h>
#include <string.h>
void
main (void)
{
    printf(" %d\n",strstr("This is a string","str"));
}
```

【返回值】

为字符指针,如果没找到字符串则返回为空。

STRTOK 函数

【提要】

#include <string. h>
char * strtok (char * s1,const char * s2)

【描述】

多次调用 strtok()函数可以将字符串 s1 分为几个独立的部分。s1 中包含 0 或者其他一些也同时包含在字符串 s2 中的字符。首次调用这个函数时必须要字符串 s1,这个调用返回指向第一个匹配字符的指针,如果没有匹配字符,则返回为空。

如果已经调用过这个函数,再调用 strtok()函数时,函数的参数指针 s1 应该配置为空。这样,将从后向前查找,其返回值为指向第一个匹配字符的指针,如果没有匹配字符,则返回为空。

【例程】

```
#include <stdio.h>
#include <string.h>
void
main (void)
{
    char * ptr;
    char * buf = "This is a string of words.";
    char * sep_tok = ".,?! ";
    ptr = strtok(buf,sep_tok);
    while(ptr !  = NULL) {
        printf("%s\n",ptr);
        ptr = strtok(NULL,sep_tok);
    }
}
```

【返回值】

为指向第一个匹配字符的指针,或者返回为空。

注意: 每次调用时分隔字符串 s2 可以不一样。

TAN 函数

【提要】

#include <math.h>
double tan (double f)

【描述】

tan()函数的作用是计算参数 f 的正切值。

【例程】

```
#include <math.h>
#include <stdio.h>
#define C 3.141592/180.0
void
main (void)
{
        double i;
        for(i = 0; i <= 180.0; i+ = 10)
        printf("tan( %3.0f) = %f\n",i,tan(i*C));
}
```

【参阅】

sin(),cos(),asin(),acos(),atan(),atan2()。

【返回值】

为参数 f 的正切值。

TIME 函数

【提要】

#include <time.h>
time_t time (time_t *t)

【描述】

由于函数需要目标系统提供当前时间，所以没有给出函数。如果需要的话，这个函数由用户自己完成。在运行时，函数以秒为单位返回当前时间，当前时间应该为 1970 年 01 月 01 日 00 点 00 分 00 秒以后。如果参数 t 不为空，那么这个值将保存到 t 所指的内存单元中。

【例程】

```
#include <stdio.h>
#include <time.h>
void
main (void)
{
    time_t clock;
    time(&clock);
    printf("%s",ctime(&clock));
}
```

【参阅】

ctime(),gmtime(),localtime(),asctime()。

【返回值】

函数将返回从1970年01月01日00点00分00秒开始的精确到秒的当前时间。

注意：没有提供time()函数，用户必须采用前面提到的规则来执行这一程序。

TOLOWER,TOUPPER,TOASCII函数

【提要】

```
#include <ctype.h>
char toupper (int c)
char tolower (int c)
char toascii (int c)
```

【描述】

toupper()函数将参数的小写字母转换为大写字母，而tolower()则与之相反。用宏toascii()可以保证返回结果为0～0177。如果参数没有字母，则toupper()函数和tolower()函数的返回值为它们原来的参数值。

【例程】

```
#include <stdio.h>
#include <ctype.h>
#include <string.h>
void
main (void)
{
    char * array1 = "aBcDE";
    int i;
    for(i = 0;i < strlen(array1); + + i) {
        printf(" % c",tolower(array1[i]));
    }
    printf("\n");
}
```

【参阅】

islower(),isupper(),isascii()等。

VA_START,VA_ARG,VA_END函数

【提要】

```
#include <stdarg.h>
void va_start (va_list ap,parmN)
type va_arg (ap,type)
void va_end (va_list ap)
```

【描述】

如果定义一个函数时其参数用省略号替代,则在汇编时就不能够确定函数参数的个数及类型。这时用函数的宏可以很方便地访问函数参数。

函数最右端的参数(用 parmN 表示)在这些宏中起非常重要的作用,因为它是宏要访问的第一个参数。函数参数的数量可以不同,但要将每个变量的类型定义为 va_list,然后带参数启动宏(参数名为 parmN)。在初始化变量后就调用宏 va_arg()去访问其他的参数。

每次调用 va_arg()宏需要两个参数;一个参数已经定义,另一个参数的作用为类型说明。注意,所有的参数都将自动加宽为整型、无符号整型和双精度型。例如,如果一个参数为字符型,则字符型自动转换为整型,函数调用的形式相当于 va_arg(ap,int)。

下面给出一个例子,该例中函数的参数为一个整型变量和一些其他变量。在这个例子中,函数将得到一个字符型指针,但要注意编译器并不知道这些,编程者对参数的正确性负责。

【例程】

```
#include <stdio.h>
#include <stdarg.h>
void
pf (int a,...)
{
    va_list ap;
    va_start(ap,a);
    while(a--)
    puts(va_arg(ap,char *));
    va_end(ap);
}
void
main (void)
{
        pf(3,"Line 1","line 2","line 3");
}
```

XTOI函数

【提要】

#include <stdlib.h>
unsigned xtoi (const char * s)

【描述】

xtoi()函数扫描参数中的字符串，跳过前面的空格，读得符号后将十六进制数ASCII码表示的字符转换为整型数表示的字符。

【例程】

```
#include <stdlib.h>
#include <stdio.h>
void
main (void)
{
        char buf[80];
        int i;
        gets(buf);
        i = xtoi(buf);
        printf("Read %s: converted to %x\n",buf,i);
}
```


【参阅】

atoi()。

【返回值】

为有符号整数。如果字符串中不包含数，则返回0。

_CONFIG

【提要】

#include <pic18.h>
_CONFIG(n,data)

【描述】

这个宏用来编写配置熔丝图，以配置器件的各种运行模式。宏接受配置寄存器要编程的相应数字，然后将配置寄存器更新为16位的值。16位的模板必须定义为每一种可编程器件的可用到的属性。这些模板的属性可以从手册中查到。多重的属性可以用“与”方式来选择。

【例程】

```
#include <pic18.h>
_CONFIG(1,RC & OSCEN)
_CONFIG(2,WETPS16 & BORV45)
_CONFIG(4,DEBUGEN)
void
main (void)
{
}
```

_EEPROM_DATA

【提要】

#include <pic18. h.>
_EEPROM_DATA(a,b,c,d,e,f,g,h)

【描述】

这个宏的作用是将程序中的初始值储存到EEPROM寄存器中。每次调用这个宏时就将保存一个8字节的块，可以反复调用这个宏，多次储存字节块。_EEPROM_DATA()函数的作用是将EEPROM的起始地址配置为0，每次使用时地址自动增量8。

【例程】

```
#include <pic18.h>
_EEPROM_DATA(0x00,0x01,0x02,0x03,0x04,0x05,0x06,0x07)
_EEPROM_DATA(0x08,0x09,0x0A,0x0B,0x0C,0x0D,0x0E,0x0F)
void
main (void)
{
}
```

_IDLOC

【提要】

#include <pic18. h>

_IDLOC(x)

【描述】

这个宏的作用是把数据放置到为 ID 保留的空间中，它有助于连续数字的储存。这个宏将写 5 组数据到 5 个 ID 地址。

【例程】

```
#include<pic18.h>
_IDLOC(15F01);
/*will store 1,5,F,0 and 1 in the ID registers*/
void
main (void)
{
}
```

第 8 章

程序超限的下载方法、库函数的使用以及 C 语言和汇编语言的混合编程

本章介绍命令行驱动在实际应用中的一些例子，通过这些例子，可以对命令行驱动的应用有一个初步的了解，并可以此为基础，对 PICC18 编译器进行更为深入的学习和应用，以解决实际应用中遇到的一些具体问题。

8.1 程序代码长度超过限制后的下载方法

8.1.1 C 语言源程序文件

下面是一个文件名为“lzqmwyz.c”的 C 语言源程序文件。

```
#include    "pic18.h"              /*PIC18 系列的头文件*/
long Result;
int X;
long function_X3 (int indata)
{
    long temp;
    temp = indata;
    temp = temp * indata + indata;
    return temp;
}

main()
{
    CMCON = 0x07;                  /*关比较器*/
    TRISD = 0x00;                  /*配置 D 口所有引脚为输出*/
    PORTD = 0xFF;                  /*D 口所有引脚输出高电平*/
    PORTD = 0x55;                  /*D 口 bit1,3,5,7 引脚输出低电平*/
    X = 200;
```

```
    Result = function_X3 (X);
    X = 200;
    while(1)
    {
        ;                                   /*用户可编写其他程序*/
    }
}
```

8.1.2　程序代码长度超过 0x4000 的下载方法

本小节介绍几个常用的编译器配置选项的应用，如“-noerrata”，“-O -Zg”，“-A”等，其他的一些选项的应用，可参照相关的应用手册。

在 Win2000 下进行如下操作：选择【开始】→【运行】，键入“CMD”，或选择【开始】→【程序】→【附件】→【命令提示符】，就会弹出 cmd. exe 的界面，如图 8.1 所示。若 cmd. exe 中出现的当前目录不在 C 盘根目录下，则需要通过键入命令“cd c:\”进入 C 盘根目录。

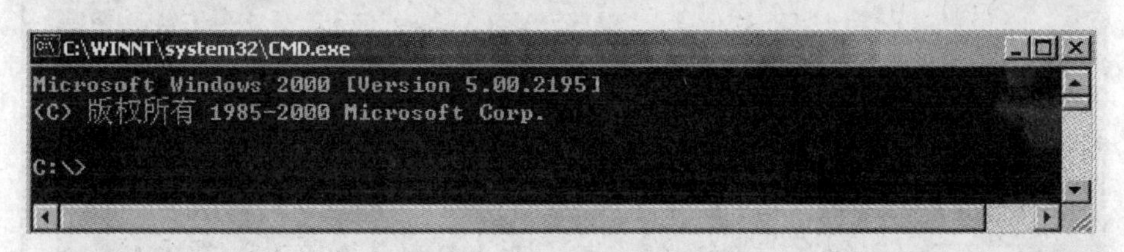

图 8.1　cmd. exe 界面图

键入“cd htsoft\pic18\bin”命令进入 PICC18. exe 软件所在目录(这里是默认安装时的目录)，如图 8.2 所示。

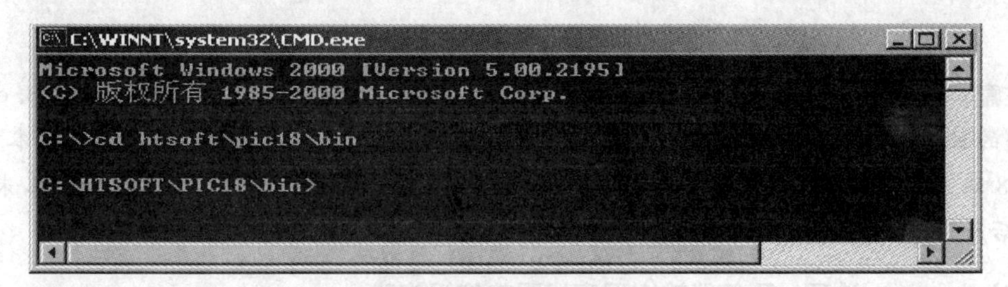

图 8.2　进入 PICC18. exe 所在目录

(1)编译 lzqmwyz. c

键入“picc18 -18f458 lzqmwyz . c”，键入命令的含义是使用 picc18. exe 编译器对 lzqmwyz . C 语言源程序文件进行编译，单片机芯片型号为 18f458 (即 PIC18F458)，此时将会输出如图 8.3 所示的编译输出结果，在生成的多个文件中，以 hex 为扩展名的 lzqmwyz. hex 较为重要。

图8.3显示了编译器的版本号(PICC18 8.35　DEMO版)、存储器的使用情况(Memory Usage Map)等信息。若源程序有语法错误,还会显示出错信息及所在的行。

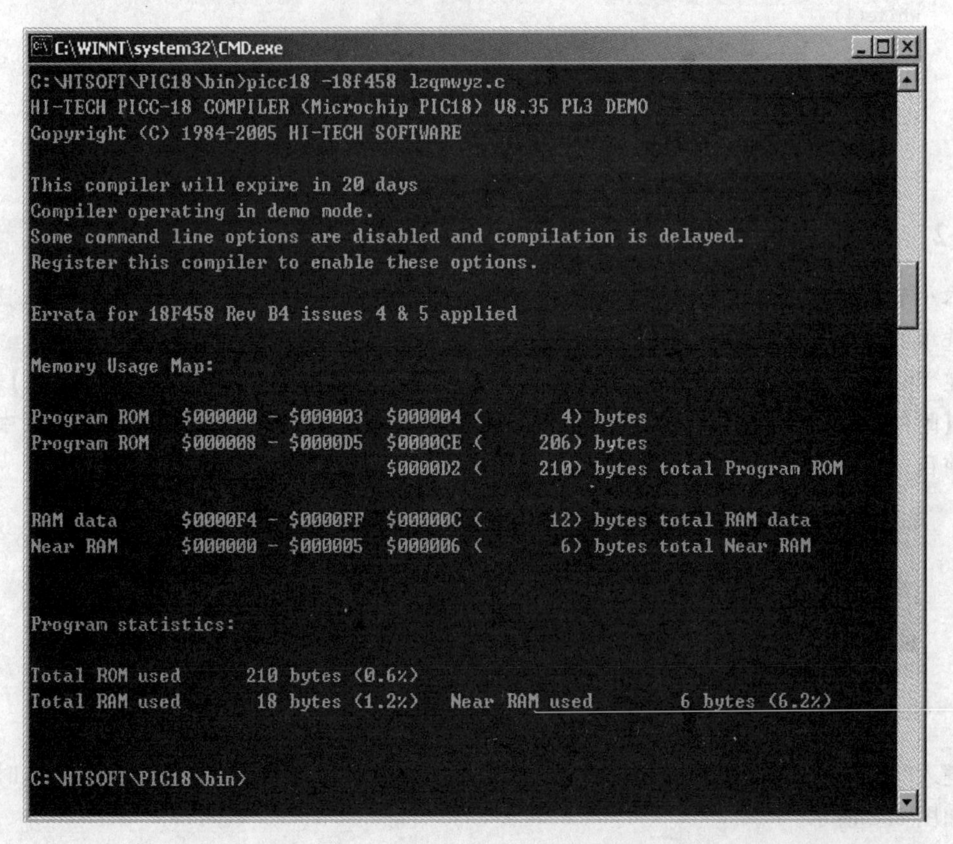

图8.3　编译输出结果

注意:在cmd.exe界面中进行操作时,所有的源程序文件均应存放在与PICC18.exe文件相同的目录下(PICC18.exe文件的默认安装目录为c:\HTSOFT\PIC18\Bin),在本章中,PICC18均采用此默认安装目录,这里lzqmwyz.c存放在c:\HTSOFT\PIC18\Bin下,未经说明,以后所涉及的所有文件均如此。

(2) -noerrata 选项　不使能输出程序代码的错误修改

“-noerrata”缺省时,会对编译器的输出程序代码有所修改。由于有些芯片没有正误表,不能使用编译器对此进行修改。这个选项可以用编译器来禁止任何正误表修改。当正误表发生变化时,选择此选项可以完全禁止这些修改。对某些芯片,如PIC18F458等,PICC18对程序代码的长度进行了限制(一般限制在0x4000之内即16K之内),有的编程者则在程序中写下下面的提示程序:

```
#if defined(ERRATA_4000_BOUNDARY)
#error Command line option -NOERRATA must be specified when compiling this code for this device.
#endif
```

若编译的程序代码长度超出了这个范围，将会列出出错信息。

图 8.4 是对 solar050408.C 语言源程序文件编译时，程序代码超过了 0x4000 长度时出现的提示信息。图 8.5 是使用了-noerrata 选项时，solar050408.C 语言源程序文件编译的信息。

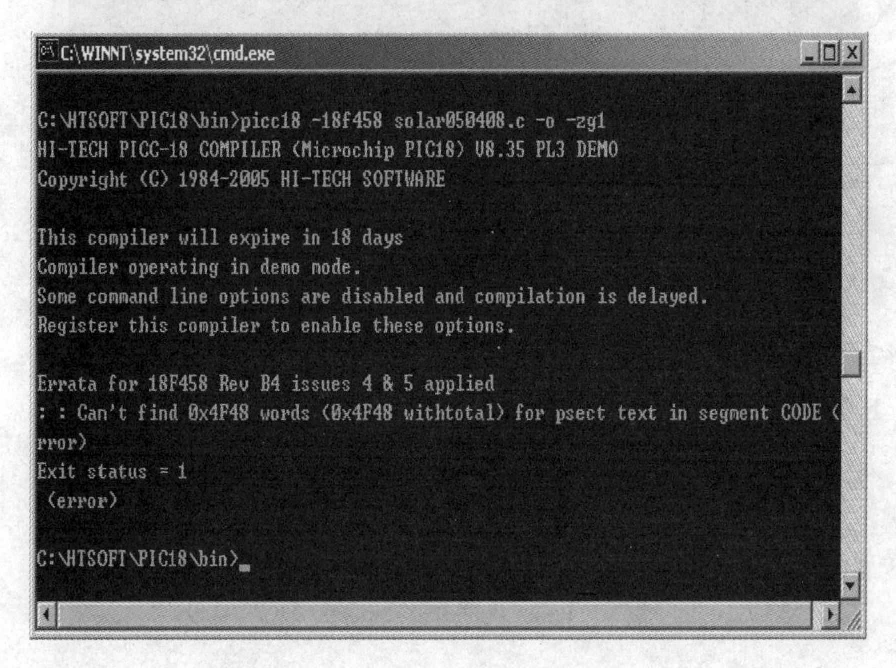

图 8.4　代码长度超过 0x4000 时编译输出信息

键入“picc18 -18f458 lzqmwyz.c -noerrata”(或 picc18 -18f458 lzqmwyz.c -NOERRATA，或 picc18 -18f458 -noerrata lzqmwyz.c，这三种命令的效果相同)，这时会得到如图 8.6 所示的编译输出结果。

(3) -A 选项　指定 ROM 偏移量

-a 选项是用来为 ROM 映像区指定基地址，即指定 ROM 中存储程序代码的起始偏移量。

在 cmd.exe 中键入“picc18 -18f458 lzqmwyz.c -a200”，表示编译的 ROM 程序代码偏移量为 0x200(200h)，编译器将从 0x200 地址开始放置程序代码，得到如图 8.7 所示的编译输出结果。将此图与图 8.3 编译生成的 ROM 映像区的使用范围进行比较，可以看出使用的 ROM 区间发生了变化。

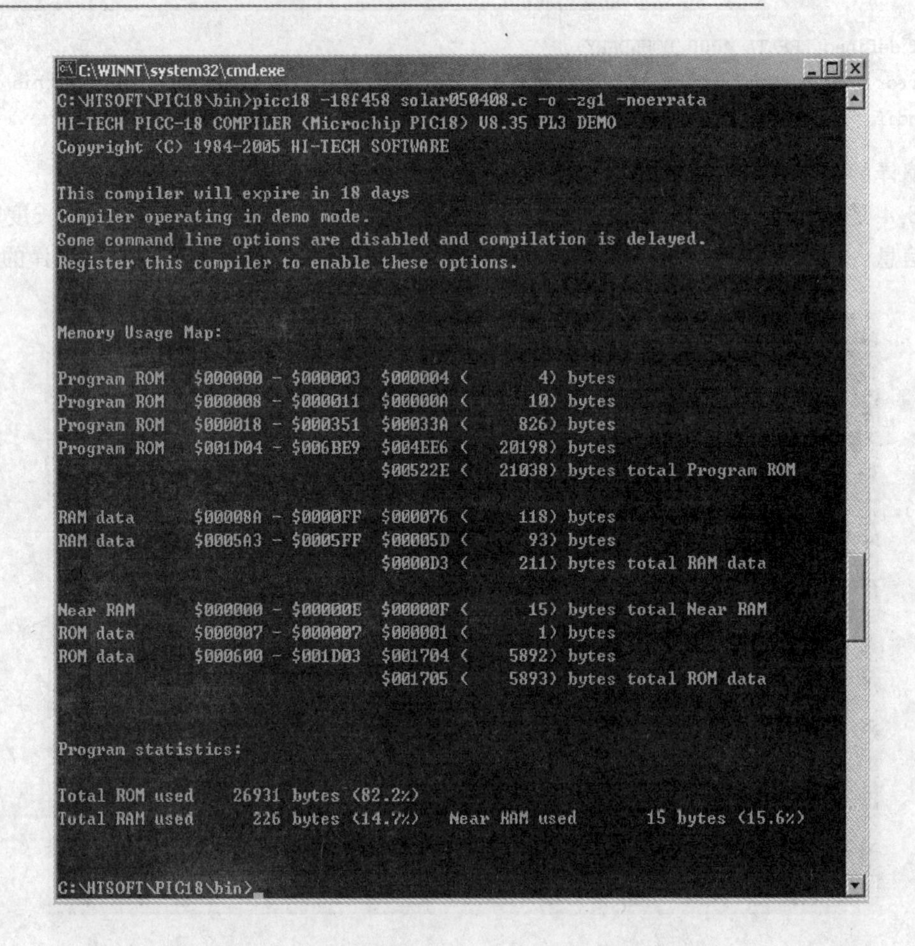

图 8.5 使用-noerrata 选项时编译输出信息

(4) -o 和-zg 选项 优化器及优化优先级

在-o 和-zg 选项中,-o 表示调用 PICC18 的优化器,-zgX(X 为 1～9)是调用优化器时采用的优先级,调用-o 和在 MPLAB IDE 界面下不使用优先级(即优先级选项选择 off)时生成的程序代码是一样的,调用-o-zg1 和在 MPLAB IDE 界面下使用优先级 1(即优先级选项选择为 1)时生成的程序代码是一样的。在 cmd. exe 执行后的界面中键入“picc18 -18f458 -o-zg1 lzqmwyz. c”,编译器将会输出如图 8.8 所示的编译结果。请将此图与图 8.3 或图 8.6 编译生成的 ROM 使用情况进行比较,可以看出程序代码的长度得到了优化。

```
C:\WINNT\system32\CMD.exe

C:\HTSOFT\PIC18\bin>picc18 -18f458 lzqmwyz.c -noerrata
HI-TECH PICC-18 COMPILER (Microchip PIC18) V8.35 PL3 DEMO
Copyright (C) 1984-2005 HI-TECH SOFTWARE

This compiler will expire in 20 days
Compiler operating in demo mode.
Some command line options are disabled and compilation is delayed.
Register this compiler to enable these options.


Memory Usage Map:

Program ROM   $000000 - $000003  $000004 (        4) bytes
Program ROM   $000008 - $0000CF  $0000C8 (      200) bytes
                                 $0000CC (      204) bytes total Program ROM

RAM data      $0000F4 - $0000FF  $00000C (       12) bytes total RAM data
Near RAM      $000000 - $000005  $000006 (        6) bytes total Near RAM


Program statistics:

Total ROM used      204 bytes (0.6%)
Total RAM used       18 bytes (1.2%)    Near RAM used        6 bytes (6.2%)


C:\HTSOFT\PIC18\bin>_
```

图 8.6　编译输出结果

```
选定 C:\WINNT\system32\CMD.exe
C:\HTSOFT\PIC18\bin>picc18 -18f458 lzqmwyz.c -a200
HI-TECH PICC-18 COMPILER (Microchip PIC18) V8.35 PL3 DEMO
Copyright (C) 1984-2005 HI-TECH SOFTWARE

This compiler will expire in 20 days
Compiler operating in demo mode.
Some command line options are disabled and compilation is delayed.
Register this compiler to enable these options.

Errata for 18F458 Rev B4 issues 4 & 5 applied

Memory Usage Map:

Program ROM   $000200 - $000213  $000014 (       20) bytes
Program ROM   $000218 - $0002D5  $0000BE (      190) bytes
                                 $0000D2 (      210) bytes total Program ROM

RAM data      $0000F4 - $0000FF  $00000C (       12) bytes total RAM data
Near RAM      $000000 - $000005  $000006 (        6) bytes total Near RAM


Program statistics:

Total ROM used      210 bytes (0.6%)
Total RAM used       18 bytes (1.2%)    Near RAM used        6 bytes (6.2%)


C:\HTSOFT\PIC18\bin>_
```

图 8.7　使用-a 选项的编译输出结果

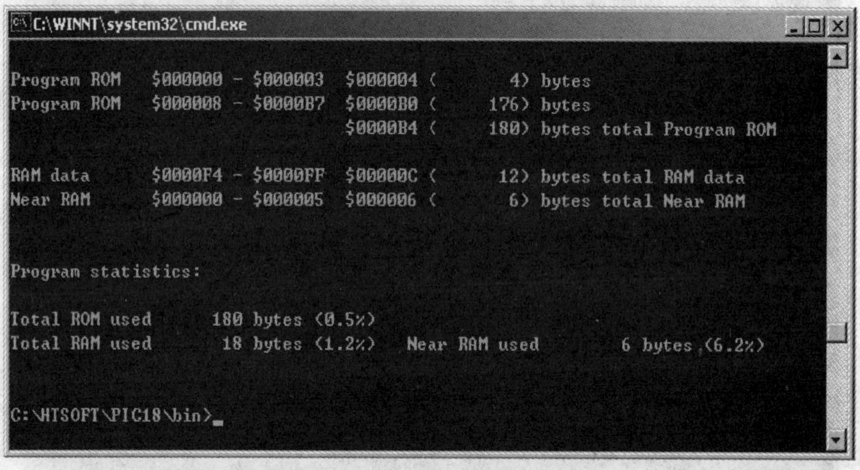

```
C:\WINNT\system32\cmd.exe

Program ROM    $000000 - $000003  $000004 (      4) bytes
Program ROM    $000008 - $0000B7  $0000B0 (    176) bytes
                                  $0000B4 (    180) bytes total Program ROM

RAM data       $0000F4 - $0000FF  $00000C (     12) bytes total RAM data
Near RAM       $000000 - $000005  $000006 (      6) bytes total Near RAM


Program statistics:

Total ROM used      180 bytes (0.5%)
Total RAM used       18 bytes (1.2%)   Near RAM used        6 bytes (6.2%)


C:\HTSOFT\PIC18\bin>_
```

图 8.8 使用-o-zg1 选项的编译结果

8.2 库函数文件生成及应用

8.2.1 C 语言源程序文件

将 8.1.1 小节中的 C 语言源程序文件 lzqmwyz.c 分为 2 个 C 语言源程序文件。

(1) 包含 main()函数的 lzqmwyz1.C 语言源程序文件

```
#include    "pic18.h"                      /*PIC18 系列的头文件*/
extern long function_X3(int indata);
long Result;
int X;

main()
{
        CMCON = 0x07;                      /*关比较器*/
        TRISD = 0x00;                      /*配置 D 口所有引脚为输出*/
        PORTD = 0xFF;                      /*D 口所有引脚输出高电平*/
        PORTD = 0x55;                      /*D 口 bit1,3,5,7 引脚输出低电平*/
        X = 200;
        Result = function_X3(X);
        X = 200;
        while(1)
```

```
        {
            ;                              /* 用户可在此编写自己的程序 */
        }
}
```

(2) 包含 function_X3()函数的 funcx3.C 语言源程序文件

```
long function_X3(int indata)
{
    long temp;
    temp = indata;
    temp = temp * indata + indata;
    return temp;
}
```

8.2.2 生成库函数文件

用8.2.1小节中的两个文件直接创建一个应用程序，这在一般情况下是经常使用的。在此举一个简单的例子，通过例子介绍将funcx3.C语言源程序文件生成库函数文件，再由lzqmwyz.c调用这个生成的库函数文件的方法，也就是把自己设计的程序制作成库函数文件并进行封装，形成库函数文件包，然后提供给其他用户使用，此时用户不必关心编程者设计的源程序，也不需要向用户提供源程序。

(1) 生成.obj 文件

将funcx3.C语言源程序文件存放在PICC18.exe同一目录下，然后在cmd.exe执行界面中键入"PICC18 -18f458 -C funcx3.c"，-C选项的作用是将几个源程序文件编译成目标文件(.obj文件)，此处是将funcx3.c的源程序文件编译成funcx3.obj文件，然后可以在c:\HTSOFT\PIC18\Bin目录下找到funcx3.obj文件。

(2) 生成.lib 库函数文件

如图8.9所示，在cmd.exe中键入"libr r fun.lib funcx3.obj"，其中，r选项为替换模块，fun.lib是由函数funcx3.c制作的库函数文件的文件名。

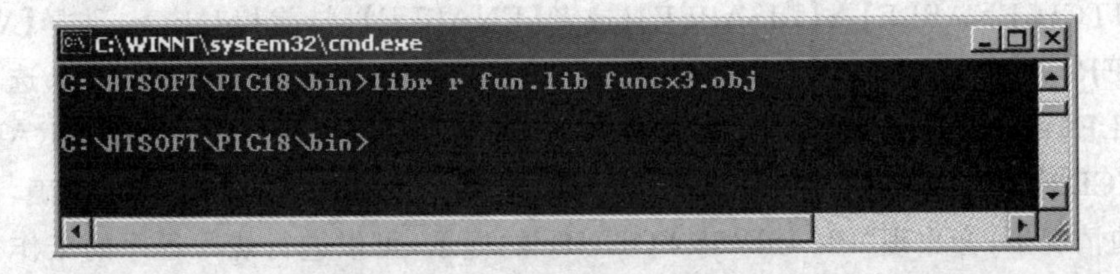

图8.9 .lib库函数文件的生成

8.2.3 库函数文件使用

图 8.10 所显示的是使用 8.2.1 小节的 lzqmwyz1.C 语言源程序文件和调用 8.2.2 小节制作的库函数文件 fun.lib 的项目，这时使用到的就只有 lzqmwyz1.C 语言源程序文件和 fun.lib 文件，而不必再包含 function_X3()函数的 funcx3.C 语言源程序文件。

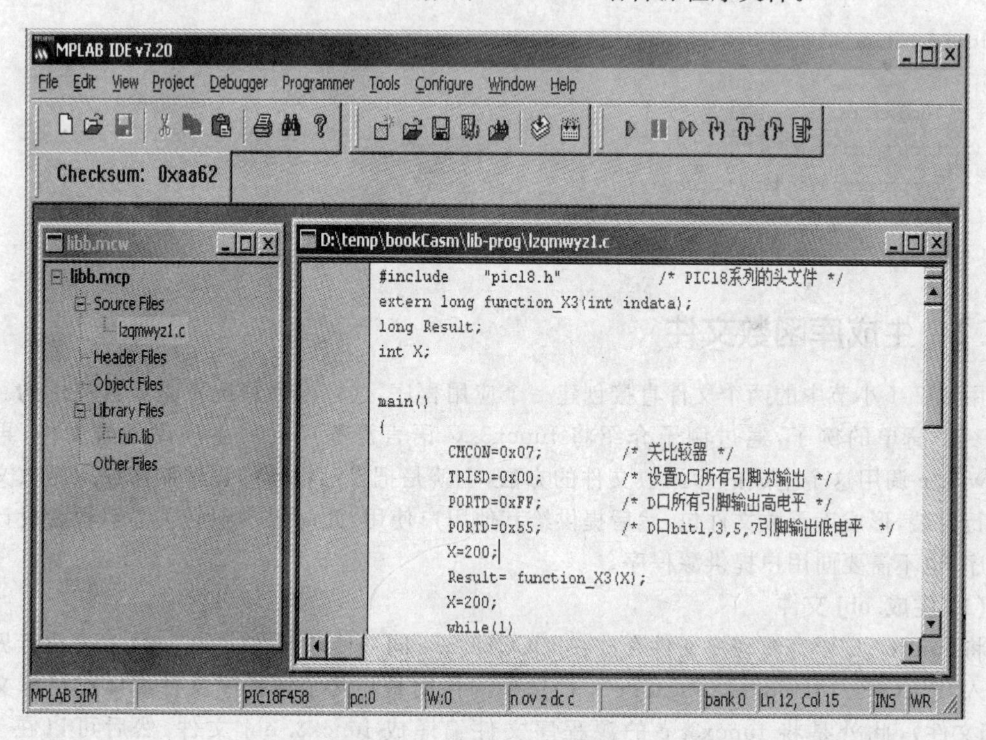

图 8.10 源文件调用库函数文件的项目

(1) 在用以上方法进行文件编译时，可以得到相应的.HEX 文件，打开 MPLAB IDE，首先选择【CONFIGURE】→【SELECT DEVICE】→【pic18f458】，然后选择【CONFIGURE】→【CONFIGURATION BITS】→【OSCILLATOR】→【HS】(或者【HS-PLL ENABLED】)，【OSC. SWITCH ENABLE】→【DISABLE】(或者【ENABLE】，与前相对应)；选择【WATCHDOG TIMER】→【ENABLED】，【WATCHDOG POSTSCALER】→【1:128】，其余选项可以选择【DISABLE】；配置好选项后，选择【PROGRAMMER】→【SELECT PROGRAMER】→【MPLAB ICD2】，然后重新选择【PROGRAMMER】→【CONNECT】，如果连接正确，在目标板已经上电的情况下，会出现“PIC18F458 FOUND”的提示，可以进行烧写程序的工作。要是出现别的异常提示，请仔细检查接头的连接情况。

(2) 选择【FILE】→【IMPORT】…，在弹出的对话框中选择前面生成的.HEX 文件，单击打开。

(3) 选择【PROGRAMMER】→【PROGRAM】,等待程序下载,下载完毕后,关电源,拔掉ICD2的插头,就可以上电脱机运行了。

8.3 C语言和汇编语言的混合编程

用C语言开发单片机软件的最大好处是编写代码简单,软件调试直观,维护升级方便,便于跨平台的代码移植等,因此,C语言编程在单片机软件设计中已得到越来越广泛的应用。一般情况下,用C语言编写的程序与汇编语言编写的程序相比,效率有所降低,在对运算或执行速度要求较高的场合,常常在用C进行开发的同时,也采用汇编指令以提高程序的执行效率。在PICC18中,可以通过使用以下几种方法,实现以C语言为主,部分采用汇编语言编程的混合编程方法,以提高程序的可读性和可维护性,同时不降低程序的执行速度。

8.3.1 在汇编程序内访问C变量

按C语言的语法标准,所有C语言中定义的符号在编译后将自动在前面添加一条下划线“_”,因此,若要在汇编指令中寻址C语言定义的各类全局变量,一定要在变量前加上“_”。在PIC的头文件中,FSR,PORTD,INDF等所有特殊寄存器是以C语言语法定义的,因此,汇编语言编程中若需要寻址这些变量时,在这些变量前面也必须添加“_”。

通过在变量名前加下划线“_”,汇编程序可以直接访问C全局变量。注意,要将这些变量定义为int型全局变量。若出现Fixup overflow的编译错误,这是由于变量的类型定义不匹配或赋值类型不匹配所致。例如,在C语言编写的程序中定义了全局变量:

```
int    foo;
```

在汇编程序编程中可以通过如下方式来访问它:

```
movwf    _foo
```

又例如,在C语言编写的程序中如下定义了一个变量fred:

```
int    fred;
```

用汇编语言编程对fred进行写操作的方式如以下程序所示:

```
movlw 055h
movwf _fred&07Fh
movwf _PORTD
```

8.3.2 #asm,#endasm和asm()指令

可以使用#asm,#endasm和asm()将PIC的汇编指令嵌入到C语言的程序中。#asm

和#endasm指令用于嵌入汇编程序块,分别放在嵌入的汇编程序块的开头和结尾。asm()用于将单条汇编指令嵌入到C语言的程序中。

注意:#asm和#endasm结构不是C语言程序的语法部分,所以此结构不服从C的规则。若在if语句中使用#asm块并试图让它正常工作是不可能的。只有用asm("")命令才可以在任何C语言编程的流程结构(如if,while,do等)中嵌入汇编语言的指令,因为它可以被解释成C语句并且可以和所有的C控制流程相符。

特别注意:要区别汇编指令的移位指令与C语言的移位指令的不同。汇编移位指令是循环移位,而C语言移位指令("<<"或">>")不是循环移位。

例:用#asm,#endasm和asm()指令将汇编指令嵌入到C语言的程序中

```
#include <pic18.h>
unsigned int var;                //定义全局变量,汇编中用到的变量用 int 型进行定义
unsigned int fred;
void main(void)
{
    var = 1;
    asm("rlncf _var,f");
    asm("movlw 055h");
    asm("movwf _fred&07Fh");
    #asm
    movf _var,f                  //访问全局变量加下划线
    rlncf _var,f
    movlw 055h
    movwf _fred&07Fh
    #endasm
}
```

在上例中,汇编是以指令的方式嵌入到C语言程序中,若需要嵌入的汇编语言程序块比较大,则编写为汇编函数比较适合,其方法见下例。

例:用#asm,#endasm和asm()指令将汇编语言书写的函数嵌入到C语言程序中

```
#include <pic18.h>
unsigned int var;              //定义全局变量,汇编中用到的变量必须用 int 型进行定义
unsigned int fred;

void daa();                    //定义汇编函数
#asm
global    _daa;                //定义入口地址
```

```
_daa:
    movf _var,f                 //访问全局变量加下划线
    rlncf _var,f
    movlw 055h
    movwf _fred&07Fh
    return
#endasm

void main(void)
{
    var = 1;
    asm("rlncf _var,f");
    asm("movlw 055h");
    asm("movwf _fred&07Fh");
    asm("movwf _PORTD");
    daa();
}
```

8.3.3 包含汇编函数的C文件

函数可以完全用汇编语言编写,作为独立的.C文件进行调用。这与上例中的应用类似,区别只在于将汇编程序作为一个独立的程序文件模块来编写。

例:调用包含以.c为扩展名文件的汇编语言书写的函数

(1) 包含main()函数的文件main.c

```
#include <pic18.h>
#include "wyanzi.c"
unsigned int var;               //定义全局变量,汇编中用到的变量必须用 int 型进行定义
unsigned int fred;

extern void daa();              //定义汇编函数

void main(void)
{
    TRISD = 0x00;
    PORTD = 0x22;
    var = 1;
    asm("rlncf _var,f");
    asm("movlw 055h");
    asm("movwf _fred&07Fh");
```

```
    asm("movwf _PORTD");
    daa();
    PORTD = 0x44;
    }
```

(2) 包含以.c为扩展名文件的汇编函数,文件名为wyanzi.c

注意,由于已在main.c文件中#include "wyanzi.c",则不能再向项目中添加该文件的C语言源文件,即项目中只应有源文件main.c。

```
#asm
global    _daa;              //定义入口地址
_daa:
    movf _var,f              //访问全局变量加下划线
    rlncf _var,f
    movlw 055h
    movwf _fred&07Fh
    movlw 011h
    movwf _PORTD
    return
#endasm
```

第 9 章

程序存储器 FLASH 的读/写及 Bootloader 程序的编写

本章介绍一个应用命令行驱动对程序存储器 FLASH 进行擦写的例子。本章在对 PIC18Fxxx 单片机程序存储器 FLASH 进行详细介绍的基础上，阐述了如何编写 Bootloader 应用程序，如何生成新的应用程序 Hex 文件以及通过 Bootloader 下载新的应用程序的 Hex 文件的步骤和方法，并在本章最后列出了 Bootloader 的 C 语言源程序。

9.1 PIC18Fxxx 单片机程序存储器 FLASH

程序存储器 FLASH 在整个 V_{DD}范围内是可读/写和可擦除的。

对程序存储器，一次只能读 1 字节，一次可写入 8 字节，一次可擦除 64 字节的区域。不允许批量擦除用户程序代码的操作。

擦写程序存储器将停止取指令，直到操作完成为止。在擦写过程中，不能访问程序存储器，因此，无法执行程序代码，可以由一个内部编程定时器来终止程序存储器的擦写操作。

写入程序存储器的值不必都是有效指令，执行存放在程序存储器单元的无效指令相当于一条空操作指令。

9.1.1 表读和表写

为了读/写程序存储器，有 2 种操作允许处理器在程序存储器空间和数据存储器 RAM 空间之间移动字节：表读(TBLRD)、表写(TBLWT)。

程序存储器为 16 位宽，而数据存储器 RAM 为 8 位宽。表读和表写通过 8 位寄存器(TABLAT)实现这 2 种存储器空间之间的数据交换。表读操作是从程序存储器中读取数据，并把数据存入数据存储器 RAM 空间中。图 9.1 展示了在程序存储器和数据存储器 RAM 之间表读的操作。

表写操作是先将数据存储器 RAM 中的数据保存在程序存储器的保持寄存器中，再把保持寄存器的内容写入程序存储器。图 9.2 展示了在程序存储器 FLASH 和数据存储器 RAM 之间表写的操作。

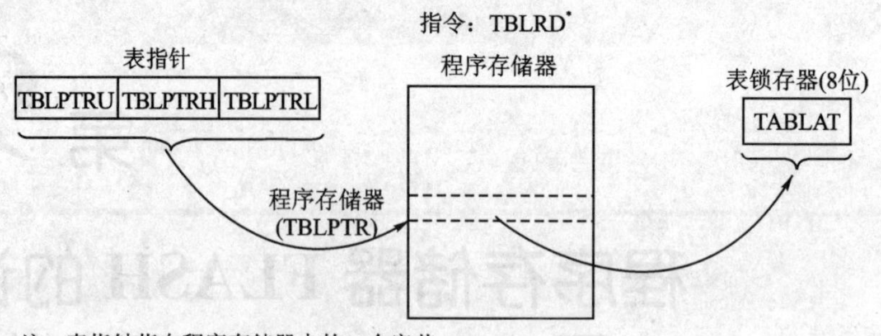

注：表指针指向程序存储器中的一个字节。

图 9.1　表读操作框图

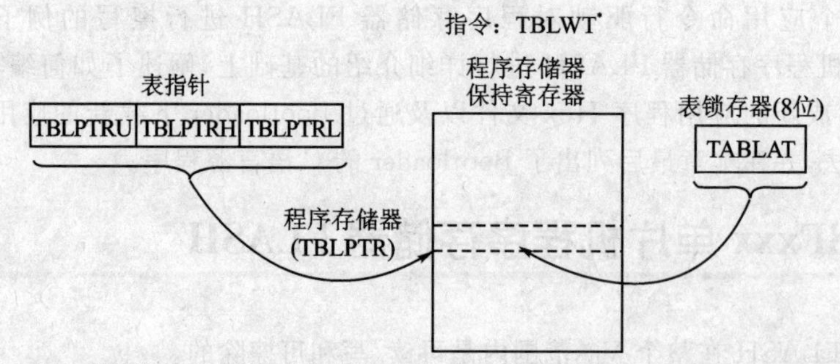

注：表指针实际上指向8个保持寄存器之一，其地址由TBLPTRL<2:0>位决定。

图 9.2　表写操作框图

表读和表写操作均以字节为单位。表操作的是数据而不是程序指令，因此不要求以字为单位进行操作。表模块可以以字节的任意地址开始和结束。如果表写操作将可执行程序代码写到程序存储器中，程序指令将需要以字为单位。

9.1.2　控制寄存器

有几个控制寄存器用来关联 TBLRD 和 TBLWT 指令，它们是：EECON1 寄存器、EECON2 寄存器、TABLAT 寄存器、TBLPTR 寄存器。

1. EECON1 和 EECON2 寄存器

EECON1 是控制存储器访问的控制寄存器。

EECON2 是非物理存在的寄存器。EECON2 读出全为 0。EECON2 寄存器专门用于存储器的擦/写时序。

控制位 EEPGD 决定是访问程序存储器还是数据存储器 EEPROM。当清零时，后面的操作将在数据存储器 EEPROM 内进行。当置 1 时，后面的操作将在程序存储器内进行。

控制位 CFGS 决定是访问配置寄存器还是程序/数据存储器 EEPROM。当该位置 1 时，后面将操作配置寄存器，而忽略 EEPGD 位的配置；当清零时，由 EEPGD 位决定访问不同的存储器。

FREE 位置1时，允许程序存储器擦除操作，擦除操作将由下一次 $\overline{\text{WR}}$ 命令启动。当 FREE 位清零后，则只能进行写操作。

WREN 位置1时，允许写操作。上电复位时，WREN 位被清零。正常运行时，当写操作被 $\overline{\text{MCLR}}$ 复位或监视定时器复位中断时，WRERR 位置1。这种情况下，用户可以检测 WRERR 位并重写该区域。由于 RESET 指令返回0值，因此，必须重新装载数据寄存器 EEDATA 和地址寄存器 EEADR。

$\overline{\text{RD}}$ 和 $\overline{\text{WR}}$ 控制位分别启动读操作和写操作。这些位不能被软件清零，只能被软件置位。它们在读/写操作完成时被硬件清零。这样，可以防止写操作意外地或过早地被人为地中断。访问程序存储器 EEPGD=1时，RD 位不能被置位。

注意：中断标志位 PIR2 寄存器中的 EEIF 在写操作完成后被置位，它只能用软件清零。

2. EECON1 寄存器

R/W-x	R/W-x	U-0	R/W-0	R/W-x	R/W-0	R/S-0	R/S-0
EEPGD	CFGS	—	FREE	WRERR	WREN	$\overline{\text{WR}}$	$\overline{\text{RD}}$
bit 7							bit 0

bit7　**EEPGD**：FLASH 程序存储器或数据存储器 EEPROM 选择位

1=选择程序存储器 FLASH

0=选择数据存储器 EEPROM

bit6　**CFGS**：FLASH 程序/数据 EEPROM 配置选择位

1=选择配置寄存器

0=选择 FLASH 程序存储器或 EEPROM 数据存储器

bit5　未使用，读出为“0”

bit4　**FREE**：FLASH 行擦除使能位

1=在下一次 $\overline{\text{WR}}$ 命令执行时，擦除 TBLPTR 所指向的程序存储器的行

0=只执行写操作

bit3　**WRERR**：写出错标志位

1=写操作过早地被中断（正常操作时，任意 $\overline{\text{MCLR}}$ 信号复位或监视定时器复位会引起此标志位置位）

0=写操作完成

注：当 WRERR 发生时，EEPGD 和 CFGS 位不被清零，这就能够对错误情况进行判断和追踪。

bit2　**WREN**：写使能位

1=允许写周期

0=禁止向EEPROM或FLASH存储器的写操作

bit1　**$\overline{\text{WR}}$**：写控制位

1=启动数据存储器EEPROM或程序存储器FLASH的擦/写周期（操作是自同步的，一旦写操作完成，该位就被硬件清零。$\overline{\text{WR}}$位只能通过软件置位，软件不能清零。）

0=写周期完成

bit0　**$\overline{\text{MD}}$**：读控制位

1=启动数据存储器EEPROM的读操作（读操作占用一个周期，$\overline{\text{RD}}$由硬件清零。$\overline{\text{RD}}$位只能通过软件置位，软件不能清零。当EEPGD=1时，$\overline{\text{RD}}$位不能被置位。）

0=不启动数据存储器EEPROM的读操作

9.1.3 表锁存寄存器TABLAT

表锁存寄存器TABLAT是一个映射在SFR空间的8位寄存器。表锁存寄存器用来保存程序存储器FLASH和数据存储器RAM之间传送的8位数据。

1. 表指针寄存器TBLPTR

表指针TBLPTR指向程序存储器中的1字节的地址。TBLPTR由3个专用寄存器组成：表指针超高字节、表指针高字节和表指针低字节（TBLPRTU，TBLPRTH，TBLPRTL）。这3个寄存器共同形成一个22位宽的指针。低21位允许芯片对2M字节的程序存储器空间寻址。第22位控制是否允许访问芯片ID、用户ID和配置位。

表指针TBLPTR通过TBLRD和TBLWT指令来操作。用于表操作的4种方式，这些指令可以更新TBLPTR。见表9.1。对TBLPTR的操作仅影响其低21位。

表9.1　TBLRD和TBLWT指令的表指针操作

例　子	表指针操作
TBLRD＊ TBLWT＊	不修改TBLPTR
TBLRD＊＋ TBLWT＊＋	读/写之后递增TBLPTR
TBLRD＊－ TBLWT＊－	读/写之后递减TBLPTR
TBLRD＋＊ TBLWT＋＊	读/写之前递增TBLPTR

2. 表指针边界

TBLPTR用来读/写和擦除程序存储器FLASH。执行TBLRD指令时，所有22位的表指针决定从程序存储器的哪一位读入数据到TABLAT。

执行 TBLWT 指令时，表指针的 3 个低位(LSb)(TBLPTR<2:0>)决定写入 8 个程序存储器的保持寄存器中的哪一个。当写入程序存储器的时序(长数据写)开始时，表指针的 19 个最高有效位(TBLPTR<21:3>)决定写入哪 8 个字节的程序存储器单元。

当执行程序存储器的擦除操作时，表指针的 16 个高位(TBLPTR<21:6>)指向将被擦除的 64 字节单元。低有效位(TBLPTR<5:0>)被忽略。

图 9.3 描述了程序存储器 FLASH 操作的相应范围。

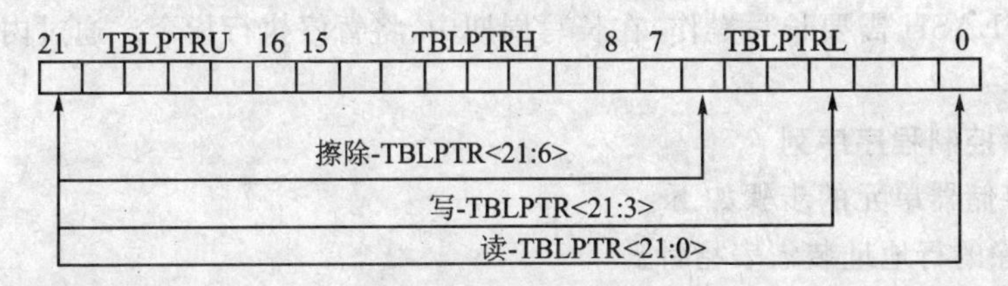

图 9.3　表指针范围

9.1.4　读程序存储器 FLASH

TBLRD 指令用来从程序存储器 FLASH 中读取数据，并放入数据存储器 RAM 中。从程序存储器 FLASH 进行表读操作，一次只能读取 1 字节。

TBLPTR 指针指向程序空间的 1 字节地址，执行 TBLRD 指令将把所指向单元的内容读入 TABLAT 中。除此以外，下一次表读操作将自动改变 TBLPTR 的值。

芯片内部的程序存储器以字为单位进行操作。地址的低位可以选择字的高字节或低字节。图 9.4 所示为芯片内部程序存储器和 TABLAT 的接口。

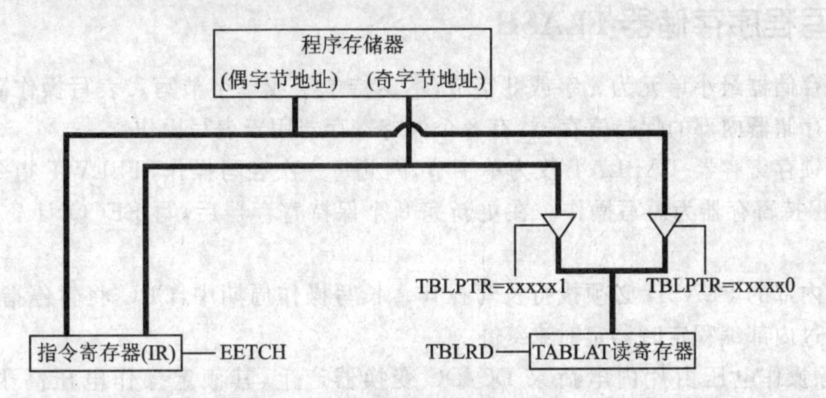

图 9.4　读程序存储器 FLASH

9.1.5　擦除程序存储器 FLASH

最小擦除单元是 32 个字即 64 字节。只有通过使用外部程序编程器或通过 ICSP 控制，才能增大程序存储器被擦除单元的数量。FLASH 不支持字的擦除。

当单片机本身启动一个擦除序列时，64 字节的程序存储器单元将被擦除。TBLPTR 的最高 16 个有效位＜21:6＞指向被擦除单元区域。TBLPTR＜5:0＞被忽略。

当 EECON1 寄存器控制擦除操作时，EEPGD 位必须被置位，以指向程序存储器 FLASH；WREN 位必须被置位以使能写操作；FREE 位必须被置位以选择擦除操作。

EECON2 寄存器的写序列用来防止误写操作。

擦除内部 FLASH 需要长写操作，在长写周期中，将暂停执行指令。通过内部编程定时器来终止长写操作。

程序存储器擦除控制程序序列

擦除程序存储器单元的步骤如下：

① 将要擦除的行地址装入表指针。

② 将 EECON1 寄存器置位以使能擦除操作功能：置 EEPGD 位，使其指向程序存储器空间；清除 CFGS 位以允许访问程序存储器；置 WREN 位使能写操作；置 FREE 位使能擦除操作。

③ 关中断。

④ 向 EECON2 写入 55h。

⑤ 向 EECON2 写入 AAh。

⑥ 置 $\overline{WR}$ 位，开始执行擦除周期。

⑦ 擦除期间，CPU 暂停工作（通过内部定时器定时大约 2 ms）。

⑧ 重新开中断。

9.1.6　写程序存储器 FLASH

写程序存储器最小单元为 4 字或 8 字节，不支持单字或单字节写。表写操作需要设定程序 FLASH 存储器内部的保持寄存器，有 8 个保持寄存器用于表写操作。

由于表锁存寄存器 TABLAT 仅为单字节，因此每一次表写操作，TBLWT 指令需要执行 8 次。写入保持寄存器为短写操作。在更新完 8 个保持寄存器后，写 EECON1 寄存器，开始长写操作。

写芯片内部的 FLASH 必须执行长写操作。长写操作周期中，CPU 将暂停指令执行，长写操作将通过内部编程定时器定时来终止。

写/擦除操作电压由片内电荷泵 DC/DC 变换器产生，其额定操作电压高于芯片供电电压。

1. 程序存储器写序列

写程序存储器 FLASH 单元的步骤如下：

① 读取 64 字节数据到 RAM。

② 如果需要就更新RAM中的数据值。

③ 将被擦除的地址装入表指针。

④ 执行行擦除操作。

⑤ 将被写的第一个字节地址加载到表指针。

⑥ 用自增方式指令写前8字节到保持寄存器。

⑦ 将EECON1寄存器置位以实现写操作：置EEPGD位以指向程序存储器；清除CFGS位以允许访问程序存储器；置WREN位使能写操作。

⑧ 关中断。

⑨ 向EECON2写入55h。

⑩ 向EECON2写入AAh。

⑪ 置$\overline{WR}$位，这将开始写周期。

⑫ 写期间，CPU暂停工作(通过内部定时器定时大约2 ms)。

⑬ 开中断使能。

⑭ 重复6～14步7次，写64字节。

⑮ 检查程序存储器(用表读方法)。

程序需要约18 ms来更新程序存储器一行64字节。

注：在WR位被置位以前，表指针应指向8个保持寄存器字节要写的地址范围。

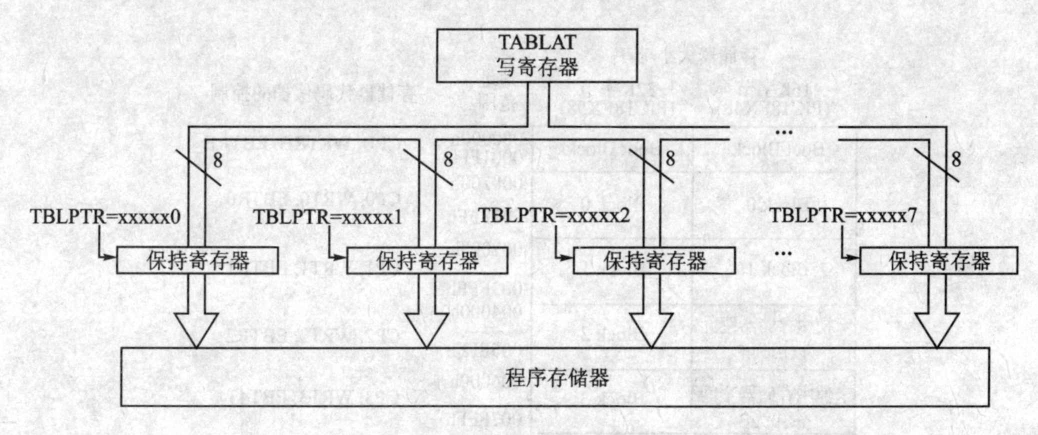

图9.5 对程序存储器进行的表写操作

2. 写校验

根据应用需要，最好的编程方法是将写入到存储器中的值读出与原值相比较校验。特别是在写操作很频繁，且芯片工作在极限运行速度又反复写某些位时，就更应该增加写校验程序，以保证写入数据的可靠性。

3. 写操作异常终止

如果写操作被意外事件终止(例如掉电或意外的复位),则对刚被设定的存储器区域应该校验和重新设定。正常工作情况下,当写操作被$\overline{\text{MCLR}}$信号复位或监视定时器复位中断时,WRERR 位会被置位。用户可以检测 WRERR 位以判断写操作执行的正确性,并重新写该区域。

4. 误写操作保护

为了防止对程序存储器 FLASH 的误写操作,写操作必须紧跟必须的序列,见 9.1.5 小节。

9.1.7　PIC18F2XX/4XX 程序存储器及程序代码保护

PIC18 FLASH 型产品总体结构的程序代码保护与其他 PICmicro 的产品明显不同。用户程序存储区被分为 5 大区间,其中含有一个 512 字节的引导区间(剩余的存储区以二进制整数被分为 4 个存储区间)。

5 个区间中的每一个都有 3 个与它们相关的程序代码保护位,即程序代码保护位(CPn)、写保护位(WRTn)、外部区域表读位(EBTRn)。

图 9.6 显示了 16 KB 和 32 KB 器件的程序存储区框图,每个区域都有专用的程序代码保护位。

存储器大小/芯片 16K字节 (PIC18FX48)	存储器大小/芯片 32K字节 (PIC18FX58)	地址范围	存储器代码保护的控制
Boot Block	Boot Block	000000h 0001FFh	CPB, WRTRB, EBTRB
Block 0	Block 0	000200h 001FFFh	CP0, WRT0, EBTR0
Block 1	Block 1	002000h 003FFFh	CP1, WRT1, EBTR1
未使用存储器空间,读出为0	Block 2	004000h 005FFFh	CP2, WRT2, EBTR2
未使用存储器空间,读出为0	Block 3	006000h 007FFFh	CP3, WRT3, EBT43
未使用存储器空间,读出为0	未使用存储器空间,读出为0	008000h 1FFFFh	(未使用存储器空间)

图 9.6　PIC18F2XX/4XX 程序存储器的程序代码保护分布图

9.2 Bootloader介绍

简单地说，Bootloader(引导装载程序)就是在内核程序运行之前运行的一段小程序。通过这段小程序，可以初始化硬件设备、建立内存空间的映射图，从而将系统的软硬件环境配置到一个合适的工作状态，以便为最终调用内核程序准备好正确的环境。大多数Bootloader都包含两种不同的操作模式："启动加载"模式和"下载"模式。但从最终用户的角度看，Bootloader的作用就是用来加载程序的，而并不存在所谓的启动加载模式与下载模式的区别。

启动加载(Boot loading)模式：这种模式也称为"自主"(Autonomous)模式，即Bootloader从目标机上的某个固态存储设备上将程序加载到RAM中运行，整个过程并没有用户的介入。这种模式是Bootloader的正常工作模式，因此，在嵌入式产品发布的时候，Bootloader显然必须工作在这种模式下。

下载(Downloading)模式：在这种模式下，目标机上的Bootloader将通过串口连接或网络连接等通信手段从主机(Host)下载文件，比如下载内核程序等。从主机下载的文件通常首先被Bootloader保存到目标机的RAM中，然后再被Bootloader写到目标机上的FLASH类存储器中。Bootloader的这种模式通常在第一次安装内核程序时被使用，此外，以后的系统更新也会使用Bootloader的这种工作模式。工作于这种模式下的Bootloader通常都会向它的终端用户提供一个简单的命令行接口。

Bootloader是嵌入式系统软件开发的重要环节，它把内核程序和硬件平台衔接在一起，对于嵌入式系统的后续软件开发十分重要，在整个开发中占有相当大的比例。它是用来完成系统启动和系统软件加载工作的程序，是底层硬件和上层应用软件之间的一个中间软件，完成处理器和周边电路正常运行所要的初始化工作；可以屏蔽底层硬件的差异，使上层应用软件的编写和移植更加方便。

9.3 PIC18Fxxx单片机Bootloader程序的编写

PIC18Fxxx单片机Bootloaer程序可以用汇编语言、MPLAB C18、PICC18等编写。作者在对HI-TECH公司提供的例程进行分析和探讨的基础上，采用PICC18 C语言编译器，编写了简化的Bootloader程序，列出了程序设计流程图。

注：HI-TECH公司提供的源程序例程可在PICC18安装软件htsoft\PIC18\Samples\bootldr目录下找到。

9.3.1 Bootloader程序空间

在PIC18 FLASH型产品中，用户的程序存储区包含有一个512字节的引导区间(Boot

Block)，地址范围是 0X000000～0X0001FF，该空间通常用来为用户存放 Bootloader 程序。一般来说，512 字节的程序空间是完全可以存放 Bootloader 程序的，用户也可以使用其他的空间来编写 Bootloader 程序，也可以为 Bootloader 程序分配更大的程序空间。

9.3.2　Bootloader 程序流程

图 9.7 是编写的 Bootloader 程序的流程图。系统(CPU)上电(复位)后，首先判断是否需

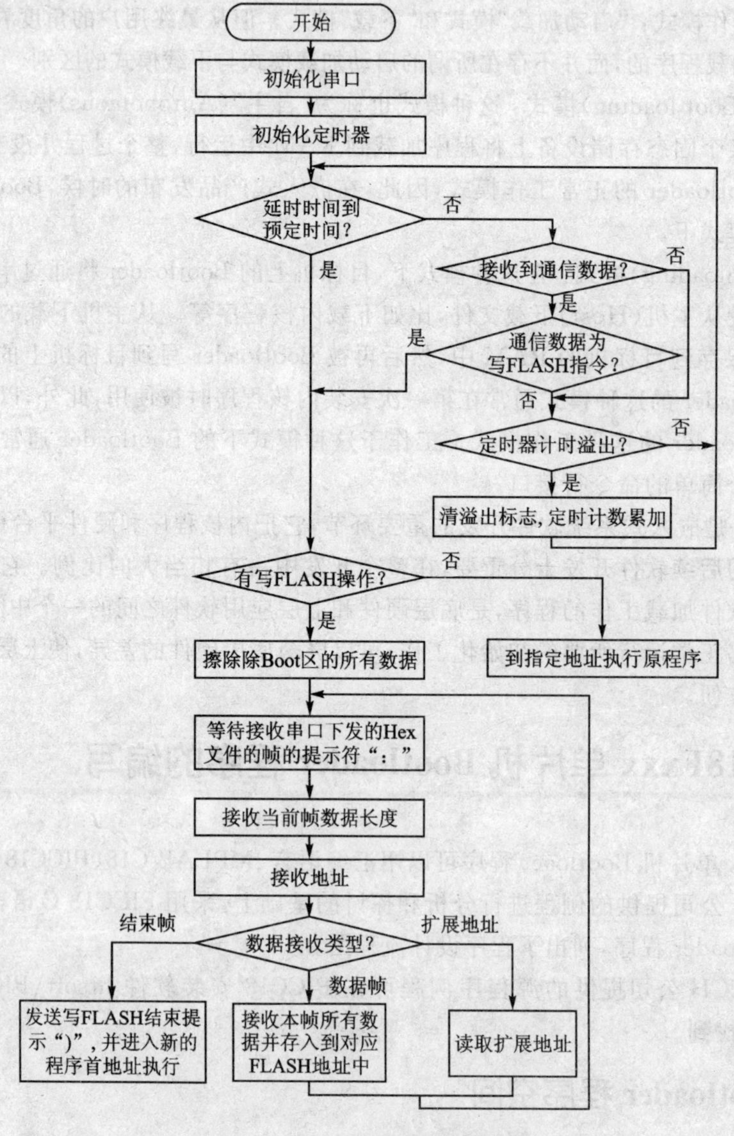

图 9.7　Bootloader 程序流程图

要从串口接收由PC机传下来的需下载的程序，若单片机在规定时间内未接收到通过串口下传的下载新程序的控制命令，系统将执行原先存储在FLASH中的程序。若系统接收到串口传来的更新程序的控制命令，则单片机先清空除Bootloader程序区外的所有程序存储器，然后通过串口发出等待接收程序文件Hex的提示符"："。接收到完整的程序文件Hex后，单片机发出程序更新完成的提示符，并运行新的应用程序。

9.3.3　Bootloader程序下载(烧写)

Bootloader程序编写好后，可通过仿真器将其下载(烧写)到芯片中。这样，就可以对系统进行应用程序的在线升级操作。

注意：在使用MPLAB IDE 12.xx(7.xx)时，配置一般是在MPLAB IDE界面上进行的，不用在应用程序中对其进行修改。若需要在程序中进行变动，必须添加相应的程序代码。

9.3.4　通过Bootloader下载用户应用程序

1. 用户应用程序Hex文件的生成

用户程序经过编译后，会生成相应的Hex文件。对通过Bootloader下载的用户程序，也就不必采用仿真器或编程器，从而使应用程序的编程更加方便，利于通过网络方式进行在线修改程序。

生成Hex文件主要有2种方式：命令行驱动(command-line driver，CLD)方式和MPLAB IDE界面方式。

(1) 命令行驱动方式

PICC18调用DOS命令行的驱动器，来编译和链接C语言程序。PICC18的基本命令格式如下：

picc18[选项] files[文件]

其中，文件可以是源程序文件(C语言或汇编语言程序)和目标文件的混合，.c表示C语言源程序文件，.as表示汇编语言源程序文件，.obj表示目标代码文件，.lib表示目标库函数文件。

在命令行驱动选项中，-processor代表定义处理器，这一选项决定了哪种处理器被使用，例如用命令行-18c452来编译PIC18C452；-AAHEX代表生成一个美国自动符号HEX文件；-Aaddress代表指定ROM程序代码的偏移量，该选项影响所有基于ROM的部分，包括复位和中断向量以及放置程序代码、常量数据。

要在命令行驱动方式下生成Hex文件，需要先将所有需要编译的相关源程序文件(本例程是main.c文件)复制到PICC18软件的bin目录下(即与PICC18.exe在同一目录内)，然后在DOS状态下编译生成Hex文件。

在 Win2000 下进行如下操作：选择【开始】→【运行】，键入"CMD"，或选择【开始】→【程序】→【附件】→【命令提示符】，就会弹出 cmd.exe 的界面，如图 9.8 所示。图 9.8 中的目录不是 PICC18 软件所在的硬盘根目录，故要键入如图 9.9 所示的命令"cd c:\"。并如图 9.9 所示，键入相应命令进入到 PIC18 的 bin 目录下。

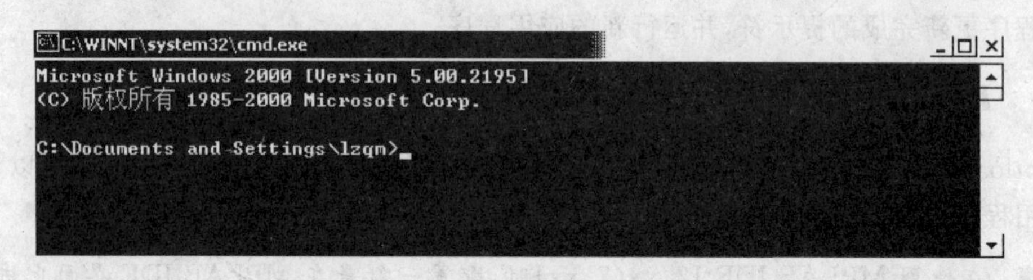

图 9.8 Windows 命令提示符界面

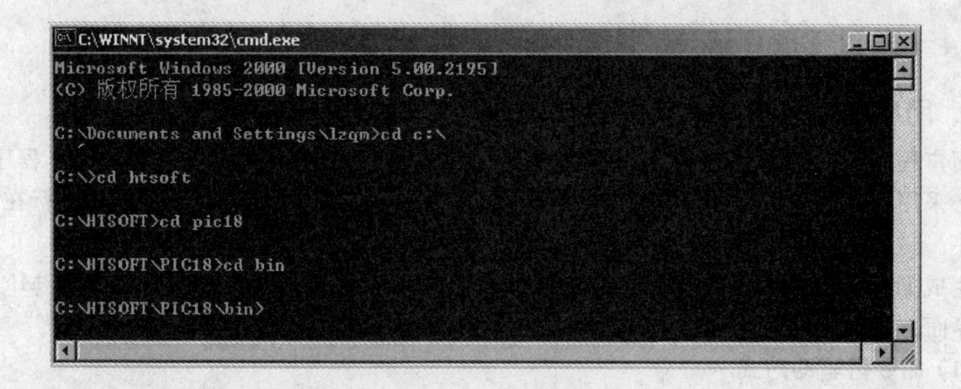

图 9.9 Windows 命令提示符界面

在 cmd 中键入命令行驱动命令"picc18 -18f458-a200 main.c"，如图 9.10 所示：

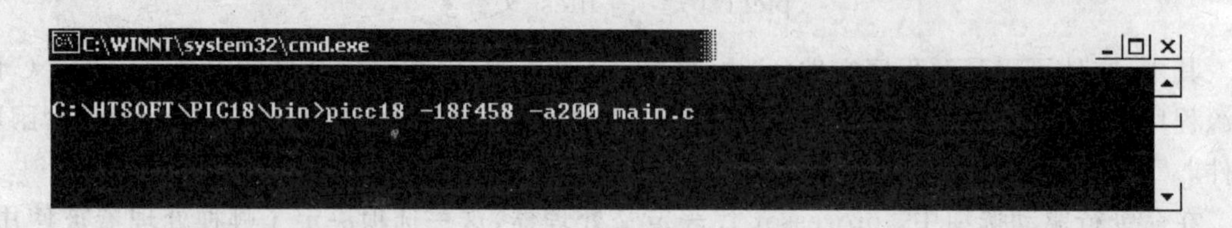

图 9.10 命令行驱动命令例子

其中，-18f458 表示选择 PIC18F458 芯片，-a200 表示指定编译后的 Hex 文件 ROM 程序代码的偏移量是 0x200，main.c 是 C 语言源程序文件。若程序正确，将会输出编译结果并生成 main.hex 文件。

(2) MPLAB IDE 界面方式

图 9.11 是在 MPLAB IDE 下建立的项目，其中 C 源程序文件 main. c 是经编译后确认正确的程序。

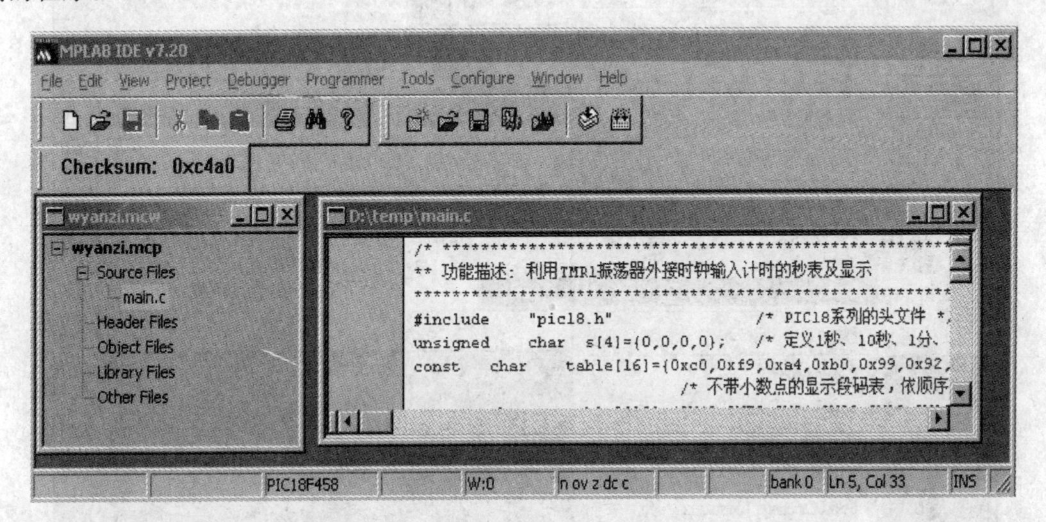

图 9.11　MPLAB IDE 界面下建立的项目

用鼠标在菜单上选择【Project】→【Build Options】→【Project】(如图 9.12 所示)，在弹出的界面中选择【PICC18 Linker】页面，在如图 9.13 所示的【Specify offset for ROM(in hex)】中输入 200，注意这里的 200 是十六进制数，表示生成的 Hex 程序代码偏移地址是 0X200(相当于命令行驱动的-A200)。若要进行程序代码的优化编译，选择【PICC18 Compiler】页面，在如图 9.14所示的【Categories】中选择【General】并在【Global optimization level】中选择程序代码编译的优先级(图中配置程序代码编译优先级为 1，相当于命令行驱动的-O -zg1)。

配置完成后，单击【确定】即完成配置。然后在 MPLAB IDE 的菜单上进行编译即可生成 Hex 程序代码。

注意：在命令行驱动方式中，若不使用优化选项-o，则生成的程序代码比在 MPLAB IDE 界面方式下生成的程序代码要多一些；若使用-o 选项，则生成的程序代码和 MPLAB IDE 界面方式下不用优化选项(即程序代码优化编译选项配置为 OFF)时相同；若使用-o -zgX 选项，则和 MPLAB IDE 界面方式下使用程序代码优化编译的优先级为 X 时相同。

2. Hex 文件格式

Hex 文件由若干帧构成，每一帧由“:”、数据个数、地址、类型、数据、校验码 6 部分组成。“:”是一帧开始的提示符；第一个字节表示本帧数据个数；第二、三个字节表示本帧程序代码的起始地址；第四个字节表示本帧的类型，01 表示 Hex 文件的结束，00 表示数据，04 表示扩展

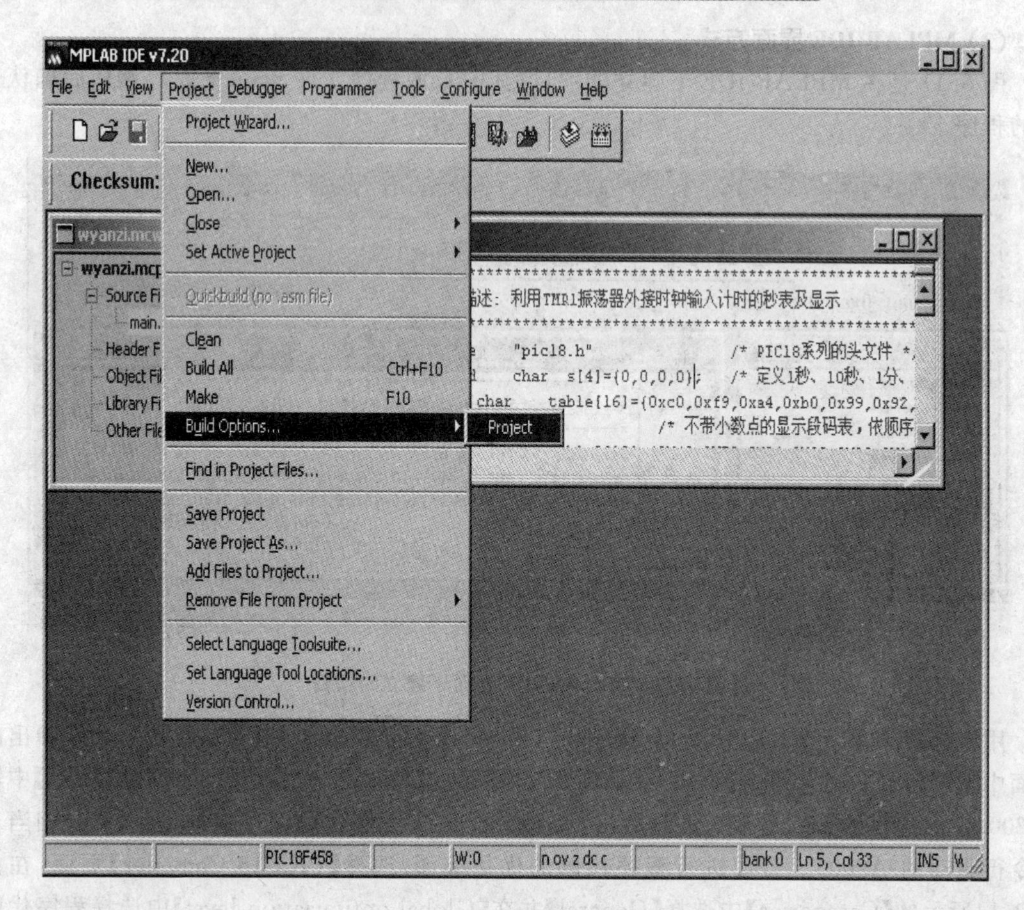

图 9.12　进入项目编译配置

地址记录；其后的字节是本帧的数据，个数由第一个字节确定；最后是校验字节，本帧所有字节(包括检验字节)的累加若为 0x100，则检验正确(在除检验字节的累加中校验计算不进位，只在累加检验字节时可依据进位位判别)。生成 Hex 文件后，可以用记事本程序软件打开。在 MPLAB IDE 下观察汇编程序的程序代码与 Hex 文件的关系可以加深对前面的叙述的理解。

下面是 C 源程序文件 main.c 生成的 Hex 文件的例子。编译过程参见上节介绍。

源程序：

```
#include <pic18.h>
void    initial()
{
    INTCON = 0x00;
    ADCON1 = 0X07;
    PIE1 = 0;
```

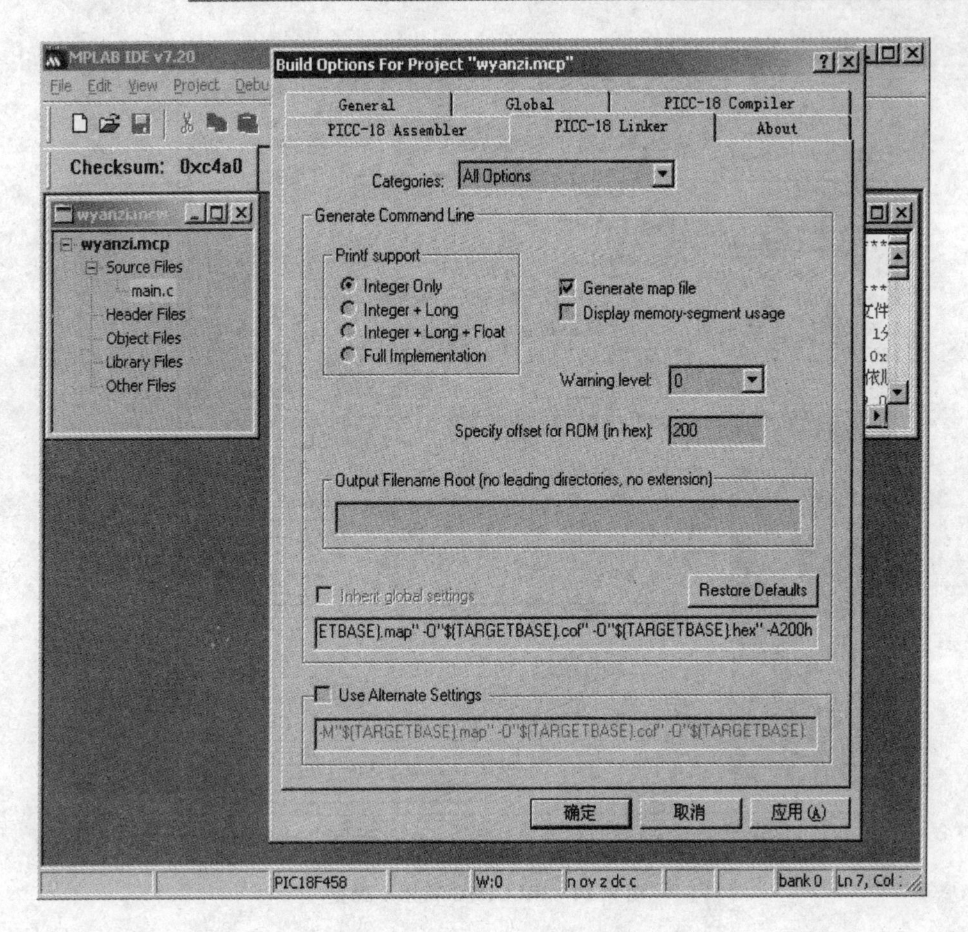

图 9.13　PICC18 Linker 配置

```
    PIE2 = 0;
    RBIE = 0;
}

main()
{
    initial();
    while(1)
    {
        CLRWDT();
    }
}
```

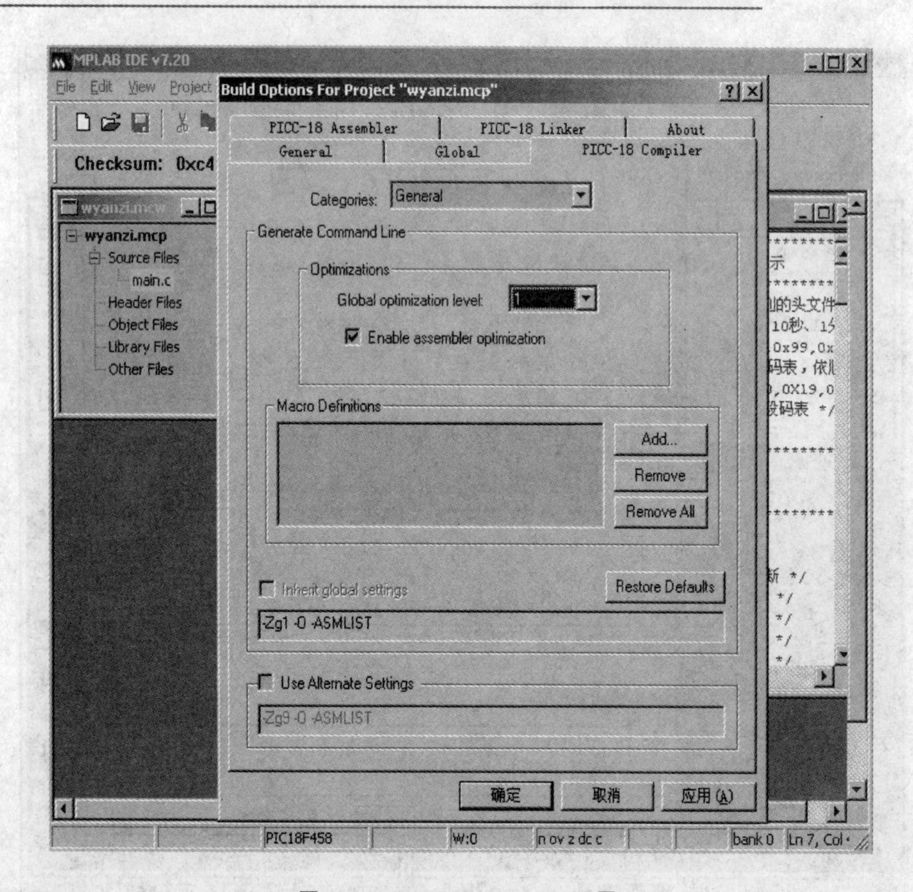

图9.14 PICC18 Compiler配置

生成的Hex文件(main.hex):

```
:020000040000FA
:040200000CEF01F00E
:1002180019EF01F0FFFF08D0F26A070EC16E9D6A60
:10022800A06AF2961200FFFF7D7FFFF05D0F2DFB2
:0A0238000400FED70CEF01F0FAD726
:00020001FD
```

3. 通过PC机串口下载Hex文件

这里采用PC机的串行通信口将main.hex文件通过PIC18F458的SCI通信接口传送到单片机。PC机调试工具采用串口调试助手V2.2(或2.0、2.1,串口调试助手可从网上下载),图9.15是操作时的界面。使用时需要在界面上进行与单片机SCI通信接口配置相对应的正确配置,如波特率、校验位等。

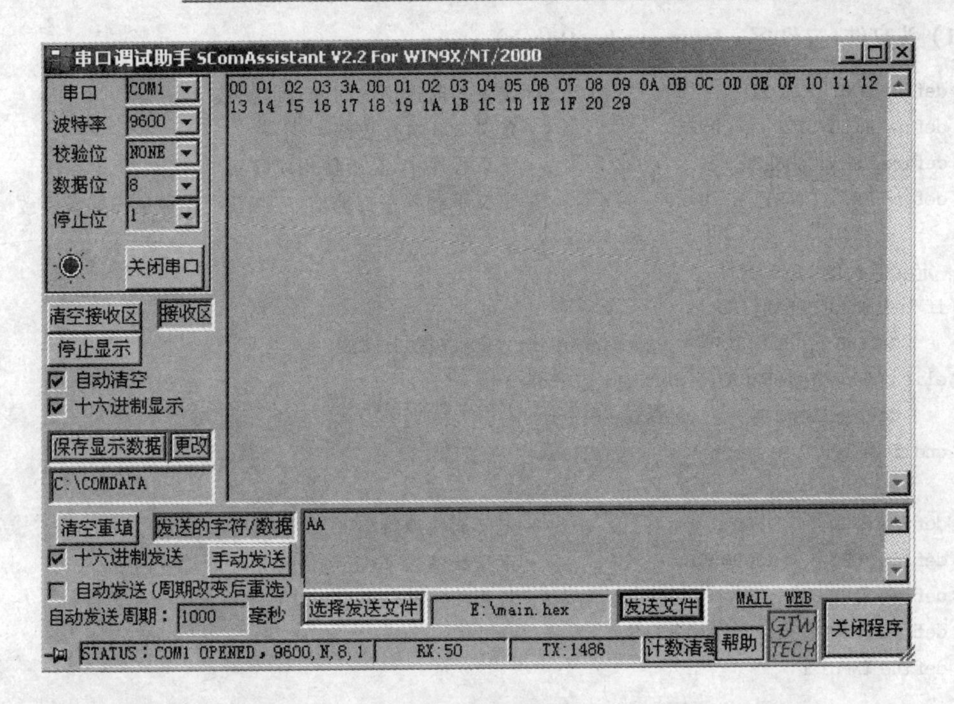

图9.15 PC机操作界面

数据发送区内AA(因选择十六进制发送，表示为0XAA)是设计的PC机下载新Hex文件的通信协议的起始数据，可以由用户自行设计这个协议，也可以根据行业规范设计这个协议。根据上面介绍的程序流程，若要下载main.hex文件到单片机，其控制命令必须在单片机复位后5.2秒内下发到单片机中，然后单片机会等待接收PC机下发的Hex文件的内容。在【选择发送文件】中打开main.hex文件，然后单击【发送文件】，即可将main.hex文件发送到单片机中。在接收区中显示单片机通过串口向PC机上传的通信数据的内容，以便用户了解单片机的运行状态。

main.hex文件成功下载到单片机后，单片机将运行新的程序。若要实现在程序运行中下载新的Hex文件，可配置一定的通信规约，当CPU接收到正确的通信命令后可以用2种方式写入新的Hex文件：软件复位指令(RESET)重新执行Bootloader程序或将程序代码存入在新的ROM空间并执行，这样就可实现远程实时下载，另一种方式是前面叙述的硬件复位的情况。

4. Bootloader程序

注意：本程序的PROG_START值0x200应该与生成Hex文件ROM程序代码的偏移量相一致。

(1) 头文件(文件名：lzqmwyz-bootldr.h)

```
#define BOOT_TIMEOUT     5              /*定义超时退出的时间计时次数*/
#define FILL_BYTE     0xFF              /*定义 ROM 填充数据*/
#define USE_ECHOBACK 1                  /*下载程序中,是否使用应答*/
#define PROG_START     0x200            /*定义下载程序首地址,应与新程序地址偏移量一致*/

/*定义芯片的 ROMSIZE*/
#if !defined(MPLAB_ICD)
    #define     MEM_TOP     (unsigned int)(ROMSIZE&0xFFFF)
#elif defined(_18F258) || defined(_18F458)
    #define MEM_TOP     0x7DC0
#endif

#define BAUD     9600                   /*定义通信波特率*/
#define FOSC     4000000L               /*定义振荡频率(应包括锁相环配置在内)*/
#define NINE 0                          /*是否使用9位通信?NINE=0,使用8位数据位*/
#define OUTPUT 0
#define INPUT 1

#define DIVIDER ((int)(FOSC/(16UL * BAUD) -1))
#define HIGH_SPEED 1

#if NINE == 1
#define NINE_BITS 0x40
#else
#define NINE_BITS 0
#endif

#if HIGH_SPEED == 1
#define SPEED 0x4
#else
#define SPEED 0
#endif

/*串口通信初始化*/
#define init_comms()
{
    SPBRG = DIVIDER;
    TXSTA = (SPEED|NINE_BITS|0x20);
```

```
    RCSTA = (NINE_BITS|0x90);
    TRISC = 0x80;
}

#ifndef NOP()
#define NOP() asm("nop")
#endif

#ifndef RESET()
#define RESET() asm("reset")
#endif

/*测试条件*/
#define FLASH EEPGD == 1
#define EEPROM EEPGD == 0
#define CONFIG CFGS == 1

/*hex 记录类型*/
#define DATA 0
#define END 1
#define EXTEND_ADDRESS 4
```

(2) 主程序源程序文件：main. c

```
#pragma psect text = bootldr
#include <pic18.h>
#include "lzqmwyz-bootldr.h"

#if defined(MPLAB_ICD)
__CONFIG(4,DEBUGEN);
#endif
#ifdef __PIC18FX520
__CONFIG(5,UNPROTECT);
#else
__CONFIG(5,CPB & UNPROTECT);
#endif

/*功能函数*/
void checksum(void);                    //核验函数
unsigned char gx(void);                 //读取字符函数
```

```
unsigned char g2x(void);                        //读取字节函数
void zap(void);                                 //初始化写 FLASH
void table_write(void);                         //表写函数
void flash8(void);                              //写 8 字节 FLASH 函数
void clear_buffer(void);                        //清缓冲区函数

persistent near unsigned char buff[8];          /* 8 字节编程缓冲区 */
persistent near unsigned char DO_NOT_INCREMENT;
persistent near unsigned char cksum,rectype,bcount;
persistent near unsigned char delay_time;
persistent near unsigned char index;
persistent near unsigned short erase;           //擦写地址
persistent near unsigned char SerialNo;         //接收到 Hex 文件的帧计数
#define    CONFIRM_DATA    0xaa                 //确认通信控制命令数据,有则下载新的程序

#asm
psect intcode                                   //重定向高优先级中断向量
goto  PROG_START + 8

psect intcodelo                                 //重定向低优先级中断向量
goto  PROG_START + 0x18
#endasm

//核验函数
#asm
global _checksum
_checksum:
    call   _g2x                                 //读取校验字节
    movf   _cksum,w,c
    btfss status,2,c                            //如果校验失败
    reset                                       //复位
    return
#endasm

//接收一个字符,接收到的是 ASCII 形式的数据,要将其转换为 Hex 格式
unsigned char gx(void)
{
    while(!RCIF);                               //等待接收下字符
    RCIF = 0;                                   //清接收中断标志
```

```
    EEDATA = RCREG;
    if(EEDATA>='A')                         //将ASCII形式的数据,转换为Hex格式
        return ((EEDATA - (unsigned char)'A') + 10);
    return (EEDATA - '0');
}

//接收一个字节
unsigned char g2x(void)
{
    unsigned char temp = (gx() << 4);       //接收字节数据的高4位
    temp += gx();                           //接收下一个字符与前一个字符组合为一个字节数据
    cksum += temp;                          //计算校验数据
    return temp;
}

/*初始化写FLASH*/
void zap(void)
{
    WREN = 1;
    EECON2 = 0x55;
    EECON2 = 0xAA;
    WR = 1;
    NOP();
    while(WR);
    WREN = 0;
}

//从RAM传递字节到FLASH
void table_write(void)
{
    if(DO_NOT_INCREMENT)                    //地址已经载入TBLPTR,不需要预先增加
        asm("tblwt*");
    else
        asm("tblwt+*");                     //否则,TBLPTR需要预先增加
    DO_NOT_INCREMENT = 0;
}

//写8字节缓冲区数据到FLASH
void flash8(void)
```

```
{
    if(DO_NOT_INCREMENT)
        TBLPTRL& = 0xF8;
    for(index = 0;index<8;)
    {
        TABLAT = buff[index ++];
        table_write();
    }
    zap();
}
//清缓冲区函数
void clear_buffer(void)
{
    buff[0] = buff[1] = buff[2] = FILL_BYTE;    //填充清除字节
    buff[3] = buff[4] = buff[5] = FILL_BYTE;
    buff[6] = buff[7] = FILL_BYTE;
}

//Bootloader 主程序
void main(void)
{
    init_comms();                               //初始化串口
    INTCON = 0;

    //使用超时加通信控制方式：在指定时间内收到写 FLASH 控制命令,进入编程状态,否则运行以前的程序
    T0CON = 0x93;                               //使用定时器定时
    index = 0;
    for(delay_time = 0;delay_time<BOOT_TIMEOUT;)
    {
        if (RCIF)                               //接收到串口数据
        {
            index = RCREG;
            if(index == CONFIRM_DATA)break;     //接收到正确的写 FLASH 控制命令
            RCIF = 0;                           //清接收标志
        }
        CLRWDT();                               //清看门狗
        if(TMR0IF)                              //查询定时器溢出标志
```

```
        {
            TMR0IF = 0;
            TXREG = delay_time ++ ;
        }
    }

    T0CON = 0x7F;                              //禁止时钟
    if (index!= CONFIRM_DATA)                  //未有新的写 FLASH 的命令
    {
        TXREG = ´@´;                           //发送运行原程序的提示
        ( * ((void( * )(void))PROG_START))();  //直接进入用户原先程序
    }

    TBLPTRU = 0;
    erase = PROG_START;

    while(1)                                   //擦除程序空间
    {
        TBLPTRL = (unsigned char)erase;
        TBLPTRH = (unsigned char)(erase>>8);
        EECON1 = 0x90;                         //擦除
        zap();
        erase += 64;
        if(erase == MEM_TOP)
            break;
        CLRWDT();
    }

    TXREG = ´:´;                               //提示进入编程状态
    #if USE_ECHOBACK == 1
        SerialNo = 0;
    #endif

    for(;;)                                    //循环,通过串口接收 Hex 文件
    {
        CLRWDT();
        while (RCREG! = ´:´);                  //等待 Hex 文件每一帧开始
        cksum = bcount = g2x();                //取数据长度
        TBLPTRH = g2x();                       //取地址
```

```
TBLPTRL = EEADR = g2x();                     //取地址
DO_NOT_INCREMENT = 1;
rectype = g2x();                             //取数据类型
switch(rectype)
{
case DATA:                                   //数据记录
#if (PROG_START > 0x200)                     //忽略 Bootloader 地址数据,保护 BootLoader
    if((FLASH) && (TBLPTRU == 0) && (TBLPTRH < (unsigned char)(PROG_START >> 8)))
        break;
#endif                                       //保护 0x200 以外的程序代码
    clear_buffer();                          //清空缓存
    while(bcount--)
    {
        TABLAT = EEDATA = buff[(EEADR&7)] = g2x();        //取数据
        if((EEADR&7) == 7)                   //写入 FLASH
        {
            flash8();
            clear_buffer();
        }
        EEADR ++ ;
        CLRWDT();
    }
    if    ((EEADR&7)!= 0)   flash8();
    checksum();                              //校验
    if (USE_ECHOBACK == 1)
        TXREG = SerialNo ++ ;                //提示写入当前帧
    break;

case END:                                    //Hex 文件结束

    TXREG = ')';                             //发送新程序下载功能提示
    (*((void(*)(void))PROG_START))();  //运行新程序
    break;
#if USE_EXTEND_HEX == 1
case EXTEND_ADDRESS:                         //扩展地址记录
    while(bcount--)
        EEADR = g2x();                       //是 EE,Config 或 ID 数据
    EEPGD = 1;
    if(EEADR == 0xF0)
```

```
            EEPGD = 0;                          //EEPROM
        CFGS = 0;
        if((EEADR&0xF0) == 0x30)
            CFGS = 1;                           //写配置寄存器
        TBLPTRU = EEADR;
        checksum();
        break;
    #endif
    }
  }
}
```

第 10 章

PIC18FXX8 单片机及 PICC18 例程

本章对 PIC18FXX8 单片机作概述性介绍，并以 PIC18F458 单片机为例，使用 PICC18 编译器设计了一个通用的包含 PIC18F458 单片机大部分功能模块的例程。本章对例程涉及的相关功能模块及必要的硬件接口作简要的描述，并给出了程序流程框图，对 PIC18 单片机各功能模块及 PICC18 编程的详细介绍，请参看北京航空航天大学出版社出版的《PIC18FXXX 单片机原理及接口程序设计》和《PIC18FXXX 单片机程序设计及应用》。

10.1 PIC18FXX8 单片机简介

美国微芯公司主推的 CMOS 8 位 PIC18 系列单片机，采用精简指令集(RISC)、哈佛总线结构、流水线取指令方式，具有实用、低价、指令集小、简单易学、基本开发系统便宜、抗干扰性能好、低功耗、高速度、体积小、功能强等特点。大量用于汽车电气控制、低功耗测量仪表等各种仪器和控制设备中，在国内有大量用户并深受欢迎，已经成为单片机的主流产品。

PIC18FXX8 是微芯公司的高档产品，采用 16 位的类 RISC 指令系统，在保持低价格的前提下含有 A/D 转换器、内部 E^2PROM 存储器、比较输出、捕捉输入、PWM 输出(加上简单的滤波电路后可以做成 D/A 输出)、I^2C 总线和 SPI 总线接口电路、异步串行通信(USART)接口电路、CAN 总线接口电路、模拟电压比较器、可读写 FLASH 程序存储器等许多功能，可以方便地在线多次编程和调试，特别适用于初学者学习和在产品开发阶段使用，它也可以作为产品开发的终极产品。微芯公司还力争使 Flash 芯片与 OTP 芯片价格相近，用 Flash 芯片代替 OTP 芯片。微芯公司的单片机是品种最丰富的微控制器系列之一，同样封装形式的芯片引脚基本兼容，在微芯公司的系列芯片中汇编软件和 C 语言软件兼容性好，有时可以基本上不加修改地从 PIC16F 系列移植到 PIC18F 系列中，很好地保证了用户软件的可移植性。这种单片机具有如下特点：

开发容易，周期短。由于 PIC 采用类 RISC 指令集，指令数目较少(PIC18F 仅有 70 多条指令)，且基本为单字长指令，易学易用，相对于采用 CISC(复杂指令集)结构的单片机可节省 30%以上的开发时间和 2 倍的程序空间。

高速。PIC 单片机采用哈佛总线和类精简指令集逐步建立了一种新的工业标准，指令的执行速度比一般的单片机要快 4～5 倍，可以达到 10MIPS 以上。

低功耗。PIC 单片机采用 CMOS 电路设计，结合了诸多的节电特性，使其功耗很低，PIC 百分之百的静态设计可进入休眠（Sleep）省电状态而不会影响激活后的正常运行。微芯公司的单片机是各类单片机中低功耗设计最好的产品之一，在电池供电的情况下，可连续工作几年，为某些低功耗应用提供了很好的解决方案。

低价实用。PIC 单片机配备有 OTP（One Time Programmable）型、EPROM 型和 FLASH 型等多种形式的芯片，其中 OTP 型芯片的价格很低。PIC 还提供程序监视定时器（WDT）和程序可分区保密的保密位（Security Fuse）等功能，提供了基于 Windows98/NT/2000 的方便易用的全系列的产品开发工具和大量的子程序库以及应用实例，使产品开发更容易、更快捷。

PIC18FXX8 单片机模块多、功能强、涉及内容广，限于篇幅，本章不作过多阐述，这里将其主要的功能模块和与例程相关的部分作简单的介绍。

10.1.1 A/D 转换功能

PIC18F2X8 的 A/D 转换模块有 5 个模拟输入 A/D 通道，PIC18F4X8 芯片有 8 个模拟输入 A/D 通道。A/D 转换器会将一个模拟输入信号转换为对应的 10 位数字量。本程序中使用了 AN0 (RA0)通道作为 AD 直流采样，并将转换结果用与单片机的 SPI 接口相连接的 8 个数码管中的 2 个数码管显示出来，显示数据保留一位小数，显示范围为 0.0～5.0 V（单片机供电电压为 5.0 V）。

10.1.2 键　盘

在许多应用中，都需要用键盘来输入数据或对程序的进程进行管理，因此在单片机的设计和调试实验中，键盘是一个不可缺少的部分。图 10.1 采用单片机的 RA3，RB1，RE0，RE1 四个 I/O 引脚和一个电平变位中断引脚 RB4 构成一个简单的矩阵式键盘，其中 RB4 在引脚的电平发生变化时产生"电平变化中断"，利用微芯公司特有的输入引脚变化中断可以方便地实现中断方式扫描键盘，对键盘的输入扫描可采用查询或中断 2 种控制方式。

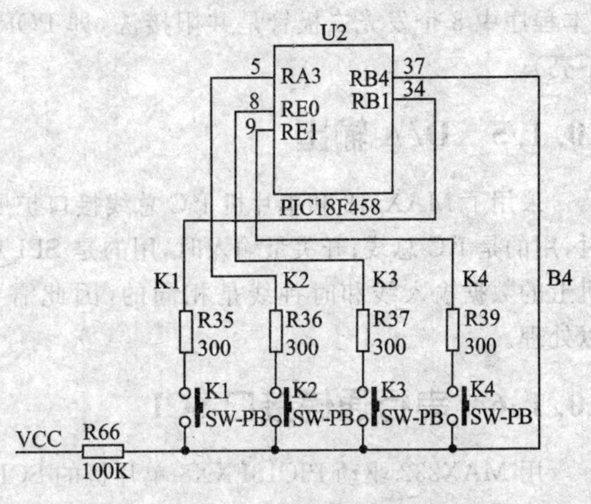

图 10.1　键盘输入电路图

本例程中采用键盘按键实现秒表的启动计时、停止计时和秒表清零（按键键值分别为 1，2，0），按下 4 个按键中的任一按键将实现按键键值的改变,其值可以为0,1,2中的一个;也可以采用电平变化中断唤醒单片机休眠,在程序开始时的程序功能方式选择上,设置PWM_CCP1_Mode=0或PWM_CCP1_Mode=1,则可将按键2种工作方式及功能区分开来。

10.1.3 LED显示

采用PIC18FXX8单片机的SPI接口和移位寄存器芯片74HC595(该芯片把串行数据转换成并行数据输出),直接驱动七段数码显示管实现LED的静态显示,即通过级连方式把8个74HC595芯片连在一起形成移位寄存器串,同时每个74HC595芯片的并行输出连接一个七段LED数码显示器,这样就可以通过SPI接口的简单编程实现多个数码管的显示功能。本例程中,单片机SPI的时钟线和数据输出线分别与74HC595芯片的时钟线和数据线相连,单片机RA5引脚作为8个74HC595芯片的锁存信号RCK(芯片引脚12)的控制信号,RA5发出一个锁存信号便可将SPI串行输出数据在数码管上静态显示出来。8个数码管分别显示8位开关量状态、2位AD转换结果、4位秒表计时时间。

10.1.4 8路开关量输入和8路开关量输出

利用PIC18FXX8单片机SPI串行外设接口与并行转串行芯片74HC165扩展了8路开关量输入通道。74HC165可将8位并行数据转换成串行数据,再通过SPI串行接口方式将数据读入到PIC18FXX8芯片中。利用单片机SPI串行外设接口的数据线和时钟控制线与74HC165相接,将并行数据锁存到74HC165的移位寄存器中,由SPI总线将数据串行送入单片机,并将其在8个数码管上显示出来,控制74HC165芯片的锁存信号为单片机的RA4引脚。

用8只发光二极管与PORTD口上的相应引脚相接,从而实现简单的开关量输出显示(本程序中8个发光二极管是共阳接法,即PORTD口相应位为低时发光二极管点亮,否则不亮)。

10.1.5 D/A输出

采用了MAX518和单片机I^2C总线接口扩展出2路D/A输出。注意,在扩展D/A输出时,用的是I^2C总线;开关量输入时,用的是SPI总线。但是,这两个总线在PIC18FXX8单片机上的数据输入线和时钟线是相同的,因此需要在程序设计时将SPI总线和I^2C总线加以处理。

10.1.6 串行通信接口SCI

用MAX232驱动PIC18FXX8单片机的SCI接口与标准RS-232电平接口,在单片机和PC机之间能方便地进行数据交换,也可以在两个或多个单片机之间进行通信。

本例程实现以SCI通信实现单片机PORTD口控制8个发光二极管的4种显示方式为：循环左移、循环右移、全亮、全灭。

10.1.7　捕捉方式和PWM方式

PIC18FXX8单片机可以对外部脉冲信号的边沿进行捕捉，特别适用于脉宽测量、转速测量、脉冲计数等应用场合。

PWM输出方式在项目中应用也很广泛，在精度要求不高的场合，用户还可以在外部接上简单的低通滤波器，利用PWM实现简单的D/A输出。

本例程采用CCP1实现捕捉和PWM工作(需在程序中选择一种工作方式)。

10.1.8　CAN控制器

CAN模块是一个通信控制器，执行Bosch公司的CAN2.0A/B协议。它支持CAN1.2，CAN2.0A，CAN2.0B协议的旧版本和CAN2.0B现行版本。此控制器模块包含完整的CAN系统。CAN控制器和物理总线间的接口采用PCA82C250芯片，PCA82C250芯片可以提供对总线的差动发送能力和对CAN控制器的差动接收能力，并且具有很强的抗电击电磁干扰能力。

本例程实现CAN接收和发送的自测试功能。

10.1.9　定时器

PIC18FXX8单片机具有4个定时器：定时器Timer0，带有8位可编程前分频器的8位/16位定时器/计数器；定时器Timer1，16位定时器/计数器；定时器Timer2，带有8位周期寄存器的8位定时器/计数器(作PWM的时基)；定时器Timer3，16位定时器/计数器。

本例程用Timer0实现秒表的计时，计时范围为00.00～99.99秒，超过99.99秒后将计时清零。

10.1.10　看门狗和休眠方式

PIC18FXX8的WDT电路集成在芯片内部，稳定性极好。监视定时器WDT计时脉冲由片内独立的RC振荡器提供，它的工作不需要任何外部器件。监视定时器的RC振荡器独立地接在OSC1/CLKIN引脚上的RC振荡器上，即使芯片的OSC1/CLKIN引脚和OSC2/CLKOUT引脚上的时钟停止，例如，由于执行了“SLEEP”指令而使单片机的时钟停止，WDT监视定时器仍能继续工作。

在正常操作期间，一次WDT定时时间到将产生一次单片机复位(监视定时器复位)。如果单片机处于休眠状态，一次WDT定时时间到将激活单片机，并使之继续进行正常操作(即监视定时器唤醒)。

PIC18FXX单片机具有休眠工作方式。当其工作在此方式下时，主振荡器关闭，I/O端口都保持休眠工作前的状态，以减小系统的功耗。另外，该工作方式还具有其他优点，如在休眠状态时仍可以进行A/D转换，此时系统主频关闭，数字噪声的干扰大大减小，A/D转换的精度提高；A/D转换结束后又可以通过中断将其从休眠中唤醒，回到一般工作状态。

10.2 PIC18FXX8单片机编程例程

本例程根据寄存器的值（Program_Mode＝0或Program_Mode＝1）将PIC18FXX8的主要功能模块分为2个部分，但只能够选择其中之一：

(1) Program_Mode＝0时实现的功能：定时器0计时，用秒表显示定时器0中的内容，SPI输出显示，SPI开关量输入及显示，通过键盘控制秒表启动、停止、清零；通过SCI的RS－232串口输入信号控制发光二极管左、右移循环显示（含全亮全灭）；PWM输出及CCP1脉冲输入捕捉（只能够实现一种功能，通过配置PWM_CCP1_Mode的初始值来选择）；CAN通信接收和发送数据的自测试；AN0通道的AD采样及2位转换计算结果显示；I^2C总线方式的2路DA输出。涉及单片机模块有：定时器0、PORTD口、主同步串行口MSSP(SPI，I^2C)、通用同步异步收发器USART（SCI串口通信）、CAN通信、CCP1（捕捉或PWM）、AN0通道AD采样。

(2) Program_Mode＝1时实现的功能：看门狗复位（要打开看门狗）、SLEEP休眠、PORTB口电平变化中断（注意：在选择看门狗复位方式时，要将程序烧写到PIC单片机芯片中，在烧写下载程序时要将看门狗打开，可配置看门狗分频为128，此时看门狗复位时间为2.3秒）、PORTB电平变化中断或看门狗复位唤醒单片机休眠。涉及单片机模块有：看门狗、SLEEP休眠、PORTB口、PORTD口（根据(2)中功能控制8个发光二极管的显示状态变化，从而便于观察实现的单片机功能）。

在Program_Mode＝0时，由于SPI和I^2C共用总线，在二者应用时要进行处理，避免发生SPI输入和I^2C总线的冲突。程序中，在使用SPI或I^2C前进行了初始化，并在使用I^2C前关闭了74HC165串行输入的锁存控制信号(RA4＝0)。

10.2.1 PIC18FXX8单片机编程例程流程图

程序主流程图如图10.2所示，中断程序流程图如图10.3所示，程序主流程图（图10.2）中初始化流程图如图10.4所示，各流程图中给出了部分子程序的符号，以便在理解流程图和程序时参考。

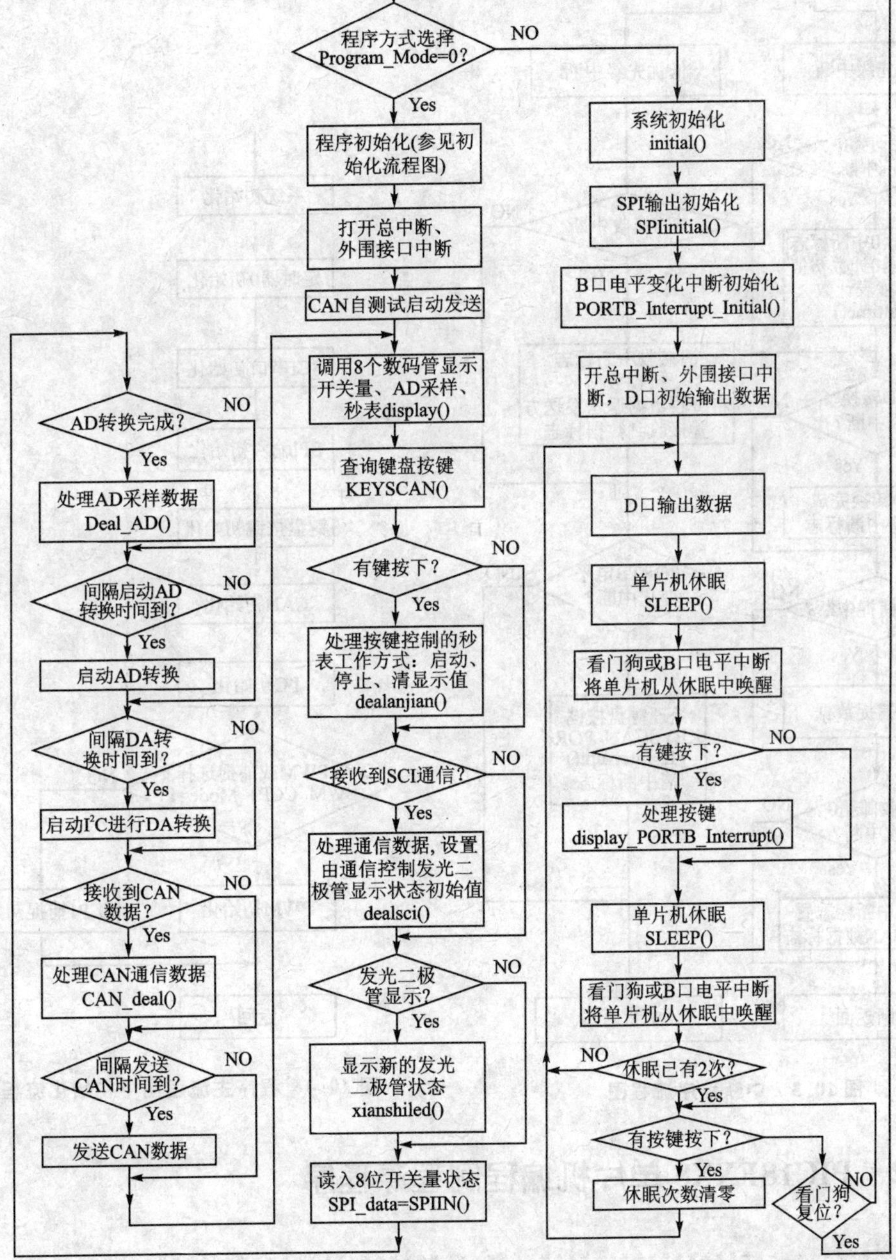
看门狗复位
开始
程序方式选择
Program_Mode=0?
NO
Yes
程序初始化(参见初始化流程图)
打开总中断、外围接口中断
CAN自测试启动发送
调用8个数码管显示开关量、AD采样、秒表display()
查询键盘按键
KEYSCAN()
有键按下?
处理按键控制的秒表工作方式：启动、停止、清显示值
dealanjian()
接收到SCI通信?
处理通信数据，设置由通信控制发光二极管显示状态初始值
dealsci()
发光二极管显示?
显示新的发光二极管状态
xianshiled()
读入8位开关量状态
SPI_data=SPIIN()
AD转换完成?
处理AD采样数据
Deal_AD()
间隔启动AD转换时间到?
启动AD转换
间隔DA转换时间到?
启动I2C进行DA转换
接收到CAN数据?
处理CAN通信数据
CAN_deal()
间隔发送CAN时间到?
发送CAN数据
系统初始化
initial()
SPI输出初始化
SPIinitial()
B口电平变化中断初始化
PORTB_Interrupt_Initial()
开总中断、外围接口中断，D口初始输出数据
D口输出数据
单片机休眠
SLEEP()
看门狗或B口电平中断将单片机从休眠中唤醒
有键按下?
处理按键
display_PORTB_Interrupt()
休眠已有2次?
有按键按下?
休眠次数清零
看门狗复位?

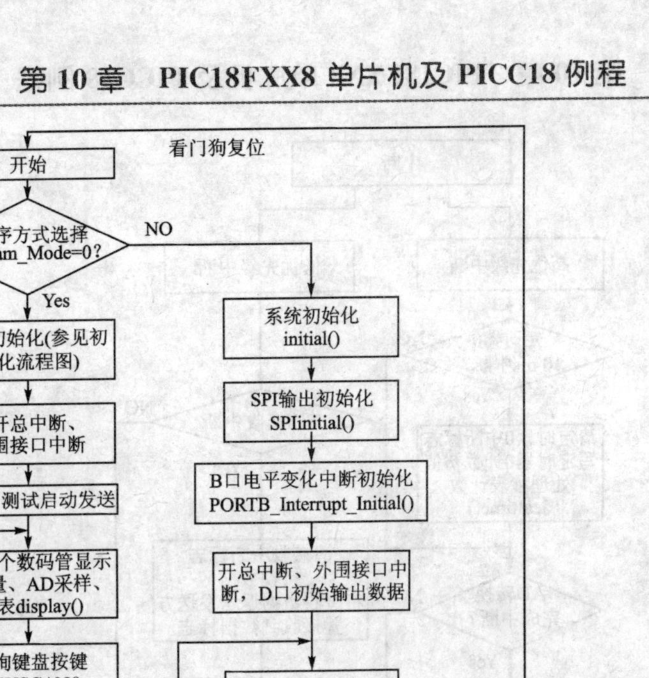

图10.2 程序主流程图

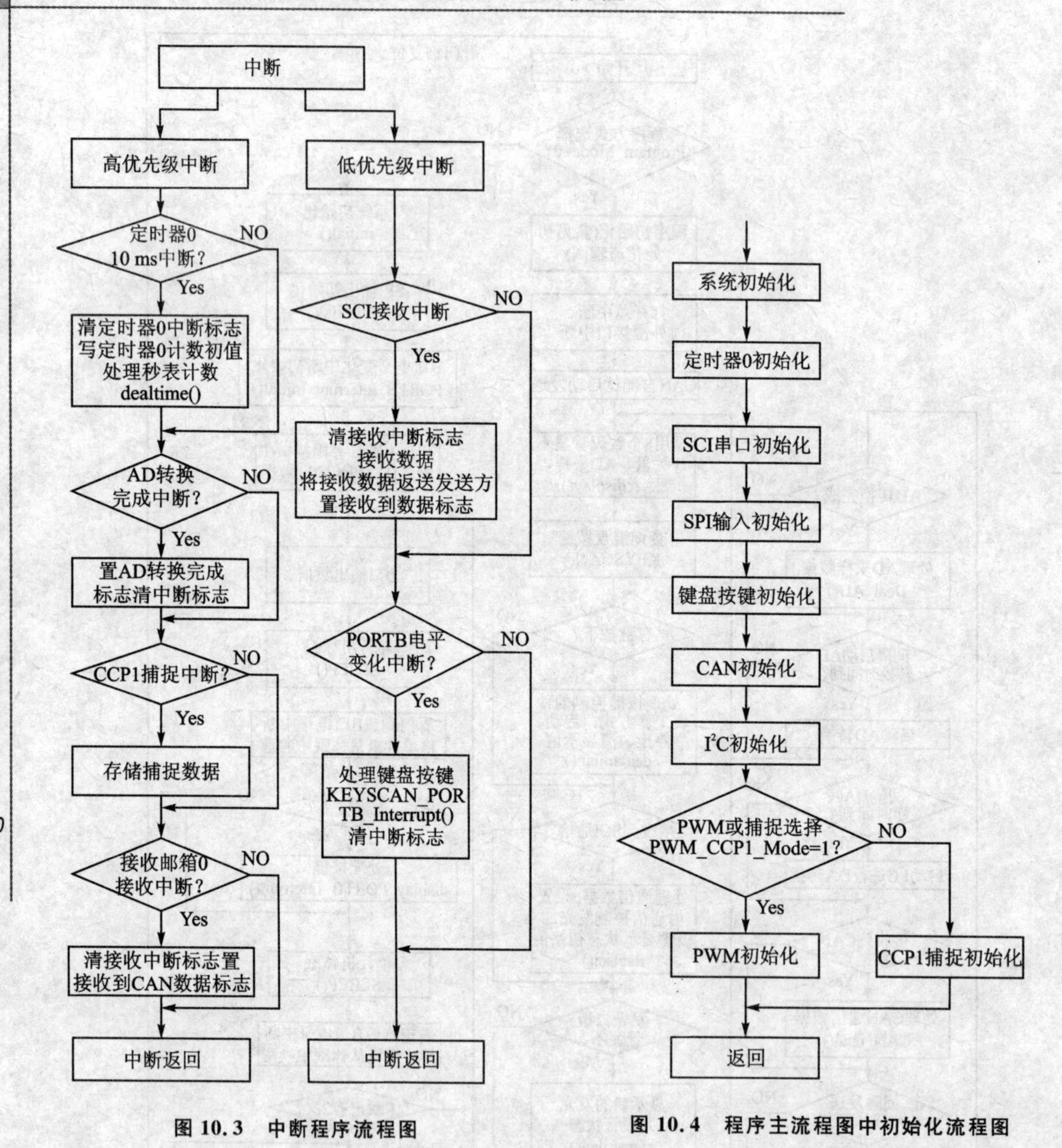

图 10.3　中断程序流程图

图 10.4　程序主流程图中初始化流程图

10.2.2　PIC18FXX8 单片机编程例程源程序

```
/***************************************************************
* * 文件名：PIC458_Universal_Program.C
* * 2004      重庆大学 - 美国 PIC 单片机实验室
```

```
* * 描　述：本程序实现：0 或 1 只能选其一(通过配置 Program_Mode 实现)。
0   定时器 0 计时的秒表及显示，SPI 输出显示，SPI 开关量输入及显示，按键控制秒表启动、停止、清零，
    SC RS-232 串口输入控制发光二极管左、右移循环显示(含全亮全灭)，PWM 输出(CCP1 脉冲输入捕
    捉，通过 PWM_CCP1_Mode 的初始值配置二者只能选其一)，CAN 收发自测试，AN0 通道的 AD 采样及 2 位
    显示，I²C 输出的 DA 2 路输出；
1   看门狗复位(要打开看门狗)，SLEEP 休眠，PORTB 口电平变化中断。注意：要将看门狗打开
*********************************************************************/
/ ********************* 部分函数说明 *********************************
* * 函 数 名：initial()
* * 功能描述：系统其他部分初始化子程序，放在程序首部
* * 函 数 名：keyinitial()
* * 功能描述：键盘按键相应口初始化子程序
* * 函 数 名：PORTB_Interrupt_Initial()
* * 功能描述：PORTB 口电平变化中断初始化
* * 函 数 名：DELAY_PORTB_Interrupt()
* * 功能描述：PORTB 口电平变化中断查键延时防抖子程序
* * 函 数 名：KEYSCAN_PORTB_Interrupt()
* * 功能描述：PORTB 口电平变化中断查键键扫描子程序
* * 函 数 名：display_PORTB_Interrupt()
* * 功能描述：PORTB 口电平变化中断按键键值(1～4)显示子程序
* * 函 数 名：tmint()
* * 功能描述：TMR0 初始化子程序，10ms 中断 1 次
* * 函 数 名：KEYSCAN()
* * 功能描述：按键键扫描子程序
* * 函 数 名：dealtime()
* * 功能描述：处理定时器中断子程序
* * 函 数 名：dealanjian()
* * 功能描述：键盘按键后处理按键子程序
* * 函 数 名：SPIinitial()
* * 功能描述：SPI 输出初始化子程序
* * 函 数 名：SPILED()
* * 功能描述：SPI 传输数据(发送数据)子程序
* * 函 数 名：SPI_In_initial()
* * 功能描述：SPI 输入初始化子程序
* * 函 数 名：SPIIN()
* * 功能描述：SPI 输入接收外部 8 位开关量子程序
* * 函 数 名：display()
* * 功能描述：8 个数码管显示：4 位(99.99s)秒表、2 位(9.9V)AD、2 位开关量(8 位开关量为 1 字节)子
            程序
```

```
* * 函 数 名：initcan()
* * 功能描述：CAN 初始化子程序,采用标准标志符,自测试模式
* * 函 数 名：CAN_deal()
* * 功能描述：CAN 接收数据后处理子程序：本程序将接收的数据加 1 作为下次发送的数据
* * 函 数 名：sciinitial()
* * 功能描述：232 串行通信初始化子程序,配置低优先级中断接收,使能 232 接收和发送
* * 函 数 名：dealsci()
* * 功能描述：通信数据处理子程序：通信接收有效后,控制发光二极管显示功能的状态初始化子程序
* * 函 数 名：xianshiled()
* * 功能描述：LED 灯(发光二极管)显示及为下一次显示数据作准备子程序
* * 函 数 名：DELAY()
* * 功能描述：软件延时子程序
* * 函 数 名：interrupt    HI_ISR()
* * 功能描述：高优先级中断子程序：定时器 0 的 10ms 中断,AD 转换完成中断,
             CCP1 捕捉中断,RXB0 接收邮箱 0 接收中断子程序
* * 函 数 名：interrupt  low_priority  LOW_ISR()
* * 功能描述：低优先级中断子程序：RS232 接收中断,PORTB 口 RB 电平变化中断
* * 函 数 名：PWMSet()
* * 功能描述：CCP1 输出 PWM 配置,配置完成后即输出 PWM
* * 函 数 名：CCPinitial()
* * 功能描述：CCP1 捕捉初始化子程序
* * 函 数 名：AD_Initial()
* * 功能描述：A/D 转化初始化子程序
* * 函 数 名：Deal_AD()
* * 功能描述：AD 转换完成后处理数据子程序
* * 函 数 名：I2C_Initial()
* * 功能描述：I2C 初始化子程序,I2C 用于向 MAX518 输出 DA
* * 函 数 名：Wait_Ack()
* * 功能描述：主机等待从动芯片(MAX518)I2C 应答子程序
* * 函 数 名：I2C_OUT()
* * 功能描述：主机向从动芯片(MAX518)输出 DA 数据
             DA_Out_data：DA 转换数据,address：DA 转换输出通道 = 0 或 1(518 只有 2 个通道)
* * 函 数 名：PORTB_Inter_Sleep_WDT()
* * 功能描述：PORTB 电平中断,休眠方式及看门狗唤醒及复位主程序
************************************************************************/
#include "pic18.h"                    //PIC18 系列的头文件
char Program_Mode = 0;                //程序方式选择：= 1,PORTB 电平中断、SLEEP、看门狗复位;
                                      //= 0,定时器、SPI 输出、查询按键、SCI 串口收发、PWM 输出
                                      //(CCP1 捕捉)、//CAN 自测试、I2C(DA 输出)
```

```
char PWM_CCP1_Mode = 0;              //PWM 或 CCP1 捕捉方式选择：= 1,选择 PWM; = 0,选择 CCP1 捕
                                     //捉方式
unsigned char s[4];                  //定义 0.01 秒、0.1 秒、1 秒、10 秒计时器
unsigned char k = 0;
unsigned char keytime = 0;           //定义按键按下次数
unsigned char keyflag = 0;           //是否有键按下：= 1 表示有新键按下；= 0 表示无新键按下
const char table[16] = {0xc0,0xf9,0xa4,0xb0,0x99,0x92,0x82,0XD8,0x80,0x90,0x88,0x83,0xc6,
0xa1,0x86,0x8e};
                                     //不带小数点的显示段码表,依顺序为 0～F 共 16 个
const char table0[10] = {0X40,0X79,0X24,0X30,0X19,0X12,0X02,0X78,0X00,0X10};
                                     //带小数点的 0～9 显示段码表
unsigned char recdata;               //存放接收的通信数据的寄存器,本例程仅以 1 字节为命令数据
unsigned char SciReceiveFlag = 0;    //接收到 RS-232 通信数据标志，= 1 表示收到新数据，= 0 表示
                                     //未收到新数据
unsigned char ledflag = 0;           //发光二极管显示方式，= 1 循环左移，= 2 循环右移，= 3 全
                                     //灭，= 4 全亮,其余当前显示状态不变
unsigned int  led = 0;               //数码管(发光二极管)显示值
unsigned char yiwei = 0;             //数码管(发光二极管)显示的位数
unsigned int  delaycount = 0;        //数码管(发燃二极管)显示,延时计数
unsigned char SPI_data = 0;          //SPI 的 8 位开关量串行输入数据
unsigned int  Adresult = 0;          //AD 转换计算结果
unsigned int  Ad_Sample_result = 0;  //AD 转换采样结果
unsigned char AD_Flag = 0;           //AD 转换完成标志，= 1 有新的 AD 数据转换完成
unsigned int  AD_Delay_count = 0;    //间隔一定时间间隔启动 AD 计时器,不使 AD 采样过于频繁
unsigned int  DA_Delay_count = 0;    //间隔一定时间计时器,间隔发送 DA(I2C),不使 DA 过于频繁
unsigned int  DA_data = 0;           //DA 输出数据(数字量,0XFF 对应 5V)
unsigned int  CCP1_Count = 0;        //CCP1 捕捉个数计数(>9 清零)
unsigned int  CCPRE[10];             //CCP1 捕捉的 10 个脉冲的计数值
char CAN_Adress_H,CAN_Adress_L;      //CAN 标志符高低字节,其中 CAN 低的高 3 位是标志符的低 3
                                     //位,CAN 高字为高 8 位
char CAN_Adress_EH,CAN_Adress_EL;    //CAN 扩展标志符高低字节,本程序用标准标志符,用扩展标
                                     //志符时,行加相应程序
int  CAN_FLAG;                       //CAN 接收到数据标志寄存器，= 1 收到 CAN 数据，= 0 未收到
                                     //数据
unsigned int CAN_Delay_count = 0;    //间隔一定时间计时器,间隔发送 CAN,不使 CAN 发送过于频繁
char key = 0;                        //PORTB 电平中断用的按键的标志
char PORTB_keyflag = 0;              //PORTB 电平中断用的按键按下的标志，= 1 有键按下，= 0 无
                                     //键按下
char sleepTime = 0;                  //在 B 程序段中休眠次数,每休眠一次由看门狗唤醒,也可由
```

```
                                        //按键唤醒,则在看门狗唤醒休眠 2 周后等待看门狗复位,若
                                        //在等待中有键按下,重新从 0 开始计 2 次等待看门狗复位
void SPIinitial();                      //SPI 初始化
void SPILED(char data);                 //SPI 发送数据
/**************************************************************************
* * 函 数 名: PORTB_Interrupt_Initial()
* * 功能描述: PORTB 口电平变化中断初始化
**************************************************************************/
void PORTB_Interrupt_Initial()
{
  TRISB = TRISB|0xf0;                   //PORTB 工作在电平变化中断方式,bit7～bit4 要全部配置
                                        //为输入
  INTCON = INTCON|0x08;                 //RBIE = 1,使能 RB 电平变化中断
  INTCON = INTCON&0xfe;                 //RBIF = 0,清 RB 电平变化中断标志
  INTCON2 = INTCON2&0x7f;               //在电平变化中断方式下,B 口电平弱上拉,RBPU = 0
  RBIP = 0;                             //RB 电平变化中断为低优先级中断。注: 默认时中断是高优
                                        //先级,可不配置,如是低优先级中断,必须配置
  TRISB1 = 0;                           //配置 K1 为输出
  TRISA3 = 0;                           //配置 K2 为输出
  TRISE0 = 0;                           //配置 K3 为输出
  TRISE1 = 0;                           //配置 K4 为输出
  RB1 = 0;                              //配置 K1～K4 平时为低电平,4 个键的另一端均接到 RB4 上,
                                        //平时 RB4 为高电平(上拉)
  RA3 = 0;                              //有键按下后,被 K1～K4 下拉为低电平,产生中断
  RE0 = 0;
  RE1 = 0;
  PORTB = PORTB;                        //配置 PORTB 口电平变化初始条件
  IPEN = 1;                             //使能中断高低优先级
}
/**************************************************************************
* * 函 数 名: DELAY_PORTB_Interrupt()
* * 功能描述: PORTB 口电平变化中断查键延时防抖子程序
**************************************************************************/
void DELAY_PORTB_Interrupt()
{
  unsigned  int  i;
  for(i = 553; i>0;i--)
      i = i;
}
```

```
/*********************************************************************
* *函 数 名:KEYSCAN_PORTB_Interrupt()
* *功能描述:PORTB口电平变化中断查键键扫描子程序
*********************************************************************/
void KEYSCAN_PORTB_Interrupt()
{
  if(RB4 == 0)                         //有键按下
  {
     DELAY_PORTB_Interrupt();          //若有键按下,则软件延时防抖
     if (RB4 == 1)      return;        //防抖后无键按下,是抖动,不做按键处理,返回
/****************以下为防抖后仍有键按下的查键值 *****************/
     RB1 = 0;                          //配置K1为低电平
     RA3 = 0;                          //配置K2为低电平
     RE0 = 1;                          //配置K3为高电平
     RE1 = 1;                          //配置K4为高电平,判断按键是否在K1,K2之间
    if(RB4 == 0)                       //按键在K1,K2
    {
       RA3 = 1;                        //(只有)K1为低电平
       if(RB4 == 0) key = 1;           //仅K1为低电平时RB4被下拉,K1键按下
           else        key = 2;        //K1,K2为低电平RB4被下拉,K1没按下,肯定是K2按下
         PORTB_keyflag = 1;            //新键按下标志,=1表示有新键按下
         RB1 = 0;                      //配置电平变化产生中断的初始条件
         RA3 = 0;
         RE0 = 0;
         RE1 = 0;
         PORTB = PORTB;
         return;
     }
      RB1 = 1;                         //不是在K1,K2间按下,查K3,K4,设K1,K2为高电平,不查K1,K2
      RA3 = 1;
      RE0 = 0;                         //配置K3为低电平
      RE1 = 0;                         //配置K4为低电平
      if(RB4 == 0)                     //若有键按下(无键按下可视为防抖)
      {
         RE1 = 1;                      //仅配置K3为低电平
         if(RB4 == 0) key = 3;         //仅K3为低电平时RB4被下拉,K3键按下
         else        key = 4;          //K3,K4为低电平RB4被下拉,K3没按下,肯定是K4按下
         PORTB_keyflag = 1;            //新键按下标志,=1表示有新键按下
         RB1 = 0;                      //配置电平变化产生中断的初始条件
```

```
            RA3 = 0;
            RE0 = 0;
            RE1 = 0;
            PORTB = PORTB;
        }
    }
}
/***************************************************************************
* * 函 数 名: display_PORTB_Interrupt()
* * 功能描述: PORTB 口电平变化中断按键键值(1～4)显示子程序
***************************************************************************/
void display_PORTB_Interrupt()
{
  unsigned  char  data;
  SPIinitial();                          //调 SPI 输出初始化子程序
  RA5 = 0;                               //准备 74HC595 锁存
  data = table[key];                     //查表,查找与键相对应的 7 段数码管的段码(不显示小数点)
  SPILED(data);                          //发送显示段码,显示数据
  RA5 = 1;                               //给 74HC595 锁存信号
}
/***************************************************************************
* * 函 数 名: initcan()
* * 功能描述: CAN 初始化子程序,采用标准标志符,自测试模式
***************************************************************************/
void initcan()
{
/************** 配置对 CAN 进行配置 *****************/
  TRISB = (TRISB|0X08)&0XFB;             //配置 CANRX/RB3 为输入,CANTX/RB2 为输出
  CANCON = 0X80;                         //请求进入 CAN 配置模式 REQOP = 100
  while((CANSTAT&0X80) == 0)             //等待进入 CAN 配置模式 OPMODE = 100
  {
    ;
  }
/************* 波特率配置 ***********************/
  BRGCON1 = 0X01;                        //配置 SJW 和 BRP(波特率前分频),SJW = 1TQ,BRP = 01H
  BRGCON2 = 0X90;                        //配置 Phase_Seg1 = 3TQ 和 Prog_Seg = 1TQ
  BRGCON3 = 0X42;                        //配置 Phase_Seg2 = 3TQ
//标称位时间 = TQ * (Sync_Seg + Prop_Seg + Phase_seg1 + Phase_seg2),必须>= 8TQ,TQ = (2 * (BRP +
1))/Fosc(MHz),
```

```
//TQ = 2 * (1 + 1)/4MHz = 1Us,标称位时间 = (1 + 1 + 3 + 3)TQ = 8TQ,位率 = 1/(8 * 1U) = 0.125MHz,CAN波
特率为125K
/*******配置发送邮箱0标志符号和初始发送的数据 ******/
  TXB0CON = 0X03;                    //发送优先级为最高优先级,TXPRI = 11
  TXB0SIDL = CAN_Adress_L&0xe0;      //TXBnEIDL:发送缓冲器n的扩展标志符的低字节寄存器组
                                     //(7～0)本句为标准标志符配置,取低3位设定为地址
  TXB0SIDH = CAN_Adress_H;           //TXBnEIDH:发送缓冲器n的扩展标志符的高字节寄存器组
                                     //(15～8)
  TXB0DLC = 0X08;                    //配置数据长度为8字节
                                     //bit3-0:数据长度位,0000～1000分别对应数据长度为0～
                                     //8字节
  TXB0D0 = 0X00;                     //写发送缓冲器数据区的数据
  TXB0D1 = 0X01;
  TXB0D2 = 0X02;
  TXB0D3 = 0X03;
  TXB0D4 = 0X04;
  TXB0D5 = 0X05;
  TXB0D6 = 0X06;
  TXB0D7 = 0X07;
/********配置接收邮箱0的标志符和初始化数据 ***********/
  RXB0SIDL = CAN_Adress_L&0xe0;      //本句为标准标志符配置,RXBnEIDL:发送缓冲器n的扩展标
                                     //志符的低字节寄存器组(7～0)
  RXB0SIDH = CAN_Adress_H;           //RXBnEIDH:发送缓冲器n的扩展标志符的高字节寄存器组
                                     //(15～8)
  RXB0CON = 0X20;                    //只接收有效的扩展标志符信息;FILHIT0 = 0表示RXB0采用
                                     //filter0
  RXB0DLC = 0X08;                    //配置接收缓冲器0的数据区长度
  RXB0D0 = 0X02;                     //初始化接收缓冲器0的数据区数据
  RXB0D1 = 0X03;
  RXB0D2 = 0X04;
  RXB0D3 = 0X05;
  RXB0D4 = 0X00;
  RXB0D5 = 0X00;
  RXB0D6 = 0X00;
  RXB0D7 = 0X00;
/********初始化接收滤波器0和接收屏蔽 ****************/
  RXF0SIDH = CAN_Adress_H;
  RXF0SIDL = CAN_Adress_L;           //本字节高3位为标准符低3位,低5位是配置
                                     //RXF0SIDH,RXF0SIDL,RXFnEIDL,RXFnEIDH含义同上
```

```
    RXM0SIDH = 0Xff;
    RXM0SIDL = 0Xe0;                    //有 11 个 1 表示接收 11 位标志符进行滤波,标志符不同不
                                        //接收;
                                        //RXM0SIDH,RXM0SIDL,RXMnEIDL,RXMnEIDH 含义同上
/ ******** 配置 CAN 工作模式 ********************************/
    CANCON = 0X40;                      //bit6: = 1,进入自测试模式; = 0,正常操作模式
    while((CANSTAT&0X40) == 0)
    {
        ;
    }
/ ********* 初始化 CAN 的中断 ********************************/
    PIR3 = 0X00;                        //清所有中断标志(PIR3 是 CAN 中断标志寄存器)
    PIE3 = PIE3|0X01;                   //使能接收缓冲器 0 的接收中断
    IPR3 = IPR3|0X01;                   //接收缓冲器 0 的接收中断为最高优先级
}
/ ****************************************************************
 * * 函 数 名: sciinitial()
 * * 功能描述: 232 串行通信初始化子程序,配置低优先级中断接收,使能 232 收和发
 ****************************************************************/
void sciinitial()
{
    SPBRG = 25;                         //16M,波特率为 103;4M 为 25
    TXSTA = 0x04;                       //选择异步高速方式传输 8 位数据
    RCSTA = 0x80;                       //允许串行口工作使能
    TRISC = TRISC|0X80;                 //PIC18F458: 将 RC7(RX)配置为输入方式,对外部呈高阻状态
    TRISC = TRISC&0Xbf;                 //RC6(TX)配置为输出
    PIR1 = 0x00;                        //清中断标志
    PIE1 = PIE1|0x20;                   //允许串行通信接口(USART)接收中断使能。未配置发送中断
    RCIP = 0;                           //配置 SCI 接收中断为低优先级中断。注: 默认情况下中断
                                        //是高优先级,可以不配置,如是低优先级中断,必须配置
    CREN = 1;                           //允许串口接收数据
    TXEN = 1;                           //允许串口发送数据
}
/ ****************************************************************
 * * 函 数 名: tmint()
 * * 功能描述: TMR0 初始化子程序,10 ms 中断 1 次
 ****************************************************************/
void tmint()
{
```

```
  T0CON = 0X09;                        //设定 TMR0 工作于 16 位定时器方式,内部时钟,不分频
  INTCON = INTCON|0X20;                //TMR0 中断允许
  INTCON = INTCON&0Xfb;                //清除 TMR0 的中断标志
  TMR0IP = 1;                          //TMR0 中断高优先级
  IPEN = 1;                            //使能中断优先级
}
/*****************************************************************
* *函 数 名:SPIinitial()
* *功能描述:SPI 输出初始化子程序
*****************************************************************/
void SPIinitial()
{
  TRISA = TRISA&0xdf;
  TRISC = TRISC&0xd7;                  //SDO(RC5)引脚为输出,SCK(RC3)引脚为输出
  SSPCON1 = 0x30;                      //SSPEN = 1;CKP = 1,FOSC/4
  SSPSTAT = 0xC0;                      //时钟下降沿发送数据
  SSPIF = 0;                           //清除 SSPIF 标志
}
/*****************************************************************
* *函 数 名:SPI_In_initial()
* *功能描述:SPI 输入初始化子程序
*****************************************************************/
void SPI_In_initial()
{
  PIR1 = PIR1&0xf7;                    //清除 SSPIF 标志
  SSPCON1 = 0x30;                      //SSPEN = 1;CKP = 0,FOSC/4
  SSPSTAT = 0xC0;
  TRISC = TRISC|0x10;                  //SDI(RC4)引脚为输入
  TRISC = TRISC&0xf7;                  //SCK(RC3)引脚为输出
  TRISA = TRISA&0xef;                  //RA4 为输出方式,用作串行输入 74HC165 芯片的控制信号
}
/*****************************************************************
* *函 数 名:SPIIN()
* *功能描述:SPI 输入接收外部 8 位开关量子程序
*****************************************************************/
char SPIIN()
{
  unsigned char data;
  SPI_In_initial();                    //SPI 输入初始化子程序
```

```
  RA4 = 0;                                //74HC165 并行置数使能，将 8 位开关量置入器件
                                          //LOAD 为低电平时 8 位并行数据置入 74HC165
  RA4 = 1;                                //74HC165 移位置数使能(LOAD 为高电平时芯片才能串行工作)
  SSPBUF = 0;                             //启动 SPI，此操作只用于清除 SSPSTAT 的 BF 位，W 中的实际
                                          //数据无关
  do
  {
      ;
  }while(SSPIF == 0);                     //查询数据接收是否完毕
  SSPIF = 0;                              //清除 SSPIF 标志
  data = SSPBUF;
  return(data);                           //返回接收到的数据
}
/***************************************************************
* * 函 数 名: keyinitial()
* * 功能描述: 键盘按键相应口初始化子程序
***************************************************************/
void keyinitial()
{
  TRISB = TRISB|0x10;                     //RB4 输入(读键)
  TRISB = TRISB&0xfd;                     //RB1 输出(K1)
  TRISE = TRISE&0xfc;                     //E 口配置为输出 RE0(K3),RE1(K4)
  TRISA = TRISA&0xf7;                     //RA3 配置为输出(K2)
  RB1 = 0;
  RA3 = 0;
  PORTE = 0;                              //将 K1,K2,K3,K4 四条列线置 0
}
/***************************************************************
* * 函 数 名: initial()
* * 功能描述: 系统其他部分初始化子程序，放在程序首部
***************************************************************/
void initial()
{
  INTCON = 0x00;                          //关总中断、关外围接口中断
  ADCON1 = 0X07;                          //配置数字输入输出口
  PIE1 = 0;                               //PIE1 中断不使能
  PIE2 = 0;                               //PIE2 中断不使能
  PIE3 = 0;                               //PIE3 中断不使能
}
```

```
/*************************************************************
* *函 数 名:SPILED()
* *功能描述:SPI传输数据(发送数据)子程序
*************************************************************/
void SPILED(char data)
{
  SSPBUF = data;                     //启动发送
  do {
      ;
   }while(SSPIF == 0);               //查询发送完成标志
  SSPIF = 0;                         //清发送完成标志
}
/*************************************************************
* *函 数 名:display()
* *功能描述:8个数码管显示:4位(99.99s)秒表、2位(9.9V)AD、2位开关量(8位开关量为1字节)子
            程序
*************************************************************/
void display()
{
  unsigned char k;
  unsigned char data;
  SPIinitial();                      //调SPI输出初始化子程序
  RA5 = 0;                           //准备锁存
/********显示4位秒表(占用4个数码管99.99s) ****************/
  for(k = 0;k<4;k ++ )
    {
      data = s[k];
      if(k == 2) data = table0[data];  //个位需要显示小数点
      else data = table[data];
      SPILED(data);                  //发送显示段码
    }
/**********显示AD结果(占用2个数码管9.9 V) ******************/
  data = Adresult&0x0f;              //Adresult的输入数据低4位
  data = table[data];                //个位需要不显示小数点
  SPILED(data);                      //发送显示段码
  data = (Adresult&0xf0) >> 4;       //Adresult的数据高4位
  data = table0[data];               //高位需要显示小数点
  SPILED(data);                      //发送显示段码
/*********显示8位开关量(占用2个数码管分别为0~F) *************/
```

```
    data = SPI_data&0x0f;                    //SPI 的 8 位开关量输入数据低 4 位
    data = table[data];                      //个位不需要显示小数点
    SPILED(data);                            //发送开关量输入数据显示段码
    data = (SPI_data&0xf0) >> 4;             //SPI 的 8 位开关量输入数据高 4 位
    data = table[data];                      //高位不需要显示小数点
    SPILED(data);                            //发送开关量输入数据显示段码
    RA5 = 1;                                 //最后给锁存信号,代表显示任务完成
  }
/****************************************************************************
 * * 函 数 名: DELAY()
 * * 功能描述: 软件延时子程序
****************************************************************************/
void DELAY()
{
   unsigned  int  i;
   for(i = 3553; i>0;i--)     i = i;
}
/****************************************************************************
 * * 函 数 名: KEYSCAN()
 * * 功能描述: 按键键扫描子程序
****************************************************************************/
void KEYSCAN()
{
  display();                               //调用一次秒表显示子程序
  while(RB4 == 0)
   {
      DELAY();                             //若有键按下,则软件延时
      if (RB4 == 1) return;                //防抖,若为抖动返回
      while(1)
    {
      display();                           //调用一次秒表显示子程序
      if (RB4 == 1)                        //为防止按键过于灵敏,每次等键松开才返回
      {
        keytime = keytime + 1;             //按键按下次数
        if(keytime>2)
        keytime = 0;                       //键 1 表示开始,键 2 表示停止,键 0 表示清零,无其他按键次数
        keyflag = 1;                       //是否有新键按下: = 1 表示有新键按下
        return;                            //为防止按键过于灵敏,每次等键松开才返回
      }
```

```
    }
  }
}
/**************************************************************************
* * 函 数 名: dealtime()
* * 功能描述: 处理定时器中断子程序
**************************************************************************/
void dealtime()
{
  s[0] = s[0] + 1;                          //10ms 计数
  if(s[0] == 10)                            //每到 100ms
  {
    s[0] = 0;
    s[1] = s[1] + 1;                        //100ms 计数
    if(s[1] == 10)
      {
        s[1] = 0      ;
        s[2] = s[2] + 1;                    //秒计数
        if(s[2] == 10)
          {
            s[2] = 0;
            s[3] = s[3] + 1;                //10 s 计数
            if(s[3] == 10)    s[3] = 0;
          }
      }
  }
}
/**************************************************************************
* * 函 数 名: interrupt    HI_ISR()
* * 功能描述: 高优先级中断子程序: 定时器 0 的 10ms 中断,AD 转换完成中断,
             CCP1 捕捉中断,RXB0 接收邮箱 0 接收中断子程序
**************************************************************************/
void interrupt HI_ISR()
{
  if(TMR0IF == 1)                           //定时器 0 的 10 ms 中断
  {
      TMR0H = 0Xd9;
      TMR0L = 0X00;                         //对 TMR0 写入一个调整值。因为写入 TMR0 后接着的
                                            //两个周期不能增量,中断需要 3 个周期的响应时间,
```

```
                                    //以及 C 语言自动进行现场保护要消耗周期
        TMR0IF = 0;                 //清除中断标志
        dealtime();                 //处理定时器中断子程序
    }
    else if(ADIF == 1)              //AD 转换完成
    {
        ADIF = 0;                   //清除中断标志
        AD_Flag = 1;                //置 AD 转换完成标志
    }
    else if(CCP1IF == 1)            //CCP1 捕捉中断
    {
        CCP1IF = 0;                 //清 CCP1 捕捉中断标志
        CCPRE[CCP1_Count] = CCPR1L + (CCPR1H<<8);//记下 16 位捕捉值到存放捕捉数组
        CCP1_Count = CCP1_Count + 1;      //捕捉次数加 1
        if(CCP1_Count>9)
        CCP1_Count = 0;             //本程序只存放 10 次捕捉值
    }
    if(RXB0IF == 1)                 //RXB0 接收邮箱 0 接收中断
    {
        CAN_FLAG = 1;               //置接收到 CAN 数据
        RXB0IF = 0;                 //清接收中断标志
        RXB0FUL = 0;                //RXB0CON 的 bit7,为 0 表示打开接收缓冲器接收新信息
    }
}
/*****************************************************************
* *函 数 名: interrupt    low_priority    LOW_ISR()
* *功能描述: 低优先级中断子程序: RS-232 接收中断,PORTB 口 RB 电平变化中断
*****************************************************************/
void interrupt low_priority LOW_ISR()
{
    if(RCIF == 1)                   //RS232 接收中断
    {
        RCIF = 0;                   //清接收中断标志
        recdata = RCREG;            //接收数据并存储
        TXREG = recdata;            //返送接收到的数据
        SciReceiveFlag = 1;         //置接收到数据标志
    }
    if(RBIF == 1)                   //PORTB 口 RB 电平变化中断
    {
```

```
        KEYSCAN_PORTB_Interrupt();          //查键子程序
        RBIF = 0;                           //清中断标志
    }
}
/**************************************************************
 * * 函 数 名: dealanjian()
 * * 功能描述: 键盘按键后处理按键子程序
 **************************************************************/
void dealanjian()
{
    unsigned char k = 0;

    keyflag = 0;                            //清新键按下标志
    if(keytime == 0)                        //keytime = 0,表示秒表清零
    {
        for(k = 0;k<4;k ++ )                //赋显示初值
        s[k] = 0;
    }
    else if(keytime == 1)                   //keytime = 1,为开始计时键
    {
        TMR0ON = 1;                         //打开定时器 0
        TMR0H = 0Xd8;
        TMR0L = 0Xf4;                       //对 TMR0 写入一个初值
    }
    else    if(keytime == 2)                //keytime = 2 为停止计时键
        TMR0ON = 0;                         //关定时器
}
/**************************************************************
 * * 函 数 名: dealsci()
 * * 功能描述: 通信数据处理子程序: 有效通信命令下达后,实现功能初始化子程序
 **************************************************************/
void dealsci()
{
    switch(recdata)                         //通信接收数据
    {
        case 1:                             //接收通信数据 1 表示 8 个发光二极管左移位
          ledflag = 1;                      //置功能码
          led = 0x01;                       //置移位初值
          yiwei = 0;                        //移位次数(显示数据的位数)初值为 0
```

```
        break;
      case 2:                         //接收通信数据 2 表示 8 个发光二极管右移位
        ledflag = 2;
        led = 0x80;
        yiwei = 0;
        break;
      case 3:                         //接收通信数据 3 表示 8 个发光二极管全灭
        ledflag = 3;
        led = 0;
        yiwei = 0;
        break;
      case 4:                         //接收通信数据 4 表示 8 个发光二极管全亮
        ledflag = 4;
        led = 0xff;
        yiwei = 0;
        break;
      default: break;
    }
    SciReceiveFlag = 0;               //通信接收标志清零
}
/*********************************************************************
* * 模 块 名: xianshiled()
* * 功能描述: LED 灯(发光二极管)显示及为下一次数据显示作准备子程序
*********************************************************************** * */
void xianshiled()
{
  unsigned char temp;
  yiwei = yiwei + 1;                  //LED 灯的移位次数
  delaycount = 0;                     //延时计数器清零
  TRISD = 0x00;                       //配置 D 口为输出口
  temp = ~(led);                      //输出低电平有效,故取反
  TXREG = led;                        //向主机发送当前发光二极管的显示状态值
  PORTD = temp;                       //显示
  switch(ledflag)                     //为下一次 LED 显示做准备
  {
    case 1:                           //当前为循环左移功能
        if(yiwei>8)
        {
            led = 0x01;               //8 个显示灯已移位到最后一个位置,从开头重新移位
```

```
            yiwei = 0;                    //移位位置为0
        }
        else led = (led<<1);              //未移位到最后一个位置,继续移一位,为下一次显示作准备
            break;
    case 2:                               //当前为循环右移功能
        if(yiwei>8)
        {
            led = 0x80;                   //8个显示灯已移位到最后一个位置,从开头重新移位
            yiwei = 0;                    //移位位置为0
        }
        else led = (led>>1);              //未移位到最后一个位置,继续移一位,为下一次显示作准备
        break;
    default: break;                       //全灭或全亮时可以不移位
    }
}
/**************************************************************
* *函 数 名:PWMSet()
* *功能描述:CCP1输出PWM配置,配置完成后即输出PWM
**************************************************************/
void PWMSet()
{
  TRISC = TRISC&0XFB;                     //配置CCP1(RC2)引脚为输出方式
  PR2 = 0XFF;                             //配置PWM的工作周期 = ((PR2) + 1) * 4 * Tosc * (TMR2前分
                                          //频值)
  //CCPR1L = 0X7F;                        //配置CCP1模块高电平值高8位为01111111 = 7F,占空比0.5
  CCPR1L = 0X3F;                          //配置CCP1模块高电平值高8位为01111111 = 3F,占空比0.25
  CCP1CON = 0X3C;                         //配置CCP1模块为PWM工作方式,且其高电平值的低2位为11
  T2CON = 0X04;                           //打开TMR2,且使其前后分频为1,同时开始输出PWM波形
  CCP1IE = 0;                             //CCP1中断禁止
}
/**************************************************************
* *函 数 名:AD_Initial()
* *功能描述:A/D转化初始化子程序
**************************************************************/
void AD_Initial()
{
  ADCON0 = 0x41;                          //选择A/D通道为RA0,A/D转换器
                                          //在工作状态,且使A/D转换时钟为8tosc
  ADCON1 = 0X8E;                          //转换结果右移,及ADRESH寄存器的高6位为0
```

```
                                        //且把 RA0(AN0)配置为模拟量输入方式,其余通道全部配置
                                        //为数字口
    ADIF = 0;                           //清除 A/D 转换标志
    ADIE = 1;                           //A/D 转换中断允许
    ADIP = 1;                           //AD 中断高优先级
    TRISA = TRISA|0x01;                 //配置 RA0(AN0 通道)为输入方式
}
/*************************************************************************
* * 函 数 名: Deal_AD()
* * 功能描述: AD 转换完成后处理数据子程序
*************************************************************************/
void Deal_AD()
{
    unsigned temp;
    Ad_Sample_result = ADRESL + (ADRESH<<8);  //读取并存储 A/D 转换结果(10 位,高 6 位为 0)
    AD_Flag = 0;                        //AD 转换完成标志清零
    Adresult = (Ad_Sample_result * 50)>>10; //将 AD 采样结果转换为以 2 位数表示的值,即放
                                        //大 10 倍,乘以满刻度值 5 V,除以满刻度转换值 10 位(1024)
                                        //(如双极性输入加提升 2.5,则除以 512)
    temp = Adresult;
    Adresult = (((temp/10)<<4)&0xf0) + (Adresult % 10);
    //转换为带 1 位小数的 BCD 码实际值如 25 表示 2.5V,本程序在 0 通道输入时直接加直流电压 0~5V
}
/*************************************************************************
* * 函 数 名: I2C_Initial()
* * 功能描述: I2c 初始化子程序,I2C 用于向 MAX518 输出 DA
*************************************************************************/
void I2C_Initial()
{
    SSPCON1 = 0X08;                     //bit5: = 1 允许串行口工作并设定引脚,bit4: = 1 时钟工作
                                        //bit3~0: 1000 I2C 主控工作方式,时钟 = foc/(4 * (SSPADD
                                        // + 1))
    TRISC = TRISC|0X08;
    TRISC = TRISC|0X10;                 //定义 SCL,SDA
    SSPADD = 7;                         //定义波特率,用 4 MHz 时,时钟 = 4 MHz/(4×(7+1)) = 0.125 MHz
    SSPSTAT = 0X80;                     //bit7 = 1: I2C 模式下,关闭标准速度方式(100K 和 1MK)的
                                        //回转率控制
    SSPCON2 = 0;                        //初始化 SSPCON2(该寄存器仅用于 I²C 方式)
    TRISA = TRISA&0xef;                 //74HC165 移位信号为输出,即不使用 74HC165
```

```
  RA4 = 0;                          //74HC165 移位信号为输出 0,即不使用 74HC165
  SSPEN = 1;                        //使能串行口(SSP 模块)
}
/************************************************************************
**函 数 名:Wait_Ack()
**功能描述:主机等待从动芯片(MAX518)I²C 应答子程序
************************************************************************/
void  Wait_Ack()
{
  do  {
         ;
  }while(BF == 1);                  //等待应答信号
  SSPIF = 0;                        //清标志
}
/************************************************************************
**函 数 名:I2C_OUT()
**功能描述:主机向从动芯片(MAX518)输出 DA 数据
**        DA_Out_data:DA 转换数据,address:DA 转换输出通道 = 0 或 1(518 只有 2 个通道)
************************************************************************/
void I2C_OUT(char DA_Out_data,char address)
{
  unsigned char i = 0;
  I2C_Initial();                    //I2C DA 输出初始化
  SEN = 1;                          //启动 I²C
  for(i = 1;i<18;i ++ ) i = i;      //延时
  do                                //启动 I²C
  {
      RSEN = 1;                     //重启动 I²C
      for(i = 0;i<28;i ++ )i = i;   //延时
      if(SSPIF == 1) break;         //启动成功,继续执行 I2C 发送数据程序
      else        return;           //启动不成功,本次退出执行 I2C 程序,防止程序因启动不成
                                    //功死机
    }while(SSPIF == 0);
  SSPIF = 0;                        //清标志
  SSPBUF = 0x58;                    //向 DA 芯片 MAX518 写地址 0X58(518 芯片 2 位地址全接 0 为
                                    //0X58)
  Wait_Ack();                       //等待应答
  SSPBUF = address;                 //向 DA 芯片 MAX518 写通道命令字节,00 选 DA0 通道,01 选
                                    //DA1 通道
```

```
    Wait_Ack();                         //等待应答
    SSPBUF = DA_Out_data;               //向 DA 芯片 MAX518 写 DA 转换的输出数据
    Wait_Ack();                         //等待应答
    PEN = 1;                            //停止 I²C
    Wait_Ack();                         //等待应答
}
/************************************************************
* * 函 数 名: CCPinitial()
* * 功能描述: CCP1 捕捉初始化子程序
************************************************************/
void CCPinitial()
{
    TRISC2 = 1;                         //配置 CCP1(RC2)引脚为输出方式
    T1CON = 0x01;                       //在捕捉工作模式下,必须配置 TMR1 在定时工作或同步计数
                                        //方式下
    PEIE = 1;                           //外围中断使能
    CCP1IE = 1;                         //CCP1 捕捉中断使能
    CCP1CON = 0X07;                     //配置 CCP1 模块为捕捉工作方式,捕捉第 16 个脉冲上升沿
}
/************************************************************
* * 函 数 名: CAN_deal()
* * 功能描述: CAN 接收数据后处理子程序: 本程序为接收数据加 1 为下次发送的数据
************************************************************/
void CAN_deal()
{
    CAN_FLAG = 0;                       //清接收到标志
    TXB0CON = TXB0CON&0xf7;             //TXB0REQ = 0,禁止发送请求
    TXB0D0 = RXB0D0 + 1;                //用接收数据加 1 来更新发送数据
    TXB0D1 = RXB0D1 + 1;
    TXB0D2 = RXB0D2 + 1;
    TXB0D3 = RXB0D3 + 1;
    TXB0D4 = RXB0D4 + 1;
    TXB0D5 = RXB0D5 + 1;
    TXB0D6 = RXB0D6 + 1;
    TXB0D7 = RXB0D7 + 1;
}
/************************************************************
* * 函 数 名: PORTB_Inter_Sleep_WDT()
* * 功能描述: PORTB 电平中断,休眠方式及看门狗唤醒及复位主程序
```

```
* * Program_Mode 为程序方式选择：= 1,PORTB 电平中断、SLEEP、看门狗复位;注意：要将看门狗打开
* * Program_Mode = 0：定时器、SPI 输出、查询按键、SCI 串口收发、PWM 输出(CCP1 捕捉)、CAN 自测试、
* * I2C(DA 输出)
*****************************************************************/
void PORTB_Inter_Sleep_WDT()
{
  unsigned int    i;
  initial();
  SPIinitial();                      //SPI 显示初始化。注：本程序由于包括各功能程序,SPI 和
                                     //I2C 是相同的信号线,故在每次调用时都要进行初始化
  PORTB_Interrupt_Initial();         //PORTB 口电平变化中断初始化
  INTCON = INTCON|0xc0;              //打开总中断和外围接口中断
  TRISD = 0x00;                      //配置控制 8 个发光二极管 LED 的 D 口为输出
  PORTD = 0x55;                      //复位(或主程序开始)8 个 LED 间隔点亮
  for(i = 46553; i>0;i--)    i = i;  //延时,以便看得清晰
  while(1)
  {
      TRISD = 0x00;
      PORTD = 0xfc;                  //送低 2 个 LED 亮(共阳极接法)
      SLEEP();                       //休眠,等待看门狗或 PORTB 口电平中断唤醒
      PORTD = 0xf3;                  //休眠后低 4 个 LED 中的高 2 个 LED 点亮
      if(PORTB_keyflag == 1)         //若有按键按下
    {
        display_PORTB_Interrupt();   //显示按键键值(1～4)
        PORTB_keyflag = 0;           //清按键按下标志
    }
      SLEEP();                       //休眠,等待看门狗或 PORTB 口电平中断唤醒
      sleepTime = sleepTime + 1;     //看门狗或 PORTB 口电平中断唤醒后将休眠次数加 1
      if(sleepTime>1)                //休眠本主程序 while(1)内程序 2 周后,若无按键按下,则
                                     //不再进入休眠方式,等待看门狗复位主程序重新执行
      while(1)
    {
if(PORTB_keyflag == 1)               //若有按键按下,重新进入 while(1)内程序执行,休眠次数
                                     //从 0 开始重新计算
        {
            sleepTime = 0;           //清休眠次数
            break;                   //跳出等待看门狗复位主程序状态
        }
    }
```

```
    }
}
/****************** 主程序 ******************
* * 程序方式选择：= 1,PORTB 电平中断、SLEEP、看门狗复位；= 0,定时器,SPI 输出,查询按键,SCI 串口
                收发,PWM 输出(CCP1 捕捉),CAN 自测试,I2C(DA 输出)
*********************************************/
main()
{
  Program_Mode = 0;                       //程序方式选择
  if(Program_Mode == 1) PORTB_Inter_Sleep_WDT();
  initial();                              //系统初始化
  tmint();                                //TMR0 初始化
  sciinitial();                           //串行通信初始化子程序
  SPIinitial();                           //SPI 显示初始化。注：本程序由于包括各功能程序，
                                          //SPI 和 I2C 是相同的信号线,故在每次调用时都要进行初
                                          //始化
  keyinitial();                           //按键键盘初始化
  CAN_Adress_H = 0x33;                    //CAN 高地址为 33,低地址为 3
  CAN_Adress_L = 0xe0;
  initcan();                              //CAN 配置初始化
  AD_Initial();                           //A/D 转换初始化
  I2C_Initial();                          //I2C 方式的 DA 输出初始化
  INTCON = INTCON|0xc0;                   //开总中断、开外围接口中断
  for(k = 0;k<4;k ++ )                    //秒表赋显示初值
      s[k] = 0;
  PWM_CCP1_Mode = 1;                      //PWM 或 CCP1 捕捉方式选择：= 1,选择 PWM；= 0,选择 CCP1 捕
                                          //捉方式
  if(PWM_CCP1_Mode == 1)
      PWMSet();                           //CCP1 输出 PWM 配置,配置完成后即输出 PWM
  else    CCPinitial();                   //CCP1 捕捉配置,因 CCP1 捕捉和 PWM 是同一引脚
                                          //故本初始化和 PWMSet 只能用一个
  TXB0REQ = 1;                            //CAN TXB0 发送请求,启动 CAN 发送数据
  while(1)
  {
      display();                          //调用一次显示子程序(SPI 串行输出秒表(4 个数码管),
                                          //AD(2 个数码管),8 位开关量(2 个数码管))
      KEYSCAN();                          //键扫描：查是否有键按下(如有键按下,直至按键松开为止)
      if(keyflag == 1)                    //是否有新键按下：= 1 表示有新键按下；= 0 表示无新键
                                          //按下
```

```
        dealanjian();                   //处理按键子程序(秒表工作方式)
    if(SciReceiveFlag == 1)             //接收到232串口的数据,来控制8个发光二极管显示方式
        dealsci();                      //处理通信数据子程序,配置发光二极管显示状态初始值
    if(delaycount> = 0x3ff)
        xianshiled();                   //发光二极管2次显示之间间隔时间到,显示下一次状态
    else delaycount ++ ;                //2次显示之间间隔时间未到,继续延时
    SPI_data = SPIIN();                 //SPI接收8位开关量输入数据
    if(AD_Flag == 1)                    //AD采样完成
        Deal_AD();                      //处理AD数据
   if(AD_Delay_count> = 0x3f)
    {
    AD_Delay_count = 0;                 //AD转换间隔时间延时清零
   ADCON0 = ADCON0|0x04;                //间隔一定时间启动AD采样,间隔时间是不使AD采样过于
                                        //频繁

    }
    else AD_Delay_count ++ ;            //不到AD间隔采样时间,继续延时
    CLRWDT();                           //清看门狗
    if(DA_Delay_count> = 0x2f)          //间隔一定时间启动DA转换,间隔时间是不使DA转换过于频繁
  {

      DA_Delay_count = 0;               //DA转换间隔时间延时清零
      DA_data = 0x3f;                   //0通道DA转换数据为0X3F(1.25 V),满该度为0XFF(5 V)
      I2C_OUT(DA_data,0);               //0通道发DA转换数据
      DA_data = 0xbf;                   //1通道DA转换数据为0XBF(3.75 V),满该度为0XFF(5 V)
      I2C_OUT(DA_data,1);               //1通道发DA转换数据
  }
    else DA_Delay_count ++ ;            //不到DA转换间隔时间,继续延时
    if(CAN_FLAG == 1)CAN_deal();        //接收到CAN信息,处理
    else if(CAN_Delay_count>0x2fe)      //间隔一定时间发送CAN计时器,不使CAN发送过于频繁
  {
      TXB0CON = TXB0CON|0x08;           //请求发送,bit3:TXREQ = 1
      CAN_Delay_count = 0;              //间隔一定时间发送CAN计时器清零
  }
    else CAN_Delay_count ++ ;           //不到CAN间隔发送时间,继续延时
  }
```

附录

编译器生成的错误信息

附录列出了C编译器生成的所有可能的错误信息，并且对每一个错误信息都作了解释。括号中为这个错误信息的可能出处(即生成错误信息的应用程序名，例如Parser——剖析器，Assembler——汇编器，Preprocessor——预处理程序)。关于这些应用程序的用途可参见前面相关的章节。

'.' Expected after '..' (Parser)

省略号应该是三个点，但程序中只有两个连续的点。

'case' not in switch (Parser)

在switch语句体外发现了case语句，case语句仅能出现在switch语句体内。

'default'not in switch (Parser)

在switch语句体外发现了"default"标志，"default"标志仅能出现在switch语句体内。

'with='flags are cyclic (Assembler)

如果要求放置程序块A时同时放置程序块B，而又要求放置程序块B时同时放置程序块A，其间没有主、次关系。请在任意一个程序块声明中删去"with"标志。

(expected (Parser)

这里缺少"("，这是while，for，if，do以及asm关键字后的第一个标志。

)expected (Parser)

这里缺少")"，表明在表达式中缺少")"，或者有其他语法错误。

*: no match (Preprocessor，Parser)

这是编译器的内部错误。详细情况请与HI-TECH Software技术支持联系。

, expected (Parser)

这里缺少","。有时需要同时定义多个标志符，这时很有可能在两个标志符之间缺少了","，也有可能是定义类型名拼写错误，因而把这个类型定义当作标志符。

-s, too few values specified in * (Preprocessor)

对于预处理器-S选项而言，输入参数不完整，如果由编译器驱动器或HPD调用预处理器，就不会发生这种情况。

-s, too many values, * unused (Preprocessor)

对于预处理器-S选项而言，输入参数太多。

…illegal in non-prototype arg list (Parser)

在原形变量列表中，省略号只能出现在表中的最后，在变量名之间和变量名之后都不能够出现省略号。

: expected (Parser)

在case标号或关键字"default"后缺少":"，经常出现用";"替代":"的拼写错误。

; expected (Parser)

这里缺少";"，";"用作很多语句的终止符，比如do，while，return等。

= expected (Code Generator, Assembler)

这里缺少"="。

#define syntax error (Preprocessor)

定义宏时有语法错误，可能是宏的名称或标准变量名不是以字母开头，或缺少")"。

#elif may not follow #else (Preprocessor)

如果在#if后用了#else，那么在同一条件语句中就不能用#elif.

#elif must be in an #if (Preprocessor)

#elif之前必须有与之对应的#if行，如之前有一个与之对应#if行，那么就应该检查有没有与之不对应的#endif，或有没有不正确的终止注释等。

#else may not follow #else (Preprocessor)

每个#if只能有一个与之对应的#else。

#else must be in an #if (Preprocessor)

#else只能用在与之对应的#if后面。

#endif must be in an #if (Preprocessor)

每个#endif都只能有一个与之对应的#if，请检查#if的数量。

#error: * (Preprocessor)

这个标志表明在用户编写的程序中有错误，有时用户会有意使用一些伪指令来生成一些错误，通常用这种方法来检查定义的编译时间等。

#if … sizeof() syntax error (Preprocessor)

在#if表达式中，预处理器发现sizeof()的参数有语法错误，这很可能由括号不匹配等这类错误引起。

#if … sizeof: bug, unknown type code * (Preprocessor)

在计算sizeof()表达式时，预处理器生成的内部错误。请检查错误的类型。

#if … sizeof: illegal type combination (Preprocessor)

在if语句中，预处理器发现sizeof()的参数组合非法。非法组合包括"short long int"等。

#if bug, operand = * (Preprocessor)

预处理器在计算一个表达式时，如果表达式中有不能理解的算子，这就是一个内部错误。

#if sizeof() error, no type specified (Preprocessor)

没有为＃if 表达式中的 sizeof()指定参数类型。sizeof()的参数必须是合法的简单型数据，或指向简单型数据的指针。

＃if sizeof, unknown type * (Preprocessor)

不明类型用在预处理程序的 sizeof()中，预处理程序只能求基本类型的 sizeof()，或指向基本类型的指针。

＃if value stack overflow (Preprocessor)

预处理器在处理＃if 表达式时表达式的求值堆栈被装满，请简化表达式——这可能是在表达式中包括了太多的括号。

＃if, ＃ifdef, or ＃ifndef without an argument (Preprocessor)

预处理器的伪指令＃if、＃ifdef 和 ifndef 必须有参数，＃if 的参数应当是表达式，＃ifdef 或 ifndef 的参数应当是一个名称。

＃include syntax error (Preprocessor)

作为＃include 参数的文件名为无效文件名，＃include 的参数必须是有效的文件名，文件名应该被双引号("")引起或尖括号(< >)括起，比如

＃include "afile.h".

＃include <otherfile.h>

其间不能够有空格，必须要有引号或括号。该行不能有任何其他内容。

＃included file * was converted to lower case (Preprocessor)

＃include 文件被打开前，其文件名必须转换为小写。

] expected (Parser)

在定义数组时，或在一个表达式中要引用一个数组元素时，要使用方括号。

{ expected (Parser)

这里应当有"{"。

} expected (Parser)

这里应当有"}"。

a macro name cannot also be a label (Assembler)

存在与宏同名的标号，这是不允许的。

a maximum of * reserved areas are allowed. remainder of -RES * ignored (Driver)

使用-RESROM 或-RESRAM 选项指定了过多的地址范围。

A maximum of * ROM banks are allowed. Remainder of -ROM option ignored (Driver)

使用-ROM 选项指定了过多的地址范围。

a parameter may not be a function (Parser)

函数的参数不应当是函数，可以是指向函数的指针，因此有可能在定义指针时忽略了"*"。

a psect may only be in one class (Assembler)

不能将一个程序块指定给多个类，程序块在此处的定义不同于其他地方的定义。

a psect may only have one . 'with'. option (Assembler)

在放置程序块时,如果用到了'with',则with后只能够跟一个其他的程序块。

Absolute expression required (Assembler)

这个地方的表达式需要绝对地址值。

add_reloc - bad size (Assembler)

这是编译器的内部错误。详细情况请与HI-TECH Software技术支持联系。

ambiguous chip type * -> * or * (Driver)

在命令行中指定芯片型号不准确,它可以指向多种芯片。请指定芯片的全名。

ambiguous format name'*' (Cromwell)

要求Cromwell生成的输出文件的格式不准确。

argument * conflicts with prototype (Parser)

为函数定义的变量(变量1时最左边的变量)和这个原形函数定义的变量不一致。

argument -w* ignored (Linker)

链接器-w选项的参数超出了其范围。如果配置的是警告等级,该值的范围是-9~9;如果配置的是映像文件的宽度,其值应大于或等于10。

argument list conflicts with prototype (Parser)

为函数定义的多个变量和这个原形函数定义的变量不一致。

argument redeclared: * (Parser)

在同一个变量表中,多次定义了指定的变量。

argument too long (Preprocessor, Parser)

这是内部编译器错误。详细情况请与HI-TECH Software技术支持联系。

arithmetic overflow in constant expression (Code Generator)

代码生成器对一个表达式求值,得到的结果对这个类型的表达式而言太大了,比如,试图要把值256存入在"char"内。

array dimension on * ignored (Preprocessor)

如果函数的参数为数组维数,则可以忽略这个参数,因为在参数传递时这个变量转换为指针,因此可以传递任意大小的数组。

array dimension redeclared (Parser)

定义数组维数时前后不一致,只有以前定义的数组维数为0时才能够重新定义其维数,在其他情况下都不能够修改数组的维数。

array index out of bounds (Parser)

数组的索引值小于0,或者大于或等于数组中的元素数量。

Assertion (Code Generator)

这是编译器的内部错误。详细情况请与HI-TECH Software技术支持联系。

assertion failed：*　　(Linker)

这是编译器的内部错误。详细情况请与 HI-TECH Software 技术支持联系。

attempt to modify const object　　(Parser)

不能赋值定义为"const"的对象或用其他任何方法修改其值。

auto variable * should not be qualified　　(Parser)

auto 型变量不能够用像"near"或"far"等这样的限定词。其存储类由堆栈组来定义。

bad #if…defined() syntax　　(Preprocessor)

预处理器的 defined()伪函数的变量名必须是唯一的，变量名的开头必须为字母，同时变量名还必须用括号括起。

bad .-p. format　　(Linker)

链接器的-P 选项的形式错误。

bad -A option：*　　(Driver)

选择-A 选项来移动 ROM 映像文件，但-A 选项的格式不正确，在-A 后为一个有效的十六进制数。

bad -a spec：*　　(Linker)

选择-A 选项来为链接器指定地址范围，但-A 选项的格式不正确，正确的格式是：-Aclass＝low-high，其中 class 是程序块的类名，low 和 high 都是十六进制数。

bad -m option：*　　(Code Generator)

通过代码生成器传递的-M 选项的含义不清楚，如采用标准方式，由编译器驱动器来调用代码生成器，就不会发生这种情况。

bad -q option *　　(Parser)

如果在调用编译器选择了-Q 选项，那么编译器将首先指定类型限定词，但类型限定词的指定有错。

bad - RES * arguments　　(Driver)

用-RESROM 或-RESRAM 选项指定的地址范围无效。

Bad - ROM arguments *　　(Driver)

- ROM 的参数不存在或格式不正确。

bad arg * to tysize　　(Parser)

这是编译器的内部错误。详细情况请与 HI-TECH Software 技术支持联系。

bad arg to e：*　　(Code Generator)

这是编译器的内部错误。详细情况请与 HI-TECH Software 技术支持联系。

Bad arg to extraspecial?　　(Code Generator)

这是代码生成器的内部错误。详细情况请与 HI-TECH Software 技术支持联系。

bad arg to im　　(Assembler)

IM 操作代码的参数只能是常数 0,1 或 2。

bad bconfloat - *　　(Code Generator)

这是代码生成器的内部错误。详细情况请与 HI-TECH Software 技术支持联系。

bad bit number　(Assembler, Optimiser)

bit 数的地址范围必须是用 0～7 表示的绝对地址值。

bad bitfield type　(Parser)

bitfield 只能有 int 这一种类型。

bad character const　(Parser, Assembler, Optimiser)

字符串常量形式错误。

bad character constant in expression　(Assembler)

字符常量只能有一个字符,但在发现的字符常量中有多个字符。

bad character in extended tekhex line *　(Objtohex)

这是编译器的内部错误。详细情况请与 HI-TECH Software 技术支持联系。

bad checksum specification　(Linker)

链接器的检验和在语法上有错误。

bad combination of flags　(Objtohex)

作为 objtohex 参数的选项组合无效。

bad common spec in -p option　(Code Generator)

这是编译器的内部错误。详细情况请与 HI-TECH Software 技术支持联系。

bad complex range check　(Linker)

这是编译器的内部错误。详细情况请与 HI-TECH Software 技术支持联系。

bad complex relocation　(Linker)

让链接器执行复杂的重定位操作时出现语法错误,有可能是目标文件损坏。

bad confloat - *　(Code Generator)

这是编译器的内部错误。详细情况请与 HI-TECH Software 技术支持联系。

bad conval - *　(Code Generator)

这是编译器的内部错误。详细情况请与 HI-TECH Software 技术支持联系。

bad dimensions　(Code Generator)

代码生成器传递了一个指令,该指令使一个数组的维数为 0。

bad dp/nargs in openpar: c = *　(Preprocessor)

这是编译器的内部错误。详细情况请与 HI-TECH Software 技术支持联系。

bad element count expr　(Code Generator)

中间代码有错,这可能是由于文件被损坏所致,请重新从磁盘上安装编译器。

bad extraspecial *　(Code Generator)

这是编译器的内部错误。详细情况请与 HI-TECH Software 技术支持联系。

bad fixup value　(Optimiser)

传给优化器的汇编文件无效。

bad float operand size (Assember)

一个浮点数的最大宽度是4字节。

bad format for -p option (Code Generator)

这是编译器的内部错误。详细情况请与HI-TECH Software技术支持联系。

bad gn (Code Generator)

这是编译器的内部错误。详细情况请与HI-TECH Software技术支持联系。

bad high address in -a spec (Linker)

使用-A选项时，指定的高地址无效。有效的高地址应该是十进制、八进制或十六进制数，在八进制数后加O，在十六进制数后加H，默认情况下为十进制数。

bad int. code (Code Generator)

代码生成器处理后的输入文件有语法错误。

bad list record type *

bad load address in -a spec (Linker)

使用-A选项时，指定的上载地址无效。有效的上载地址应该是十进制、八进制或十六进制数，在八进制数后加O，在十六进制数后加H，默认情况下为十进制数。

bad low address in -a spec (Linker)

使用-A选项时，指定的低地址无效。有效的低地址应该是十进制、八进制或十六进制数，在八进制数后加O，在十六进制数后加H，默认情况下为十进制数。

bad min (＋) format in spec (Linker)

使用链接器-P选项时，指定的最小地址形式不对。

bad mod .＋. for how ＝ * (Code Generator)

这是编译器的内部错误。详细情况请与HI-TECH Software技术支持联系。

bad non-zero node in call graph (Linker)

链接器发现调用图表中的较低层接点引用了顶层接点，程序中可能有间接递归调用，如果要使用编译堆栈，就不能够有这种调用。

bad object code format (Linker)

目标文件的目标代码格式无效，这可能是目标文件中的内容被删节、损坏，或者目标文件就不是HI-TECH目标文件。

bad op * to revlog (Code Generator)

这是编译器的内部错误。详细情况请与HI-TECH Software技术支持联系。

bad op * to swaplog (Code Generator)

这是编译器的内部错误。详细情况请与HI-TECH Software技术支持联系。

bad op："*" (Code Generator)

这是由中间代码文件的错误引起，可能是临时文件占完了磁盘空间。

bad operand　(Optimiser)

操作数无效，请按照相关语法规则检查。

bad origin format in spec　(Linker)

-P 选项的参数格式不是有效的十进制、八进制或十六进制格式，在八进制数后应该加 O，在十六进制数后应该加 H，缺省情况下为十进制数。

bad overrun address in -a spec　(Linker)

使用-A 选项时，指定的溢出地址无效。有效的溢出地址应该是十进制、八进制或十六进制数，在八进制数后加 O，在十六进制数后加 H，默认情况下为十进制数。

bad popreg: *　(Code Generator)

这是编译器的内部错误。详细情况请与 HI-TECH Software 技术支持联系。

bad pragma *　(Code Generator)

代码生成器传递的"pragma"伪指令有错误。

bad pushreg: *　(Code Generator)

这是编译器的内部错误。详细情况请与 HI-TECH Software 技术支持联系。

bad putwsize　(Code Generator)

这是编译器的内部错误。详细情况请与 HI-TECH Software 技术支持联系。

bad record type *　(Linker)

目标文件不是有效的 HI-TECH 目标文件。

bad relocation type　(Assembler)

这是编译器的内部错误。详细情况请与 HI-TECH Software 技术支持联系。

bad repeat count in -a spec　(Linker)

选择-A 选项时使用的重复计数器无效，计数器应当是有效的十进制数。

bad ret_mask　(Code Generator)

这是编译器的内部错误。详细情况请与 HI-TECH Software 技术支持联系。

bad segment fixups　(Objtohex)

objtohex 发出了不确定的信息，这在实际应用中不太可能发生。

bad segspec *　(Linker)

链接器的 segspec 选项(-G)无效。Segspec 选项的正确形式如下：

-Gnxc+o

其中，n 为程序块的数量，x 是乘法器符号，c 是常数(乘数)，o 是常数偏移量。比如：

-Gnx4 + 16

段选择器的起始地址指定为从 16 开始，每段增加 4，也就是说各段的起始地址分别为 16,20,24。

bad size in -s option　(Linker)

-S 选项中指定范围的参数不是有效的数字，有效数字应该是十进制、八进制或十六进制数，在八进制数后加

0,在十六进制数后加 H,默认情况下为十进制数。

bad size in index_type (Parser)

这是编译器的内部错误。详细情况请与 HI-TECH Software 技术支持联系。

bad size list (Parser)

如果调用编译器时选择了-Z 选项,那么编译器将首先指定类型的大小,但是类型大小的形式出错。

bad storage class (Code Generator)

存储类“auto”只能用在函数的内部。除“register”外,函数变量不能够有任何存储类,如果此错由代码生成器生成,可以认为中间代码文件无效;如果磁盘没有剩余空间,也可能生成此错误。

bad string * in psect pragma (Code Generator)

代码生成器传递的“pragma psect”伪指令中的字符串有错误,“pragma psect”后的参数形式应该为“oldname=newname”。

bad switch size * (Code Generator)

这是编译器的内部错误。详细情况请与 HI-TECH Software 技术支持联系。

bad sx (Code Generator)

这是编译器的内部错误。详细情况请与 HI-TECH Software 技术支持联系。

bad u usage (Code Generator)

这是编译器的内部错误。详细情况请与 HI-TECH Software 技术支持联系。

bad uconval - * (Code Generator)

这是编译器的内部错误。详细情况请与 HI-TECH Software 技术支持联系。

bad variable syntax (Code Generator)

中间代码文件有错误,这可能是临时文件用完了所有的磁盘空间。

bad which * after i (Code Generator)

这是编译器的内部错误。详细情况请与 HI-TECH Software 技术支持联系。

banked/common confict (Assembler)

编译器发现冲突,一个符号既在 access bank 中,也在 RAM 中。

binary digit expected (Parser)

这里应该为二进制数,二进制数的格式是:0Bxxx,其中 x 是 0 或 1,比如:0B0110。

bit address overflow (Assembler)

bit 地址值在 XA 的 bit 空间之外,bit 地址所在 bit 空间的范围为 0h～3FFh。

bit field too large (* bits) (Code Generator)

bit 字段中的 bit 最大数与“int”中的位数相同。

bit range check failed * (Linker)

bit 地址超出范围。

bit variables must be global or static (Code Generator)

bit 变量不能是 auto 类型，如果需要把 bit 变量的有效范围限定在一段代码或一个函数内，那就将其限定为 static。

bitfield comparison out of range　(Code Generator)

当一个 bit 字段与一个值比较时，如果这个值超过了 bit 字段的范围，那么就会出现上述错误。比如：一个宽度为 2 位的二进制数与 5 作比较就不能得出正确结果，因为宽度为 2 位的二进制数的范围是 0～3。

bug: illegal __ macro *　(Preprocessor)

这是编译器的内部错误。详细情况请与 HI-TECH Software 技术支持联系。

c= must specify a positive constant　(Assembler)

LIST 是汇编器控制 C 选项（这个选项配置输出列表的行宽），LIST 选项的参数必须是正常数。

call depth exceeded by *　(Linker)

从调用图表中可知，函数实际的嵌套深度大于指定的嵌套深度。

can't allocate memory for arguments　(Preprocessor, Parser)

编译器不能再分配内存空间了，请加大可用的内存空间。

can't be both far and near　(Parser)

不能同时使用限定词 far 和 near。

can't be long　(Parser)

只有"int"和"float"这种类型才能加"long"，像"long char"就是非法的。

can't be register　(Parser)

只有函数的参数或 auto(local)变量才能被定义为"register"。

can't be short　(Parser)

只有"int"这种类型才能用 short，像"short float"就是非法的。

can't be unsigned　(Parser)

没有无符号浮点数这种形式的数据。

can't call an interrupt function　(Parser)

如果一个函数使用限定词"interrupt"，则其他函数就不能够调用这个函数，这个函数只能由硬件（软件）中断调用，因为中断函数为特殊函数，只有中断调用才能访问这个函数的入口和出口。"interrupt"函数能够调用其他非中断函数。

can't create *　(Code Generator, Assembler, Linker, Optimiser)

不能创建指定的文件，请检查路径下的所有文件夹。

can't create cross reference file *　(Assembler)

不能创建交叉引用文件，请检查当前所有文件夹，汇编器在存储区外运行时也会出现这个错误。

can't create temp file　(Linker)

汇编器不能创建临时文件，请检查 DOS 操作系统中的环境变量 TEMP（和 TMP），确认其所指文件夹存在，磁盘上有可用空间。比如：AUTOEXEC.BAT 应当有如下内容：

SET TEMP=C:\TEMP

其中 C:\ TEMP 目录存在。

can't create temp file * (Code Generator)

编译器不能创建指定的临时文件,请检查文件路径中所有的文件夹。

can't enter abs psect (Assembler)

这是编译器的内部错误。详细情况请与 HI-TECH Software 技术支持联系。

can't find op (Assembler, Optimiser)

这是编译器的内部错误。详细情况请与 HI-TECH Software 技术支持联系。

can't find space for psect * in segment * (Linker)

指定的程序块不能放在指定的存储段内,这可能是存储段内已经没有可用的空间,也可能是程序块不能放置在存储段内的可用间隙空间中,把大函数(对代码段)拆分为几个小函数,但要确保优化器能够对它们进行处理。

can't generate code for this expression (Code Generator)

代码生成器难以处理该表达式,请简化该表达式,比如:用临时变量来保存中间结果。

can't have 'port' variable: * (Code Generator)

只有指针变量或具有绝对地址的变量才能够使用限定词"port"。用户不能定义 port 型变量,因为编译器不会给 port 型变量分配存储空间。但用户可以定义一个 external port 型变量。

can't have 'signed' and 'unsigned' together (Parser)

在同一个定义中,不能同时使用 signed 和 unsigned,因为这两个限定词的意思相反。

can't have an array of bits or a pointer to bit (Parser)

bit 数组或指向 bit 的指针非法。

can't have array of functions (Parser)

程序中不能有函数数组,但可以存在指向函数的指针数组,指向函数的指针数组的正确定义方法为"int (*数组名[])();",注意应将星号和数组名用括号括起,在其后为指定的函数。

can't initialize arg (Parser)

不能初始化函数的参数。在函数调用时需要初始化函数的参数,参数的初始值由调用函数提供。

can't initialize bit type (Code Generator)

不能初始化 bit 类型变量。

can't mix proto and non-proto args (Parser)

函数声明中的参数要么全部采用原形参数的形式(即:在括号里指定变量类型),要么全部采用 K&R 形式(即:只在括号内指定变量名,而在函数体之前的声明表中列举了所有变量类型)。

can't open (Linker)

不能打开文件,请检查是否有拼写错误。

can't open * (Code Generator, Assembler, Optimiser, Cromwell)

不能打开指定的文件,请检查拼写是否有错误和文件夹路径是否正确。如果内存空间被完全占用也会出现这种错误。

can't open * for input (Cref)

不能打开指定的输入文件。

can't open * for output (Cref)

不能打开指定的输出文件。

can't open avmap file * (Linker)

缺少一个文件,如果没有这个文件将不能生成 Avocat 格式的符号文件,请重新安装编译器。

can't open checksum file * (Linker)

不能打开为 objtohex 指定的检验和文件,请检查拼写等是否有错。

can.t open chip info file * (Assembler)

不能打开芯片信息文件(默认为 libpicinfo.ini),可能是指定错误。

can't open command file * (Preprocessor, Linker)

不能阅读指定的命令文件,请检查拼写是否有错。

can't open error file * (Linker)

不能打开用-e 选项指定的错误文件。

can't open include file * (Assembler)

不能打开指定的 include 文件,请检查拼写是否有错,如果没有内存空间或不能处理文件句柄也可能导致这种错误。

can't open input file * (Preprocessor, Assembler)

不能打开指定的输入文件,请检查文件名的拼写是否有错。

can't open output file * (Preprocessor, Assembler)

不能创建指定的输出文件,可能指定的路径不存在。

can't reopen * (Parser)

编译器不能重新打开刚刚创建的临时文件。

can't seek in * (Linker)

链接器不能在指定的文件中搜索,请确保输出文件名是有效的。

can't take address of register variable (Parser)

定义为“register”的变量不能存储在内存中,因此试图用“&”符号取其地址是非法的。

can't take sizeof func (Parser)

函数没有大小,因此对函数不能用“sizeof ”运算符。

can't take sizeof(bit) (Parser)

不能用 sizeof 求 bit 值,因为 bit 比一个字节还小。

can't take this address (Parser)

作为“&”操作符对象的表达式不能存储在存储器中(an lvalue),因此不能定义其地址。

can't use a string in an ＃if (Preprocessor)

在#if表达式中不能使用字符串。

cannot get memory (Linker)

链接地址超限，如果对TSR清零，这种情况不易发生。

cannot open (Linker)

不能打开文件，请检查拼写是否有错。

cannot open include file * (Preprocessor)

预处理器不能读指定的include文件，请检查文件名拼写是否有误，如果它是标准的头文件，但该文件不在当前文件夹中，这时文件名应该用尖括号(＜＞)括起而不是用引号。

case type must be scaler or void (Parser)

typecast(在括号内的抽象类型说明符)要么为一个简单数(也就是说不是数组或结构)，要么为"void"类型。

char const too long (Parser)

单引号内的字符常量不能包含多个字符。

character not valid at this point in format specifier (Parser)

指定了非法的printf()格式的字符。

checksum error in intel hex file *, line * (Cromwell)

在Intel hex文件的指定行中发现了校验和错误，有可能损坏文件。

chip name * not found in chipinfo file (Driver)

在芯片信息INI文件中没有在命令行中指定的芯片类型，编译器不知怎样编译才能够满足该芯片的要求。如果编译器不支持该芯片，就可以添加存储器的相关信息到芯片信息文件中，然后重试。

circular indirect definition of symbol * (Linker)

指定的符号为一个外部符号，而这个外部符号又为一列符号中的第一个。

class * memory space redefined: */* (Linker)

在两个不同的存储空间定义了一个类。要么对其中一个类重命名，如果它们是相同类话，也可以把它们放在同一存储空间。

close error (disk space?) (Parser)

编译器在关闭临时文件时会发生错误，这极有可能是磁盘空间不够。

common symbol may not be in absolute psect (Assembler)

在定义通用符号时，不能指定其放置psect的绝对地址。

common symbol psect conflict: * (Linker)

在多个psect程序块中定义了一个普通符号。

compiler not installed properly - reinstall and try again (Driver)

这个信息来自编译器安全系统。首先，如果要改变编译器的安装盘，或者要改变编译器的安装目录，必须重新安装编译器，不能复制已经安装了的编译器(除了简单地覆盖编译器中的几个文件，在其他任何情况下，备份和存储的编译器都不能工作)。如果已重新安装，则有可能运行的是安装在本计算机上的老版本，请检查PATH环境变量，确保正在运行的编译器是需要的版本，也就是说，确保PATH环境变量指向的是新安装的编译器。

complex relocation not supported for -r or -l options yet (Linker)

当文件包含复杂的重定位时又包含了-R或-L选项，链接器不支持-R或-L选项。

conflicting fnconf records (Linker)

可能是启动了多个运行时间模块，请检查链接器参数，或HPD中的“object files…”。

constant conditional branch (Code Generator)

由条件分支(由“if”等语句生成的)引起的无限循环。这可能是在表达式中的括号使用不当或遗漏了括号，产生了错误的结果，也可能是使用了“while(1)”之类的语句。要生成无限循环，可以采用“for(;;)”语句。

constant conditional branch: possible use of = instead of == (Code Generator)

在if或其他条件结构的表达式里，需要将一个常数赋值给变量，这时经常使用的是赋值号(=)而不是比较的符号(==)。

constant expression required (Parser)

在编译时，需要一个表达式，通过计算这个表达式得到一个常数。

constant left operand to ? (Code Generator)

条件操作符(?)的左操作数是常数，所以“?:”的第三个结果始终是相同的。

constant operand to || or && (Code Generator)

逻辑运算符“||”或“&&”的操作数是常数，这可能是在表达式中的括号使用不当或遗漏了括号。

constant relational expression (Code Generator)

在程序中有一个关系表达式，其结果始终为true或false。这可能是：比如，负数和一个无符号数进行比较会产生这类错误；如果一个数的值大于一个变量的最大值，那么这个变量和这个数进行比较时也会产生这类错误。

control line * within macro expansion (Preprocessor)

在宏中包含了预处理器控制命令行(以“#”开头的行)，这不允许。

conversion to shorter data type (Code Generator)

在一个表达式中，如果左边值的数据宽度大于右边值的数据宽度，那么就会出现数据截断。

copyexpr: can.t handle v_rtype = * (Assembler)

这是编译器的内部错误。详细情况请与HI-TECH Software技术支持联系。

couldn.t create error file: * (Driver)

选择-Efile或-E+file选项后不能打开指定的错误文件。请检查并确保该文件或文件夹不是只读。

declaration of * hides outer declaration (Parser)

定义的对象和外部定义的对象同名(也就是说在当前函数或程序块外定义的对象)，这是合法的，但当要调用外部对象时，会用到内部对象的变量。

declarator too complex (Parser)

编译器难以处理该说明符，请检查该定义并设法简化之，如果编译器发现太复杂，就需要维护代码。

default case redefined (Parser)

在 switch 语句中，只能有一个“default”标签，现在有多个。

degenerate signed comparison (Code Generator)

大多数情况为一个负数与一个有符号数进行比较，其结果始终为 true 或 false，例如：对于字符串 C 而言，

if(c>=-128)

上述条件一直为真，因为 8 位有符号字符串有最小值为-128。

degenerate unsigned comparison (Code Generator)

一个无符号数和 0 比较，其结果始终为 true 或 faulse，例如：对于无符号字符串 C 而言，

if(c >= 0)

上述条件将始终为真，因为无符号的值不会小于 0。

delete what ? (Libr)

如果要使用 .d 键，则删除列表应该列出一个或多个需要删除的模块。

delta= must specify a positive constant (Assembler)

汇编伪指令 PSECT 的 DELTA 选项的参数必须是正常数。

did not recognize format of input file (Cromwell)

Cromwell 的输入文件必须是 COD，Intel HEX，Motorola HEX，COFF，OMF51，P&E 或 HI-TECH 格式中的一种。

digit out of range (Parser, Assembler, Optimiser)

数中的数字超出了该类数的范围，例如：在八进制数中用了数字 8，在十进制中用了十六进制数的 A-F。八进制数必须以 0 开始，而十六进制则必须用“0X”或“0x”开始。

dimension required (Parser)

在多维数组中，可以不为第一维指定值，但必须为其他维赋值。

direct range check failed * (Linker)

直接寻址的值超出地址范围。

divide by zero in #if, zero result assumed (Preprocessor)

#if 表达式中的除数为 0，编译器将该表达式的结果处理为 0。

division by zero (Code Generator)

在计算一个常量表达式时，有分母为 0 的情况。

double float argument required (Parser)

如果需要为 printf()函数指定输出格式，就需要配置与之对应的参数，如 %f，或与其相似的参数。这必须要有浮点表达式。请检查是否有遗漏或多余的参数，同时检查其指定的格式是否正确。

ds argument must be a positive constant (Assembler)

汇编器伪指令 DS 的参数必须是正常数。

duplicate * for * in chipinfo file at line * (Assembler, Driver)

芯片信息文件(默认为 libpicinfo.ini)与处理器有关的程序块可以配置多个值，但对一个处理器而言，这个程序块只能够配置为一个值。

duplicate -d or -h flag　(Linker)

2 次指定链接器的符号文件名。

duplicate -m flag　(Linker)

除非其中之一没有指向文件名，不然链接器仅能找到一个-m 标志，链接器能处理比这更多的两个镜像文件。

duplicate arch for * in chipinfo file at line *　(Assembler)

芯片信息文件(默认为 libpicinfo.ini)的处理器项中有多个 ARCH 值可以配置，但在具体配置时只能取其中一个 ARCH 值。

duplicate case label　(Code Generator)

在 switch 语句中，有两个相同的 case 标号。

duplicate case label *　(Code Generator)

在 switch 语句中，该值有多个 case 标号。

duplicate fnconf directive?　(Assembler)

duplicate label *　(Parser)

在这个函数中多次使用了同一个符号名，请注意这个符号的有效范围是整个函数，而不是定义符号的这个模块。

duplicate lib for * in chipinfo file at line *　(Assembler)

芯片信息文件(默认为 libpicinfo.ini)的处理器项中有多个 LIB 值可以配置，但在具体配置时只能取其中一个 LIB 值。

duplicate qualifier　(Parser)

在定义类型时两次使用了同一个限定词。这可能是直接使用了两次相同的限定词；也可能在使用 typedef 语句的时候使用了一次，而后又使用了一次。请去掉多余的限定词。

duplicate qualifier key *　(Parser)

2 次使用了-Q 选项的指定词。

duplicate qualifier name *　(Parser)

通过-Q 选项为 P1 指定了两个完全相同的限定词，如果使用标准方式启动编译器驱动器，就不会发生这种情况。

duplicate romsize for * in chipinfo file at line *　(Assembler)

芯片信息文件(默认为 libpicinfo.ini)的处理器项中有多个 ROMSIZE 值可以配置，但在具体配置时只能取其中一个 ROMSIZE 值。

duplicate sparebit for * in chipinfo file at line *　(Assembler)

芯片信息文件(默认为 libpicinfo.ini)的处理器项中有多个 SPAREBIT 值可以配置，但在具体配置时只能取其中一个 SPAREBIT 值。

duplicate zeroreg for * in chipinfo file at line *　(Assembler)

芯片信息文件(默认为 libpicinfo.ini)的处理器项中有多个 ZEROREG 值可以配置，但在具体配置时只能取其中一个 ZEROREG 值。

empty chip info file * (Assembler)

芯片信息文件(默认为 libpicinfo.ini)为一个空文件。

end of file within macro argument from line * (Preprocessor)

没有终止宏变量,有可能是忽略了宏调用中的括号,给出的行号就是宏变量开始处。

end of string in format specifier (Parser)

指定 printf()函数输出格式的语法有错误。

end statement inside include file or macro (Assembler)

在 include 文件中或宏内有 END 语句。

entry point multiply defined (Linker)

在目标文件中定义了多个链接器的入口点。

enum tag or { expected (Parser)

在关键词“enum”后必须有标志符、“enum”标志或括号。

eof in #asm (Preprocessor)

在#asm 程序块中有文件的结束符号,这可能是遗漏或错误拼写“#endasm”标志。

eof in comment (Preprocessor)

在注释中有文件的结束符号,请检查是否遗漏注解结束标志。

eof inside conditional (Assembler)

在寻址与“if”对应的“endif”时,发现 END-of-FILE。

eof inside macro def n (Assembler)

在处理宏时发现了 End-of-file,这可能遗漏“endm”伪指令。

eof on string file (Parser)

在分类和合并之前,重读存储常量的字符串文件时,P1 发现了 END-of-FILE。这极有可能是磁盘已无可用空间,请检查剩余的磁盘空间。

error closing output file (Code Generator, Optimiser)

编译器在关闭文件时发现了错误,这极有可能是磁盘空间不足。

error dumping * (Cromwell)

可能是输入到 Cromwell 的文件格式不对,也可能是在屏幕上不能显示那个文件。

error in format string (Parser)

字符串格式有错误,认为这个字符串的格式是 printf()格式,其语法不正确。如果不修改,运行时可能会造成不可预计的结果。

evaluation period has expired (Driver)

使用期满,联系 HI-TECH,购买整个版权。

expand - bad how (Code Generator)

这是编译器的内部错误。详细情况请与 HI-TECH Software 技术支持联系。

expand - bad which (Code Generator)

这是编译器的内部错误。详细情况请与 HI-TECH Software 技术支持联系。

expected '-' in -a spec (Linker)

在-A spec 中，在高地址和低地址之间要加负号"－"，例如：

-AROM = 1000h-1FFFh

exponent expected (Parser)

浮点常量必须在"e"或"E"后面至少有一个数字。

expression error (Code Generator, Assembler, Optimiser)

可能是在表达式中有语法错误，也可能是在中间代码文件中有语法错误。这种情况通常都是由于没有可用的磁盘空间所致。

expression generates no code (Code Generator)

表达式没有生成节点，请检查在函数调用时是否有括号遗漏之类的事情发生。

expression stack overflow at op * (Preprocessor)

在计算表达式中的 if 行时，占用的堆栈为 128，这可能是表达式太复杂造成堆栈的溢出。请简化表达式。

expression syntax (Parser)

该表达式形式错误，编译器不能确定这个表达式。

expression too complex (Parser)

该表达式引起编译器内部堆栈溢出，应当把该表达式重新安排或分为 2 个表达式。

external declaration inside function (Parser)

在函数中有"extern"函数，虽然合法，但这总不是很好的选择，因为这样就将"extern"函数的有效范围限制在定义这个函数的函数体内。这意味着如果在同一个文件的其他地方也定义了这个"extern"函数，或要使用"extern"对象，编译器将不能检查定义的一致性，这样在链接时程序就会产生一些不可预计的结果，或者生成一些错误的标志，也可能覆盖前面的定义使编译器反复进行类型检查。因此建议在函数体外定义"extern"变量和函数。

field width not valid at this point (Parser)

在指定 printf()类型格式时，这点不应为字段宽度。

file locking not enabled on network drive (Driver)

驱动器试图改变位于 LIB 文件夹的加锁文件，但不允许这种操作。这有可能是网络驱动使编译器保持只读状态。

file name index out of range in line no. record (Cromwell)

指定.COD 文件格式无效。

filename work buffer overflow (Preprocessor)

搜索到长度超过内部缓冲器的 include 文件。由于缓冲器有 4096 字节的长度，这种情况不太可能发生。

fixup overflow in expression * (Linker)

请求链接器重新为一个项目分配地址。由于该项目已经被重定位，而原存储空间中没有适合存放该项目的空间。例如:在初始化1字节对象时,为其分配的地址值大于255,就会出现上述错误。

fixup overflow referencing * (Linker)

请求链接器重新为一个项目分配地址。但由于该项目已经被重定位,而原存储空间中没有适合存放该项目的空间。例如:在初始化1字节对象时,为其分配的地址值大于255,就会出现上述错误。

float param coerced to double (Parser)

如果将非原形函数的参数定义为"float",则编译器会自动将其转换为"double float"。因为在默认情况下,C的数据类型转换规则为:当一个浮点数传递给一个非原形函数时,这个浮点数将自动转换为双字节数。在定义函数时一定要遵守这个规则。

form length must be >= 15 (Assembler)

使用-Flength选项指定的页面长度至少为15行。

formal parameter expected after # (Preprocessor)

字符串操作符"#"(注意,不要和预处理器中的"#"符号混淆)后必须为标准宏的变量,如需要将一个标志转换为字符,就要定义一个特殊的宏,例如:

```
#define __mkstr__(x) #x
```

如果需要把标志转换为字符串,就可以使用宏__mkstr__(token)。

function * appears in multiple call graphs: rooted at * (Linker)

主函数和中断函数都可以调用这个函数。如果编译器支持,可以使用"reentrant"关键字,或重新编写代码,这样可以避免使用局部变量或局部参数,或多次使用这个函数。

function * argument evaluation overlapped (Linker)

函数调用时使用的变量值交织在两个函数中。如下的调用就会生成此错:

```
void fn1(void) { fn3( 7, fn2(3), fn2(9)); /* Offending call */ } char fn2( char fred) { return
fred + fn3(5,1,0); } char fn3(char one, char two, char three) { return one + two + three; }
```

当fn1调用fn3时,其中的2个变量值通过调用fn2函数计算获得,在调用fn2函数时又反过来调用函数fn3。为避免此类错误的发生,这种结构应当修改。

function * is never called (Linker)

一直没有调用过该函数,这不应该是一个问题,但如果删除它就会节省空间。如果认为将会调用此函数,请检查源代码。

function body expected (Parser)

定义函数时使用了K&R型变量(也就是括号内没有类型的变量名),在该变量后应当是函数体。

function declared implicit int (Parser)

一个函数调用另一个没有命名的函数时,编译器自动定义那个函数的类型为"int",其参数类型为"K&R"类型。如果其后又定义了这个函数,其定义的类型与前面隐含定义的类型不一致,在这种情况下编译时就会发生方式错误。解决的办法是在使用函数时就定义或声明这个函数,在定义这个函数变量的类型时最好与原形函数变量的类型相同。如果要在函数前加一个限定词,则这个函数前应加"extern"或"static"等类似关键字。

function does not take arguments (Parser, Code Generator)

该函数没有变量,但这个函数需要一个或更多的变量。

function is already .extern.; can.t be .static. (Parser)

已经定义该函数为“extern”型,现在又重新定义为“static”,第二次定义是无效的。要解决这个问题,要么在文件中删除前面的定义,要么在定义函数的前面加一个关键词“static”,即:static int fred(void)。

function or function pointer required (Parser)

函数调用时只能调用一个函数或函数指针。这主要是表达式中有错误,例如一个表达式后接一个括号“(”,这就表示一个函数的调用时。

functions can.t return arrays (Parser)

函数只能返回一个数(简单数)或结构,不能返回数组。

functions can.t return functions (Parser)

函数的返回值不能为函数,但可以是函数指针。如果需要一个函数的返回值为一个函数指针,则这个函数的定义为:int(* (name()))()。注意定义中括号的正确使用。

functions nested too deep (Code Generator)

用C代码不易发生此错误,因为C没有嵌套函数。

hex digit expected (Parser)

在“0x”后应为十六进制数字0~9和A~F或a~f中的一个或几个。

I/O error reading symbol table (Cromwell)

不能读符号表,这可能是因为文件被删节或有其他问题。

ident records do not match (Linker)

链接器不能识别传递给它的目标文件,这可能是该目标文件为其他类型处理器的目标文件。

identifier expected (Parser)

在定义“enum”变量时,应该使用逗号“,”来分隔标志符。

identifier redefined: * (Parser)

该标志符已经定义,不能重新定义。

identifier redefined: * (from line *) (Parser)

该标志符已定义了两次,其中的“from line”是第一次定义这个标志符时的行号。

illegal # command * (Preprocessor)

预处理器遇到了以“#”开头的行,但在该标志符后不是预处理器能够识别的控制关键字。这可能是关键字拼写错误。

合法的关键字是:assert,asm,,define,elif,else,endasm,endif,error,if,ifdef,ifndef,include,line,pragma,undef。

illegal #if line (Preprocessor)

在#if表达式中有语法错误。请检查表达式,使其构造正确。

illegal #undef argument (Preprocessor)

undef参数的参数名必须有效,参数名必须以字母开头。

illegal . #. directive (Preprocessor, Parser)

编译器不能够辨识“#”伪指令,可能是预处理器的“#”伪指令拼写错误。

illegal character (* decimal) in #if (Preprocessor)

在#if 表达式中有非法字符,请检查该程序确保其语法正确。

illegal character * (Parser)

该字符非法。

illegal character * in #if (Preprocessor)

在#if 表达式中有一个无用字符,有效字符应该为字母、数字和可接受的操作符。

illegal conversion (Parser)

表达式包含相互矛盾的类型转换,比如:结构转换为整数型。

illegal conversion between pointer types (Parser)

如果一个指针的类型(即:指向指定类型的对象)被转换为另外一种类型,这通常是由于使用了错误类型的变量。但是如果期望改变指针的类型,就使用 typecast 告知编译器要进行类型转换,同时不发出相关警告。

illegal conversion of integer to pointer (Parser)

如果将一个整数指定或经转换后指定给一个指针,这通常是由于使用了错误类型的变量。但是如果期望改变指针的类型,就使用 typecast 告知编译器要进行类型转换,同时不发出相关警告。

illegal conversion of pointer to integer (Parser)

如果将一个指针的类型指定或转换为整型,这通常是由于使用了错误类型的变量。但是如果期望改变指针的类型,就使用 typecast 告知编译器要进行类型转换,同时不发出相关警告。

illegal flag * (Linker)

该标志非法。

illegal function qualifier(s) (Parser)

在函数前可以使用像“const”或“volatile”的限定词。但这些限定词必须位于函数的最左端才有意义。如果要指定一个函数的返回值为指向指定类型的指针,这时要使用星号“ * ”。也许在定义函数时遗漏了这个星号“ * ”。

illegal initialisation (Parser)

不能初始化定义的对象,因为没有为这类对象保留初始化的空间。

illegal instruction for this processor (Assembler)

处理器不支持该指令。

illegal operation on a bit variable (Parser)

处理器不支持有些位操作。

illegal operator in #if (Preprocessor)

在#if 表达式中有非法的操作数,请检查语法是否有错。

illegal or too many -g flags (Linker)

使用了多个-G 选项,或-G 选项后没有任何参数。这些参数的作用是指定划分程序块地址。

illegal or too many -o flags (Linker)

该-O 标志非法,或有另一个-O 选项,链接器的-O 选项后必须有文件名,在文件名和-O 选项间不应有空格,即:-ofile.obj。

illegal or too many -p flags (Linker)

给链接器传递了多个-P 选项,或-P 选项后没有任何参数。-P 选项中的多个参数用逗号","分开。

illegal record type (Linker)

目标文件有错,可能是无效的目标文件,或链接器内部有错。请重新创建目标文件。

illegal register indirection

这个寄存器不存在。

illegal relocation size: *

链接器读取的目标文件格式有错,可能是使用的链接器已经过期,或者是汇编器或链接器的内部有错误。

illegal relocation type: * (Linker)

目标文件中的重定位记录格式不对,这可能是该文件被损坏或其不是目标文件。

illegal switch * (Code Generator, Assembler, Optimiser)

命令行中使用的选项有错误。

illegal type for array dimension (Parser)

数组的维数必须是整数或是一个列举的值。

illegal type for index expression (Parser)

数组下标表达式必须是整数型或列举型。

illegal type for switch expression (Parser)

"switch"操作的表达式必须是整数型或列举值。

illegal use of void expression (Parser)

程序中有一个没有值的空表达式,因此在任何地方都不能使用这个表达式的值,比如:用这个表达式的值作为一个操作的操作数。

image too big (Objtohex)

objtohex 生成的程序镜像文件太大,虚拟存储系统不能够存储这个文件。

implicit conversion of float to integer (Parser)

将一个浮点数赋给一个整数数,或将一个浮点数转换为一个整数数,将会引起截断误差,使用 typecast 可以避免编译器生成相关警告。

implicit return at end of non-void function (Parser)

如果在定义一个函数时就定义了这个函数的返回值,而该函数在执行时将会访问函数体的末端,因此这个函数将没有一个返回值。为了避免这种情况,要么在函数体末端增加一条 return 语句,指定返回值,要么将这个函数定义为无返回值的函数,即定义为"void"。

implict signed to unsigned conversion (Parser)

将一个有符号数赋给一个较大的无符号数,或将它转换为一个较大的无符号数时,根据 ANSI"value preserving"的规则规定，首先将扩展有符号数，直到其位数满足目标数的要求（这个目标数是有符号的），然后再将这个数转换为无符号数（在这个过程中数的位数不会改变），因此这样就会生成一个多余符号扩展位。为了避免这类错误，首先把有符号数转换为等值的无符号数，即：如果要将有一个"signed char"赋给一个"unsigned int"，则首先把"signed char"转换为"unsigned char"。

inappropriate .else. (Parser)

没有与关键字"else"相对应的"if"语句。这可能是遗漏了括号或有其他语法错误。

inappropriate break/continue (Parser)

在控制结构外有"break"或"continue"语句，"continue"只能在"while"、"for"或"do while"等循环体中，而"break"要么在这些循环体中，要么在"switch"语句中。

include files nested too deep (Assembler)

扩展的宏和 include 文件句柄占满了汇编器的内部堆栈，它们的和不能够超过 30。

included file * was converted to lower case (Preprocessor)

没有发现指定的 include 文件，找到的文件与指定文件名相同但其文件名采用的是小写字母，现在已经用发现的文件替代了指定的文件。

incompatible intermediate code version; should be * (Code Generator)

代码生成器不能够使用由 P1 生成的中间代码文件，这可能是在同一目录下安装不同版本的一个或多个编译器，而这些版本之间并不兼容，也可能是某个临时文件被损坏。请检查配置的 TEMP 环境变量，如果其指定的路径很长，设法变短。

incomplete * record body: length = * (Linker)

目标文件中关于文件大小的记录非法，可能是该文件被删节或其不是目标文件。

incomplete ident record (Libr)

目标文件中的 IDENT 记录不完整。

incomplete record (Objtohex, Libr)

传递给 objtohex 或 librarian 的目标文件已经被损坏。

incomplete record: * (Linker)

目标文件记录不完整，可能在目标模块中有被损坏或无效的模块。请重新编译原程序，观察是否会生成"没有足够的磁盘空间"等这类的错误。

incomplete record: type = * length = *

该消息是 DUMP 或 XSTRIP 生成的，可能生成的目标文件不是有效的 HI-TECH 目标文件，或已删除该文件，也可能是磁盘空间或 RAM 空间不够。

incomplete symbol record (Libr)

目标文件中的 SYM 记录不完整。

inconsistent lineno tables (Cromwell)

这是编译器的内部错误。详细情况请与 HI-TECH Software 技术支持联系。

inconsistent storage class (Parser)

声明中有冲突的存储类型,因此在这个声明中只能保留一个存储类型。

inconsistent symbol tables (Cromwell)

这是编译器的内部错误。详细情况请与 HI-TECH Software 技术支持联系。

inconsistent type (Parser)

在定义中只能够有一个基本类型,因而像"int float"这样的定义是非法的。

initialisation syntax (Parser)

在初始化对象时发现语法错误,请检查括号和逗号的放置位置及其数量是否正确。

initializer in .extern. declaration (Parser)

如果定义一个对象时使用了关键字"extern",同时又初始化这个对象,那么在初始化时将不考虑"extern"的存储类,因为在初始化对象时必须定义这个对象(即:为这个对象分配存储单元)。

insufficient memory for macro def.n (Assembler)

没有足够的内存存储宏定义。

integer constant expected (Parser)

在结构定义时,其成员名后通常为一个冒号,在冒号后必须是整型常量,它定义了这个成员的位的数量。

integer expression required (Parser)

在定义"enum"时,可以给成员赋值,但是表达式只能给"int"类型的变量赋值

integral argument required (Parser)

在使用该格式的指定器时需要整型变量,请检查格式指定器(format specifier)中的数字和序是否与变量相对应。

integral type required (Parser)

该操作符的操作数只能为整型数。

interrupt function * may only have one interrupt level (Code Generator)

与一个中断函数对应的中断级别只能指定一个中断。确保一个中断级别仅有一个函数指定。

interrupt function requires an address (Code Generator)

高端 PIC 支持多个中断,但在定义中断函数时需要采用"@ address"来指定与该中断函数相对应的中断相量的地址。

interrupt_level should be 0 to 7 (Parser)

定义编程中断级别时必须要有一个参数,这个参数值的范围为0～7。

invalid * limits in chipinfo file at line * (Driver)

对指定的芯片而言,文件 INI 指定的 RAM 块或通用存储器的地址范围无效。

invalid address after .end. directive (Assembler)

如果在汇编伪指令 end 后指定程序的开始地址,则在此处必须要有一个标号。

invalid argument to float24 (Assembler)

24 位浮点伪指令的变量必须是一个数或是等于一个数的符号。

invalid character (. *.) in number (Assembler)

一个数中包含的字符不是0～9或0～F中的任意一个。

invalid disable: * (Preprocessor)

这是编译器的内部错误。详细情况请与HI-TECH Software技术支持联系。

invalid format specifier or type modifier (Parser)

printf()类型的字符串不能够采用这种格式。

invalid hex file: *, line * (Cromwell)

指定的Hex文件中有无效指令。

invalid number syntax (Assembler, Optimiser)

采用的数字格式无效,例如:在八进制数中使用了8或9。

invalid size for fnsize directive (Assembler)

编译器伪指令FNSIZE的参数必须为正常数。

inverted common bank in chipinfo file at line * (Assembler, Driver)

芯片信息文件(默认为libpicinfo.ini)中的COMMON段指定的第二个十六进制数必须大于第一个十六进制数。

inverted ICD ROM address in chipinfo file at line * (Driver)

芯片信息文件(默认为libpicinfo.ini)中的ICD ROM地址段指定的第二个十六进制数必须大于第一个十六进制数。

inverted ram bank in chipinfo file at line * (Assembler, Driver)

芯片信息文件(默认为libpicinfo.ini)中的RAM地址段指定的第二个十六进制数必须大于第一个十六进制数。

label identifier expected (Parser)

标号必须在"goto"语句之后。

lexical error (Assembler, Optimiser)

输入文件中有不能识别的字符或标志。

library * is badly ordered (Linker)

库中模块的次序混乱,虽然可以正确链接,但如果模块次序井然,可以提高链接速度。

library file names should have .lib extension: * (Libr)

指定库时需要使用.lib扩展名。

line does not have a newline on the end (Parser)

文件结尾处没有换行。有些编辑器可以创建这种文件,但如果在这种文件中有include文件,那么就会出错。ANSI C标准规定所有的源文件必须是完整的。

line too long (Optimiser)

该行太长,编译器的内部缓冲器不能够存储该行。每行可以有1000个字符,所以一般只有宏扩展时才会发生此类错误。

local illegal outside macros (Assembler)

“LOCAL”伪指令只能用在宏的内部，它定义一个局部标号，用这个标号来调用与之对应的宏。

local psect .*. conflicts with global psect of same name (Linker)

局部 psect 不能和全局 psect 同名。

logical type required (Parser)

无论是作为“if”，“while”语句的操作数，或是作为布尔运算的操作数(如！和 &&)，都必须是整数。

long argument required (Parser)

如果要指定这种格式就需要长参数，请检查指定的数和顺序是否和与之相关的参数相应。

macro * wasn.t defined (Preprocessor)

最初没有定义预处理器的-U 选项指定的宏，因而不能使用该宏。

macro argument after * must be absolute (Assembler)

宏调用时，* 后参数的地址必须是绝对地址值，因为在宏调用时要用到这个值。

macro argument may not appear after local (Assembler)

伪指令“LOCAL”后的标志不应有任何与宏相关的参数。

macro expansions nested too deep (Assembler)

宏嵌套太深，汇编器允许的最大嵌套值为 30，这其中包括宏和 include 文件。

macro work area overflow (Preprocessor)

宏扩展的总长度超过内部表文件的长度，内部表文件的长度为 8192 字节，因而扩展后宏的长度都不能超过 8KB。

member * redefined (Parser)

这个成员名在该结构或联合中已使用过。

members cannot be functions (Parser)

结构或联合的成员不能是函数，但可以是指向函数的指针，定义指向函数指针的语法规则是：在指针名前加星号“*”，例如：“int (*name)();”。

metaregister * can.t be used directly (Code Generator)

这是内部编译器错误。详细情况请参阅 HI-TECH Software 技术支持。

mismatched comparision (Code Generator)

将变量或表达式同常量进行比较，而这个常量的值超越了这个表达式或变量的值的范围，例如：将一个无符号字符同 300 比较，那么其结果将始终为假(不等)，因为无符号字符决不可能等于 300，8 位数的值只能在 0～255 之间。

misplaced .?. or .:., previous operator is * (Preprocessor)

在 #if 表达式使用了冒号操作符，但没有与之对应的“?”，请检查是否遗漏了括号等。

misplaced constant in #if (Preprocessor)

#if 表达式中的常量所在的位置不对，这可能是遗漏操作符。

missing ‘)’ (Parser)

在该表达式中缺少“)”。

missing .=. in class spec (Linker)

类 spec 需要“=”符号，例如：-Ctext=ROM。

missing .]. (Parser)

在该表达式中缺少方括号“]”。

missing arch specification for * in chipinfo file (Assembler)

芯片信息文件(默认位 libpicinfo.ini)的处理器段中没有 ARCH 值，必须指定这个值。

missing arg to -a (Parser)

这是编译器的内部错误。详细情况请与 HI-TECH Software 技术支持联系。

missing arg to -e (Linker)

链接器-E 选项后的文件名有错误。

missing arg to -i (Parser)

这是编译器的内部错误。详细情况请与 HI-TECH Software 技术支持联系。

missing arg to -j (Linker)

链接器-J 选项后必须指定可以允许的最大错误数。

missing arg to -q (Linker)

链接器的-Q 选项需要机器类型这个参数。

missing arg to -u (Linker)

-U 选项(未定义)需要一个参数，例如：-U_symbol。

missing arg to -w (Linker)

-W 选项(列表宽度)的参数为一个数字，必须指定这个参数。

missing argument to .pragma psect. (Parser)

#pragma psect 需要一个参数，这个参数的形式为“旧名字=新名字”，其中“旧名字”是已经存在的 psect 名字，“新名字”是修改后的名字，例如：#pragma psect
bss=battery

Tmissing argument to .pragma switch. (Parser)

pragma .switch 需要一个参数，这个参数可以是 auto 型变量，也可以是具有绝对地址值的变量，也可以是简单数。

missing basic type: int assumed (Parser)

该定义没有包含任何基本类，因此假定这个定义的类型为 int，该定义是合法的，但在定义时最好还是应该包含基本类。

missing key in avmap file (Linker)

要生成 Avocet 格式符号文件，需要用到另一个文件，但该文件被破坏，请重新安装编译器。

missing memory key in avmap file (Linker)

要生成 Avocet 格式符号文件，需要用到另一个文件，但该文件被破坏，请重新安装编译器。

missing name after pragma . inline. (Parser)

在. inline. pragma 有语法错误：

pragma inline func_name

其中 func_name 是扩展的 inline 代码函数的函数名，如果代码生成器不专门验证这个函数，这个程序块没有用。

missing name after pragma . printf_check. (Parser)

能为函数检查输出格式串的 pragma 'printf_check'需要函数名，比如：

    # pragma printf_check sprintf

missing newline (Preprocessor)

在程序的末端没有换行，程序中的每一行在末端都要换行，这包括最后一行。该问题通常由编辑器引起。

missing number after % in -p option (Linker)

-P 选项的"%"操作符后必须为一个数。

missing number after pragma . pack. (Parser)

pragma . pack 的参数必须为一个十进制数，例如：

    # pragma pack(1)

这样可以避免编译器把结构成员的基准和其他多字节数据的基准确定为同一个基准。

missing number after pragma interrupt_level (Parser)

Pragma . interrupt_level 的参数应该为 0～7 中的一个。

missing processor name after -p (Cromwell)

cromwell 的-P 选项必须指定处理器。

mod by zero in # if, zero result assumed (Preprocessor)

if 表达式的模运算中有 0 作除数，其结果假定为 0。

module * defines no symbols (Libr)

在模块的目标文件中没有发现符号文件。

module has code below file base of * (Linker)

该模块在指定地址中有代码，但选择-C 选项指定生成的二进制输出文件也将映像到该地址，这就是说在文件的最开始处就应该放置这段代码。请检查文件中是否遗漏了 psect 伪指令。

multi-byte constant * isn. t portable (Preprocessor)

使用多字节常数很不方便，事实上这个数将不能够通过编译。

multiple free: * (Code Generator)

这是编译器的内部错误。详细情况请与 HI-TECH Software 技术支持联系。

multiply defined symbol * (Assembler, Linker)

在该模块中多次定义这个符号。

n= must specify a positive constant (Assembler)

LIST 编译器的控制选项 N(配置列表输出的长度)的参数必须为正常数。

nested #asm directive (Preprocessor)

在程序嵌套中使用的#asm 伪指令非法,请检查是否遗漏或错拼了伪指令#endasm。

nested comments (Preprocessor)

如果出现嵌套注释,编译器将发出警告。这可能是遗漏注释结束标志,也可能是注释结束标志的形式不对。

no #asm before #endasm (Preprocessor)

没有找到与“#endasm”操作符对应的“#asm”。

no address specified with - ROM option (Driver)

使用-ROM 选项时必须指定地址范围。

no address specified with - RES* option (Driver)

使用-RESROM 或-RESRAM 选项时必须指定地址范围。

no case labels (Code Generator)

在 switch 语句中没有 case 标号。

no common RAM in PIC17Cxx device (Driver)

在 INI 文件中没有为 PIC16 芯片指定通用存储器的范围。

no end record (Linker)

目标文件中没有 END 记录,该文件可能不是目标文件。

no end record found (Linker)

目标文件中没有 END 记录,该文件可能已损坏或不是目标文件。

no file arguments (Assembler)

调用汇编器时没有指定任何文件,因此汇编器不能汇编任何东西。

no identifier in declaration (Parser)

在定义中遗漏了标志符,程序中如果有此类错误,编译器将不会编译指定的文件。

no input files specified (Cromwell)

必须为 Cromwell 命令指定需要转换的输入文件。

no memory for string buffer (Parser)

在分类和合并字符串时 P1 不能为最长的那个字符分配存储空间,请减小模块中字符的数量或字符串的长度。

no output file format specified (Cromwell)

必须指定 Cromwell 输出文件的格式。

no psect specified for function variable/argument allocation (Linker)

可能是删除了运行的启动模块,请检查链接器参数,如果在 HPD 方式下,请检查“Object Files…”。

no reserved* area defined (Parser)

选择-RESRAM 和-RESROM 选项时没有指定地址范围。

no ROM banks defined (Drivers)

选项-ROM 调用时，当前没有有效的区地址范围。

No ROM range covering address 0 encountered (Drivers)

On-chip 存储器或用-ROM 选项指定的存储器的地址值都不可能为 0，这也许是有意这样的。

no room for arguments (Preprocessor, Parser, Code Generator, Linker, Objtohex)

代码生成器不能再分配内存空间，请增加可用内存的容量。

no space for macro def.n (Assembler)

编译器从内存中溢出。

no start record: entry point defaults to zero (Linker)

传递给链接器的目标文件中没有开始标志，程序的起始地址将置为 0，在这种情况下程序仍然可以运行，但最好在模块的开始处用“END”伪指令定义模块的起始地址。

no valid entries in chipinfo file (Assembler)

芯片信息文件(默认为 libpicinfo.ini)中关于处理器结构方面的信息无效。

no. of arguments redeclared (Parser)

函数参数的数量与同一函数在先前定义时不一致。

nodecount = * (Code Generator)

这是编译器的内部错误。详细情况请与 HI-TECH Software 技术支持联系。

non-constant case label (Code Generator)

switch 语句中的“case”标号所对应的值不是常数。

non-prototyped function declaration: * (Parser)

定义函数时使用的变量形式(K&R)已经过时，最好使用标准定义形式，如果函数没有变量，就采用如下所示的定义方式：“int func(void)”。

non-scalar types can.t be converted (Parser)

不能转换结构、联合或数组，但可以转换一个指针使其指向结构、联合或数组，这可能是遗漏了“&”符号。

non-void function returns no value (Parser)

定义函数时使用了“return”语句，要求这个函数要返回一个数，但在定义中没有指定返回数的值。

not a member of the struct/union * (Parser)

在这里使用的标志符不是结构或联合的成员。

not a variable identifier: * (Parser)

该标志符不是一个变量，它可能是其他某种对象，例如：标号。

not an argument: * (Parser)

作为 K&R 型参数的标志符应该在函数名后的括号里，请检查拼写是否有错。

null format name (Cromwell)

选择 Cromwell 的-I 或-O 选项时必须指定文件的格式。

object code version is greater than * (Linker)

目标模块中代码的版本比链接器的版本高,请检查链接器是否正确。

object file is not absolute (Objtohex)

传递给 objtohex 的目标文件中有需要重定位的项目,这可能是目标文件有错,也可能是链接器或 objtohex 中有无效选项。

only functions may be qualified interrupt (Parser)

只有函数才能使用限定词“interrupt”。

only functions may be void (Parser)

变量不能为“void”,只有函数才可能是“void”。

only lvalues may be assigned to or modified (Parser)

只有 lvalue(用标志符或表达式表示的存储地址)才能够赋值或改变,typecast 不会生成 lvalue,如果要将与变量类型不同的一个值赋给这个变量,那么首先得到该变量的地址,然后将它转换成需要类型的指针,最后再释放原来的指针。也就是说:“*(int *)&x = 1”是合法的,而“(int)x = 1”却不是。

only modifier l valid with this format (Parser)

修改器(modifier)的合法格式是 l(对 long 型数来说)。

only modifiers h and l valid with this format (Parser)

如果要指定 printf()这种格式,只能够用修改器 h (short) 和 l (long)。

only register storage class allowed (Parser)

只有存储类的函数才能够有“register”型变量。

operand error (Assembler, Optimiser)

该操作符的操作数无效,请查阅编译器手册得到操作数的正确格式。

operands of * not same pointer type (Parser)

该操作符的操作数与指针的类型不同,可能是使用了错误的指针类型,如果为了实现某种功能需要这种代码,那么就 typecast 避免生成错误信息。

operands of * not same type (Parser)

该操作符的操作数与指针的类型不同,可能是使用了错误的指针类型,如果为了实现某种功能需要这种代码,那么就 typecast 避免生成错误信息。

operator * in incorrect context (Preprocessor)

#if 表达式中操作符的放置地点错误,例如:两个二进制操作符之间没有数。

org argument must be a positive constant (Assembler)

汇编伪指令 ORG 的变量要么是正常数;要么为一个符号,但这个符号的值必须为正常数。

out of far memory (Code Generator)

内存溢出,请清除 TSR 等。如果系统支持 EMS 存储器,同时没有使能 EMS,请使能 EMS。因为编译器占用的空间不会超过 64KB。

out of memory (Code Generator,Assembler,Optimiser)

内存溢出,如果没有必要装载 TSR,就清除它们。如果编译器是由其他程序启动的话,那么请直接从命令行调用。如果使用的是 HPD,那么就使用命令行编译器驱动器。

out of memory allocating * blocks of * (Linker)
扩展数组需要内存,但已经无可用空间。

out of near memory (CodeGenerator)
编译器几乎占据了全部内存,这可能是符号名太多,这时可以把文件分成几个部分,或减少头文件中未用符号的数量。

out of space in macro * arg expansion (Preprocessor)
宏变量占据的空间超过了内部缓冲器的长度,缓冲器的长度只有 4096 字节。

out-of-range case label * (CodeGenerator)
控制表达式不能为该"case"标号生成一个值,因而永远不会用到这个标号。

output file cannot be also an input file (Linker)
试图用输出文件去覆盖自身的输入文件,这是不可能的,因为链接器不能够同时读写输入输出文件。

overfreed (Assembler)
这是编译器的内部错误。详细情况请与 HI-TECH Software 技术支持联系。

width must be >= * (Assembler)
列表页面的宽度至少为"*"字符的宽度,否则,就不能生成需要格式的表格。

phase error (Assembler)
汇编器在汇编过程中对同一符号进行了两次运算,但其结果不同。这可能是宏或条件汇编的使用不当。

pointer required (Parser)
应该使用指针。这可能对一个结构使用了操作符"->",而不是指向结构的指针。

pointer to * argument required (Parser)
需要使用指针变量,请检查指定参数的数量和次序是否与变量相对应。

pointer to non-static object returned (Parser)
该函数返回一个指向非 static(如 auto)变量的指针,这有可能引起错误,因为函数不能返回 auto 型变量。

popreg: bad reg (*) (Code Generator)
这是编译器的内部错误。详细情况请与 HI-TECH Software 技术支持联系。

portion of expression has no effect (CodeGenerator)
不能够计算这个表达式,因而该表达式没有结果。

possible pointer truncation (Parser)
在默认情况下,给一个指针加限定词"far"或"near";或者一个指针已经有限定词"near",这时又给这个指针指定限定词"far"。这些操作都会引起截断误差和信息的丢失,误差的精度和丢失信息的程度取决于所用的存储模式。

preprocessor assertion failure (Preprocessor)

预处理器的#assert伪指令的变量值为0,这可能是源程序有错误。

probable missing .}. in previous block (Parser)

编译器遇到了这样的问题:一段程序看起来像一个函数或一个定义,但前面的函数却没有结束标志的括号。遗漏的括号可能不是最后一个。

processor type not defined (Assembler)

必须定义处理器的型号,这可以用命令行(比如-16c84)定义,也可以用PROCESSOR或LIST伪指令来定义。

psect * cannot be in classes * (Linker)

一个psect中不能有多个类,这可能是由于= 选项或链接器的-C选项引起编译模块类的冲突。

psect * memory delta redefined: * / * (Linker)

在定义全局psect时用了两个不同的deltas。

psect * memory space redefined: * / * (Linker)

在两个不同的存储空间中定义了一个全局psect。要么重命名其中一个psect,要么把它们放在同一存储空间。

psect * not loaded on * boundary (Linker)

该psect要求重定位,但-P选项给出的上载地址不能满足这个要求。例如:如果psect要占据4 KB空间,则其起始地址就不能为100H。

psect * not relocated on * boundary (Linker)

在指定边界以上没有重定位该psect的空间,如有必要请检查需重新定位的psect,检查-P选项是否正确。

psect * not specified in -p option (Linker)

选择-P或-A的选项时没有将该psect指定至链接器,也可能在程序末尾链接了该psect,但这不是希望链接的地方。

psect * re-orged (Linker)

为该psect指定了多个起始地址。

psect * selector value redefined (Linker)

为该psect指定了多个选择器值。

psect * type redefined: * (Linker)

几个模块为该psect定义了几个不同的类型,这可能要链接几个互不兼容的目标模块,例如:链接8086real方式代码和386 flat模型代码。

psect alignment redefined (Assembler)

已经使用了程序块的"ALIGN"标志定义了该程序块的基准。

psect delta redefined (Assembler)

PSECT汇编器伪指令的参数DELTA与先前指定的不一样。

psect exceeds address limit: * (Linker)

该psect的最大地址超过了"LIMIT psect"标志指定的范围。

psect exceeds max size：* (Linker)

该 psect 的字节数超过了“SIZE psect”标志指定的最大字节数。

psect is absolute：* (Linker)

该程序块的地址是绝对地址，因此不能用-P 选项来指定地址。

psect limit redefined (Assembler)

已经用程序块的“ALIGN”标志定义了该程序块的边界。

psect may not be local and global (Assembler)

如果程序块已声明为(默认)为全局性程序块，就不能再声明为局部性程序块。

psect origin multiply defined：* (Linker)

为该程序块定义了多个起点。

psect property redefined (Assembler)

在程序的多处定义了该程序块的特性。

psect relocability redefined (Assembler)

PSECT 汇编器伪指令的参数 RELOC 与先前指定的不一样。

psect selector redefined (Linker)

在程序的多处定义与该程序块相关的选择器。

psect size redefined (Assembler)

该程序块最大范围在两处或多处有不同定义。

psect space redefined (Assembler)

已经用程序块的 SPACE 标志定义了该程序块的空间。

pushreg：bad reg (*) (Code Generator)

这是编译器的内部错误。详细情况请与 HI-TECH Software 技术支持联系。

qualifiers redeclared (Parser)

不同定义中的限定词的作用不同。

radix must be from 2-16 (Assembler)

使用 RADIX 或 LIST 汇编伪指令指定基数的范围为 2(二进制)～16(十六进制)。

range check too complex (Assembler)

这是编译器的内部错误。详细情况请与 HI-TECH Software 技术支持联系。

read error on * (Linker)

链接器在读该文件时发现错误。

record too long (Objtohex)

该目标文件不是有效的 HI-TECH 目标文件。

record too long：* (Linker)

目标文件的长度超限，这可能是该文件被损坏或它不是目标文件。

recursive function calls: (Linker)

这些函数相互递归调用,这些函数的一个或几个有局部变量(放在编译堆栈中),可以使用重入口关键字(如果该编译器支持)或重新编写程序来避免递归调用。

recursive macro definition of * (Preprocessor)

宏的定义方式为:扩展时会调用其自身表达式。

redefining macro * (Preprocessor)

指定的宏被重定义了,并且重定义的宏与最初定义的宏不同,如果想重新定义该宏,首先删除原定义的宏,然后再使用#undef。

redundant & applied to array (Parser)

在数组中使用了地址操作符"&"。因为使用数组名就指定了其地址,因此没有必要使用这个符号,应该被删除。

refc == 0 (Assembler, Optimiser)

这是编译器的内部错误。详细情况请与HI-TECH Software技术支持联系。

regused - bad arg to g (CodeGenerator)

这是编译器的内部错误。详细情况请与HI-TECH Software技术支持联系。

reloc= must specify a positive constant (Assembler)

汇编伪指令PSECT的选项RELOC的参数必须是正常数。

relocation error (Assembler, Optimiser)

两个可重定位的量不能相加,常量可以与一个可重定位的值相加。在同一程序块中的两个可重定位的量可以相减。只有当编译器在编译时知道一个量的绝对地址值,才能修改这个量的放置地址。

relocation offset * out of range * (Linker)

目标文件中记录的重定位地址的偏移超出了配置的范围,可能是目标文件已被损坏。

relocation too complex (Assembler)

在该表达式的重定位太困难,难以插入目标文件中。

remsym error (Assembler)

这是编译器的内部错误。详细情况请与HI-TECH Software技术支持联系。

replace what? (Libr)

在使用.r键时,必须列出一个或多个需要替换的库管理程序模块。

rept argument must be >= 0 (Assembler)

"REPT"伪指令的参数值必须大于0。

reserved * area * - * and * - * could be merged (Driver)

指定的两个地址范围是连续的,它们可以被合并为一个。

reserved * area * - * low bound greater than high bound (Driver)

不可能使用该结构的一个成员,也许就不需要这个成员。

reserved * area * - * overlaps reserved * area * (Driver)

由-RESROM 或者-RESRAM 选项指定的两个地址范围重叠。

Reserved * area and reserved ICD * range overlap in region * (Driver)

使用-ICD 选项为调试器在存储器中预留空间;使用-RESROM 或者-RESRAM 选项也可以在存储器中保留空间,但由-RESROM 或者-RESRAM 选项指定的空间覆盖了 ICD 选项指定的空间。

ROM bank * low bound greater than high bound (Driver)

定义附加内存存储器区范围时其低地址值大于高地址值。

ROM bank * overlaps ROM bank * (Driver)

-ROM 选项已被调用但没有有效的存储地址范围。

seek error: * (Linker)

在写输出文件时,链接器不能搜索。

segment * overlaps segment * (Linker)

指定段中有覆盖代码或数据的情况,请检查用“-P”选项指定的地址值。

set_fact_bit on pic17! (Code Generator)

这是编译器的内部错误。详细情况请与 HI-TECH Software 技术支持连续。

signatures do not match: * (Linker)

指定函数在不同模块中的标志符不同,可能是重复声明,也就是说,一个是原形函数,而另一个不是。请检查在两个模块中的函数声明,确保它们彼此兼容。

signed bitfields not supported (Parser)

只支持无符号位段,如果位段声明为“int”型,编译器仍然将其作为无符号数。

simple integer expression required (Parser)

在操作符“@”后需要用简单整型表达式,该表达式中的变量地址值应该为绝对地址值。

simple type required for * (Parser)

该操作符的操作数应是简单类型(即不是结构或数组)。

size= must specify a positive constant (Assembler)

汇编伪指令 PSECT 的选项 SIZE 的参数必须是正常数。

sizeof external array * is zero (Parser)

计算得到的外部数组的维数为 0,这可能是由于数组在外部声明时没有指定数组的维数。

sizeof yields 0 (Code Generator)

代码生成器发现目标文件的长度为 0,这极有可能是定义的指针有错,例如:定义了指向 0 长度的指针。一般来说,很少使用指向数组的指针,如果需要一个指向数组的指针,但该数组的长度不确定,那么仅需定义一个指向简单对象的指针,该指针作为索引。

sizer required after dot (Assembler)

有时要求指定操作数的大小。例如,MOV.w 语句就表明将被移动数据的宽度为字宽。‘w’就是‘sizer’。

space= must specify a positive constant (Assembler)

汇编伪指令 PSECT 选项 SPACE 的参数必须是正常数。

static object has zero size: * (CodeGenerator)

声明了一个 static 对象,但其大小为 0。

storage class illegal (Parser)

不需要指定结构或联合成员的存储类型,其存储类型由结构的存储类型决定。

storage class redeclared (Parser)

重复多次声明一个变量或函数,每次声明中为该变量或函数指定的存储类型不同。如果两个声明相互矛盾,就会发生该错误。

strange character * after ## (Preprocessor)

在“##”标志后面的字符既不是字母又不是数字。该操作必须合法,所以操作数要么是数字,要么是字母。

strange character after # * (Preprocessor)

在“#”后的字符不合法。

string concatenation across lines (Parser)

两行字符串应该加续行符号,请确认是否应该这样。

string expected (Parser)

“asm”语句的操作数必须是包含在括号内的字符串。

string lookup failed in coff:get_string() (Cromwell)

这是编译器的内部错误。详细情况请与 HI-TECH Software 技术支持联系。

struct/union member expected (Parser)

结构或联合成员名后必须是点“.”或箭头“->”。

struct/union redefined: * (Parser)

已多次定义该结构或联合。

struct/union required (Parser)

在点“.”前应该是结构或联合标志符。

struct/union tag or ‘{‘ expected (Parser)

在结构、联合或开括号的标志符的后面必须有关键字“struct”或“union”。

symbol * cannot be global (Linker)

目标文件内部有错,它将一个局部符号声明为全局符号。这可能是该目标文件不是有效的目标文件,也可能是链接器内部有错,请重新生成目标文件。

symbol * has erroneous psect: * (Linker)

目标文件内部有错,符号文件中包含了无效的 psect,这可能是该目标文件不是有效的目标文件,也可能是链接器内部有错,请重新生成目标文件。

symbol * is not external (Assembler)

一个符号被声明为 EXTERN 的符号,但在当前模块也定义了这个符号。

symbol * not defined in #undef (Preprocessor)

没有定义#undef 的变量符号,这只是警告,如果在#ifdef … #endif 块中使用了#undef 就可以避免这个警告。

symbol cannot be both extern and public (Assembler)

如果声明一个符号为"extern",那么就将导入这个符号,如果声明一个符号为"public",那么该符号就将从当前模块中导出。因此一个符号不可能同时具有上述两种特性。

symbol has been declared extern (Assembler)

已经声明当前模块的符号为"extern",一个符号不能同时是"local"和"extern"。

syntax error (Assembler,Optimiser)

语法错误,出现这种情况的原因很多。

syntax error in -a spec (Linker)

-A spec 无效,有效的-A spec 应类似:

-AROM = 1000h-1FFFh

syntax error in checksum list (Linker)

链接器在读检查列表文件(checksum)时发现语法错误,如果选择了相应的选项,链接器将从标准输入中读取检查列表文件,从标准输入中读取。请查阅检查列表文件和相关手册。

syntax error in chipinfo file at line * (Assembler)

在指定行中,芯片信息文件(默认为 libpicinfo.ini)中有非法语句。

syntax error in local argument (Assembler)

局部变量的使用非法。

text does not start at 0 (Linker)

在某些情况下代码的起始地址必须为0,但这里不是。

text offset too low (Linker)

不太可能发生这种错误。

text record has bad length: * (Linker)

目标文件内部有错,目标文件可能不是有效的目标文件,或者是链接器内部有错,请重新生成目标文件。

text record has length too small: * (Linker)

目标文件不是有效的 HI-TECH 目标文件。

this function too large - try reducing level of optimization (CodeGenerator)

用-Og(全局最优化)转换时遇到难以处理的函数。请不用全局最优化重新编译或减小函数的复杂度。

this is a struct (Parser)

在关键字"union"或"enum"后为一个结构的标志,因而只能使用关键字"struct."。

this is a union (Parser)

在关键字“struct”或“enum”后为一个联合的标志，因而只能使用关键字“union.”。

this is an enum (Parser)

在关键字“struct”或“union”后为一个枚举的标志，因而只能使用关键字“enum”。

too few arguments (Parser)

调用该函数时应该提供更多的参数。

too few arguments for format string (Parser)

如果需要将字符串指定为这种格式，就必须提供更多的参数，否则在打印或转换时将生成乱码。

too many (*) enumeration constants (Parser)

在列举类型中的列举常量太多。在列举类型中的列举常量的个数不能超过 512。

too many (*) structure members (Parser)

结构或联合中的成员太多。结构或联合中的成员数不能超过 512。

too many address spaces - space * ignored (Linker)

当前地址空间的宽度是 16 位。

too many arguments (Parser)

调用该函数时使用的参数过多。

too many arguments for format string (Parser)

指定字符串的格式时使用了太多的参数，虽然无害，但可能生成其他格式的字符串。

too many arguments for macro (Preprocessor)

标准 C 规定宏的变量不能超过 31 个。

too many arguments in macro expansion (Preprocessor)

调用宏时使用的变量过多。其最大允许数量为 31。

too many cases in switch (CodeGenerator)

在 switch 语句中，使用的“case”标号过多。在一个 switch 语句中，“case”标号的最大允许数量为 511。

too many common lines in chipinfo file for * (Assembler,Driver)

芯片信息文件(默认为 libpicinfo.ini)中的处理器段包含了太多的 COMMON 字段。仅允许一个 COMMON 字段。

too many errors (Preprocessor,Parser,CodeGenerator,Assembler,Linker)

错误太多，编译器放弃编译。纠正开始部分的少数错误和其后的多数错误后，编译器才能继续编译。

too many file arguments. usage: cpp [input [output]] (Preprocessor)

通常情况下在调用 CCP 时应使用两个文件变量。

too many files in coff file (Cromwell)

这是编译器的内部错误。详细情况请与 HI-TECH Software 技术支持联系。

too many include directories (Preprocessor)

处理器搜索 include 文件时，指定路径的最大数量为 7。

too many initializers (Parser)

在该对象中定义的初始化程序太多,请检查在该对象中定义(数组或结构)的初始化程序的数量。

too many input files (Cromwell)

指定用 Cromwell 转换的输入文件太多。

too many macro parameters (Assembler)

在定义该宏时使用了太多的宏变量。

too many nested # * statements (Preprocessor)

#if, #ifdef 等程序块的嵌套数最大为 32。

too many nested #if statements (Preprocessor)

#if, #ifdef 等程序块的嵌套数最大为 32。

too many object files (Driver)

链接器链接的目标文件最大数为 128。如果链接的目标文件超过这个数时,就必须使用链接器命令。

too many output files (Cromwell)

指定的 Cromwell 输出文件格式太多。

too many psect class specifications (Linker)

psect 类规定(-C 选项)太多。

too many psect pragmas (CodeGenerator)

使用了太多的"pragma psect"伪指令。

too many psects (Assembler)

一个程序中使用了太多的 psect。

too many qualifier names (Parser)

指定的限定词太多。

too many rambank lines in chipinfo file for * (Assembler,Driver)

芯片信息文件(默认为 libpicinfo)中的处理器段包含了太多 RAMBANK 字段。请减少数值。

too many references to * (Cref)

这是编译器的内部错误。详细情况请与 HI-TECH Software 技术支持联系。

too many relocation items (Objtohex)

objtohex 填满表,该程序太复杂。

too many segment fixups (Objtohex)

目标文件给 objtohex 的段修正过多。

too many segments (Objtohex)

目标文件给 objtohex 的段过多。

too many symbols (Assembler)

汇编符号表中的符号太多,请减少程序中符号的数量。如果在链接时生成此错,建议把某些全局符号变为局部符号。

too many symbols (＊)　(Linker)

符号表中的符号太多,表中符号的数量是有限制的。请把某些全局符号变为局部符号以减少符号数量。

too many temporary labels　(Assembler)

在编译文件中的临时编号太多,编译器允许临时编号的最大数量为2000。

too much indirection　(Parser)

指针的间接调用数不能超过16。

too much pushback　(Preprocessor)

不应该发生这类错误,如果发生了就表示预处理程序内部有错。

type conflict　(Parser)

该操作符的操作数的类型相互矛盾。

type modifier already specified　(Parser)

该类型修改器已被指定为该类型。

type modifiers not valid with this format　(Parser)

类型修改器不能使用这种格式。

type redeclared　(Parser)

重复定义了该函数或对象的类型。如果这两个定义相互矛盾就会出现这个错误。

type specifier reqd. for proto arg　(Parser)

原形变量需要指定其类型,仅有标志符是不行的。

unable to open list file ＊　(Linker)

不能打开指定的列表文件。

unbalanced paren.s, op is ＊　(Preprocessor)

＃if 表达式的括号不匹配。请检查表达式,确保括号正确。

undefined ＊: ＊　(Parser)

这是编译器的内部错误。详细情况请与 HI-TECH Software 技术支持联系。

undefined enum tag: ＊　(Parser)

没有定义“enum”标志。

undefined identifier: ＊　(Parser)

在程序中已经使用了该符号,但还没有定义或声明。请检查拼写是否有错误。

undefined shift (＊ bits)　(CodeGenerator)

在进行值转换时,要求转换数的位数等于或大于原数的位数。例如:有32位数转换 long。这在许多处理器上会产生不确定的结果。

undefined struct/union　(Parser)

没有定义该结构或联合标志符。请检查拼写等是否有错。

undefined struct/union: ＊　(Parser)

没有定义该结构或联合标志符。请检查拼写等是否有错。

undefined symbol * (Assembler)

没有定义这个符号，也没有将该符号指定为“GLOBAL”。

undefined symbol * in #if, 0 used (Preprocessor)

在宏中没有定义#if表达式的符号。那么该表达式的值为0。

undefined symbol in fnaddr record: * (Linker)

链接器在非入口函数的fnaddr记录中发现了未定义符号。

undefined symbol in fnbreak record: * (Linker)

链接器在非入口函数的fnbreak记录中发现了未定义符号。

undefined symbol in fncall record: * (Linker)

链接器在非入口函数的fncall记录中发现了未定义符号。

undefined symbol in fnindir record: * (Linker)

链接器在非入口函数的fnindir记录中发现了未定义符号。

undefined symbol in fnroot record: * (Linker)

链接器在非入口函数的fnroot记录中发现了未定义符号。

undefined symbol in fnsize record: * (Linker)

链接器在非入口函数的fnsize记录中发现了未定义符号。

undefined symbol: (Assembler,Linker)

链接器发现有一个符号没有定义。这可能是拼写错误，也可能是链接器没有链接到相应的模块。

undefined symbols: (Linker)

链接器发现有一个符号没有定义。

undefined temporary label (Assembler)

没有定义引用的临时标号。注意临时标号数必须大于0。

undefined variable: * (Parser)

使用了没有定义的变量。

unexpected end of file (Linker)

可能由于磁盘空间不够，删节了目标文件。

unexpected eof (Parser)

在不该出现end-of-file的地方出现了end-of-file，请检查语法是否有错。

unexpected text in #control line ignored (Preprocessor)

在控制行末尾出现多余的字符时就会发出该警告。例如：

```
#endif something
```

会忽略这个“something”，但会生成警告，最好(与标准C一致)将“something”作为注释括起来。例如：

#endif /* something */

unexpected \ in #if (Preprocessor)

#if语句中使用的反斜线符号不对。

unknown .with. psect referenced by psect * (Linker)

指定的psect与一个使用了psect标志的psect放在一起。但带标志的psect程序块并不存在。

unknown addressing mode * (Assembler,Optimiser)

汇编文件中使用了不确定的地址模式。

unknown architecture in chipinfo file at line * (Assembler, Driver)

从芯片INI文件中不能够得到芯片结构的信息。可以从芯片INI文件中得到结构信息的芯片是:PIC12、PIC14和PIC16,它们分别代表低档、中档和高档产品。

unknown argument to .pragma switch.: * (CodeGenerator)

.#pragma switch伪指令指定的代码转换方式无效。该伪指令可以使用的变量是:auto,simple和direct。

unknown complex operator * (Linker)

目标文件有错。这可能不是有效的目标文件,也可能是链接器内部有错,请重新生成目标文件。

unknown fnrec type * (Linker)

该目标文件不是有效的HI-TECH目标文件。

unknown format name . * . (Cromwell)

为Cromwell指定的输出格式不正确。

unknown op * in emobj (Assembler)

这是编译器的内部错误。详细情况请与HI-TECH Software技术支持联系。

unknown op * in size_psect (Assembler)

这是编译器的内部错误。详细情况请与HI-TECH Software技术支持联系。

unknown op in emasm(): * (Assembler)

这是编译器的内部错误。详细情况请与HI-TECH Software技术支持联系。

unknown option * (Preprocessor)

预处理程序没有这个选项。

unknown pragma * (Parser)

错误的程序伪指令。

unknown predicate * (CodeGenerator)

这是编译器的内部错误。详细情况请与HI-TECH Software技术支持联系。

unknown predicate * (CodeGenerator)

这是编译器的内部错误。详细情况请与HI-TECH Software技术支持联系。

unknown psect (Optimiser)

优化器读取的汇编程序文件中有一个未知的程序块。

unknown psect：*　　(Linker，Optimiser)

在-P选项中已经列举了该psect,但程序中的任一模块都没有定义这个psect。

unknown qualifier . * . given to -a　　(Parser)

这是编译器的内部错误。详细情况请与HI-TECH Software技术支持联系。

unknown qualifier . * . given to -I　　(Parser)

这是编译器的内部错误。详细情况请与HI-TECH Software技术支持联系。

unknown record type：*　　(Linker)

链接器读取的目标模块无效,可能是该文件已被破坏或该文件不是目标文件。

unknown register name *　　(Linker)

这是编译器的内部错误。详细情况请与HI-TECH Software技术支持联系。

unknown symbol type *　　(Linker)

链接器发现有不确定类型的符号。请检查正在使用的链接器是否正确。

unreachable code　　(Parser)

决不会执行该段代码,因为没有可以执行路径到达该段程序。请检查在控制结构(如“while”或“for”)中是否遗漏了“break”语句。

unreasonable matching depth　　(Code Generator)

这是编译器的内部错误。详细情况请与HI-TECH Software技术支持联系。

unrecognised line in chipinfo file at line *　　(Assembler)

芯片信息文件(默认为libpicinfo.ini)的处理器段中有非法命令。如果有可能的话,检查芯片信息文件。

unrecognized option to -z：*　　(CodeGenerator)

不能识别代码生成器的-Z选项。如果用标准驱动器调用就不会发生此类错误。

unrecognized qualifer name after . strings.　　(Parser)

pragma . strings. 的限定名必须有效。例如：

    #pragma strings const code

就是在当前字符中添加了const和code限定名。如果不指明限定,那么字符后就不应该有任何限定名,限定名必须要能被编译器识别。

unterminated #if[n][def] block from line *　　(Preprocessor)

#if(或相似块)没有执行到与之匹配的#endif语句。行号就是#if块开始的行号。

unterminated comment in included file　　(Preprocessor)

在include文件中开始的注解必须在该文件内结束。

unterminated macro arg　　(Assembler)

引用的宏变量没有结束。注意引用宏变量时应该使用尖括号“<>”。

unterminated string　　(Assembler，Optimiser)

不能遗漏字符串常量的引号。

unterminated string in macro body (Preprocessor, Assembler)

不能遗漏宏定义中字符串常量的引号。

unused constant: * (Parser)

决不会用到这个列举常量,也许就没有必要使用它。

unused enum: * (Parser)

决不会用到这个列举,也许就没有必要使用它。

unused label: * (Parser)

决不会用到这个标号,也许就没有必要使用它。

unused member: * (Parser)

决不会用到这个结构成员,也许就没有必要使用它。

unused structure: * (Parser)

决不会用到这个结构标号,也许就没有必要使用它。

unused typedef: * (Parser)

决不会用到这个类型定义,也许就没有必要使用它。

unused union: * (Parser)

决不会用到这个联合,也许就没有必要使用它。

unused variable declaration: * (Parser)

决不会用到这个变量,也许就没有必要使用它。

unused variable definition: * (Parser)

决不会用到这个变量,也许就没有必要使用它。

upper case # include files are non-portable (Preprocessor)

在DOS环境下,# include文件中字母的大小写没有关系。在其他操作系统中,要区分字母的大小写。

variable * must be qualified .const. to be initialised (Parser)

所有已经初始化的变量放在ROM中,并且必须声明为const,RAM没有备份。

variable may be used before set: * (Code Generator)

在赋值前可以使用该变量,因为它是auto型变量,该变量将有一个随机值。

void function cannot return value (Parser)

void型函数不能有返回值。因此任一表达式后都不能够有“return”语句。

while expected (Parser)

在“do”语句的末端应该有关键字“while”。

work buffer overflow doing * ## * (Preprocessor)

这是编译器的内部错误。详细情况请与HI-TECH Software技术支持联系。

work buffer overflow: * (Preprocessor)

这是编译器的内部错误。详细情况请与HI-TECH Software技术支持联系。

write error (out of disk space?) *　　(Linker)

可能是硬盘空间已满。

write error on *　　(Assembler, Linker, Cromwell)

在写指定文件时发生错误。这可能是磁盘空间已用完。

write error on object file　　(Assembler)

汇编器在写目标文件时发生错误。这可能是没有足够的磁盘空间。

wrong number of macro arguments for * - * instead of *　　(Preprocessor)

调用宏时使用的变量数量不对。

zero size ROM bank * defined　　(Driver)

定义的附加存储器组的大小为 0。

参考文献

HI_TECH, "PICC-18 C Manual", May 2004

书　　名	作　者	定价	出版日期
单片机习题与试题解析	高　锋	16.0	2006.03
SoC单片机实验、实践与应用设计——基于C8051F系列（含光盘）	万光毅	39.5	2006.05
单片机C51程序设计教程与实验	祁　伟	22.0	2006.01

开发实例与实战

书　　名	作　者	定价	出版日期
单片机控制实习与专题制作	**蔡朝洋**	**59.0**	**2006.11**
51系列单片机设计实例（第2版）（含光盘）	楼然苗	29.5	2006.02

应用程序设计与开发

书　　名	作　者	定价	出版日期
单片机C语言轻松入门（含光盘）	**周　坚**	**29.0**	**2006.07**
单片机智能化产品C语言设计实例详解　（含光盘）	周兴华	28.0	2006.06
单片机C语言和汇编语言混合编程实例详解（含光盘）	杜树青	26.0	2006.06

51系列单片机其他图书

书　　名	作　者	定价	出版日期
单片机应用系统电磁干扰与抗干扰技术	王幸之	59.0	2006.01
单片机应用技术选编（11）	何立民	75.0	2006.06

PIC单片机

书　　名	作　者	定价	出版日期
PIC单片机初级教程	李荣正	22.0	2006.03
PIC单片机实验教程　（含光盘）	李荣正	26.0	2006.02
PIC单片机开发应用与实验工具制作（含光盘）	陈新建	25.0	2006.02

AVR单片机

书　　名	作　者	定价	出版日期
AVR单片机GCC程序设计	佟长福	28.0	2006.01

其他公司单片机

书　　名	作　者	定价	出版日期
凌阳16位单片机C语言开发（含光盘）	**李晓白**	**35.0**	**2006.09**
16位单片机原理与应用	**彭宣戈**	**25.0**	**2006.09**
凌阳16位单片机开发实例	凌阳科技	19.5	2006.06
凌阳8位通用单片机原理及开发	凌阳科技	28.0	2006.04
凌阳8位单片机——提高篇（含光盘）	李学海	45.0	2006.03
MCU-DSP混合控制器技术与应用——基于凌阳16位单片机	刘海成	26.0	2006.01
凌阳8位单片机——基础篇	李学海	38.0	2005.11

总线技术

书　　名	作　者	定价	出版日期
8051单片机USB接口VB程序设计	**许永和**	**估45.0**	**2006.12**
EZ-USB FX2单片机原理、编程及应用	钱　峰	45.0	2006.03

其　它

书　　名	作　者	定价	出版日期
无线单片机技术丛书——短距离无线数据通信入门与实战（含光盘）	**李文仲**	**30.0**	**2006.12**
无线单片机技术丛书——51单片机与短距离无线通信	**李文仲**	**26.0**	**2006.12**
Q2406无线CPU嵌入式技术	**洪　利**	**25.0**	**2006.12**
智能技术——系统设计与开发	**张洪润**	**49.0**	**2007.02**
自动控制原理考研试题分析与解答技巧	**张苏英**	**22.0**	**2006.12**
全国大学生电子设计竞赛制作实训	**黄智伟**		**2007.01**
全国大学生电子设计竞赛技能训练	**黄智伟**		**2006.12**
全国大学生电子设计竞赛电路设计	**黄智伟**	**33.0**	**2006.12**
全国大学生电子设计竞赛系统设计	**黄智伟**	**32.0**	**2006.12**
计算机硬件类课程设计难点辅导	**张　瑜**	**25.0**	**2006.08**
单片机应用设计200例（上册）	**张洪润**	**60.0**	**2006.07**
单片机应用设计200例（下册）	**张洪润**	**55.0**	**2006.07**
传感器应用电路200例	**张洪润**	**86.0**	**2006.07**
基于Proteus的单片机可视化软硬件仿真（含光盘）	**林志琦**	**25.0**	**2006.09**
Verilog FPGA芯片设计	**林灶生**	**35.0**	**2006.07**
Cadence高速PCB设计与仿真分析（含光盘）	**黄豪佑**	**46.0**	**2006.07**
基于PROTEUS的电路与单片机系统设计与仿真（含光盘）	周润景	45.0	2006.06
蓝牙技术原理、开发与应用	钱志鸿	35.0	2006.03
蓝牙硬件电路	黄智伟	65.0	2005.08
无线通信集成电路	黄智伟	96.0	2005.07
2006年上海市嵌入式系统创新设计竞赛获奖作品论文集	**竞赛评审委员会**	**27.0**	**2006.10**
2006第四届全国高校嵌入式系统教学研讨会 第一届全国嵌入式系统学术交流会论文集		**50.0**	**2006.07**
2005年ARM应用技术论文大奖赛论文集	组委会	29.0	2006.05
2005年上海市高校学生嵌入式系统创新设计竞赛获奖作品论文集	竞赛评审委员会	26.0	2005.11
中国西部嵌入式系统与单片机技术论坛2005年学术年会论文集	四川省单片机学会	50.0	2005.12
《单片机与嵌入式系统应用》杂志合订本（2005年1～12月）		**65.0**	**2006.06**

注：表中加底纹者为2006年7月后出版的图书。

可直接向出版社邮购以上图书。邮购通信及汇款地址：北京航空航天大学出版社邮购组（邮编100083）　另加3元挂号费。

邮购组电话：010-82316936，传真：010-82317031　详细图书目录及内容介绍请查阅出版社网站：http://www.buaapress.com.cn。

投稿单片机与嵌入式系统图书请联系：　通信：北京航空航天大学出版社第1编辑室（邮编（100083）

电话：010-82317022　82317035　82317044　传真：010-82317022　Email：pressb@nesnet.com.cn